올인원 계측기로 배우는

기초회로 설계 및 실험

All in One Platform
Electrionic Circuit Design to Test

올인원 계측기로 배우는

기초회로 설계 및 실험

All in One Platform
Electrionic Circuit Design to Test

김호성 지음

INFINITY BOOKS

머리말

All in One Platform, **Electronic Circuit Design to Test**

30여 년간 전기전자공학 분야에서 공부하고 일하고 연구하면서 우리나라 실정에 알맞으면서도 학생들의 흥미와 호기심을 유발하는 실험교재가 없음을 안타까워했다. 현장에서의 개발경험과 교육경험, 그리고 연구경험을 밑바탕으로 학생들의 설계능력과 창의력을 계발할 수 있는 실험교재를 출간하게 되었다. 이 실험교재는 다음과 같은 사항을 고려하여 집필되었다.

첫째, 산업현장에서는 해석능력보다는 설계능력을 더 요구하고 있으므로 학생들의 설계능력을 키울 수 있도록 실험을 구성하였다. 단순한 이론의 확인이 아니라 자신이 설계한 회로를 확인하는 실험이 되도록 하여 학생들의 응용능력, 설계능력을 키우도록 하였으며 성취동기가 크도록 하였다. 또한 실험순서와 방법까지 학생들이 구상해서 실험에 임하게 하였다. 물론 정확한 순서와 방법을 이론부에 기술하였다.

둘째, 배우지 않은 지식이라도 읽고 이해하여 자기계발을 할 수 있는 능력을 키우기 위하여 물리적 개념이해 중심으로 이론부를 기술하였고 개념으로부터 수식을 유추할 수 있도록 기술하였다. 이러한 목적을 달성하기 위하여 이론의 설명에 많은 지면을 할애하였다.

셋째, 학생들의 지식에 대한 종합능력과 응용능력을 키우기 위해 이론부와 실험부를 분리하였다. 또한 하나의 실험을 위해 학생들이 여러 장의 이론을 읽고 종합하여 실험에 응용하도록 하였다.

넷째, 전기전자공학은 이론과 실험이 경이로울 만큼 일치하는 분야이다. (다음 쪽 그래프 참조). 학생들이 미리 National Instrument (NI)사의 Multisim으로 시뮬레이션하여 그 결과를 예비보고서(설계실습 계획서)에 기록하도록 하였으며 실험 중에 결과가 나올 때마다 시뮬레이션결과와 비교, 분석하도록 하였다.

다섯째, 실험결과에 대한 철저한 분석은 정확한 실험만큼 중요하므로 결과보고서를 대단히 강조하였다. 즉 설계목표와 실험결과 사이의 오차와 오차의 원인의 분석 및 그래프와 표의 작성을 요구하였으며 실험전반에 대한 종합평가 및 결론을 내리게 하여 논문 및 보고서의 작성능력을 높이도록 하였다(결과보고서의 전형적인 양식과 작성법을 "배우는 분께"에 첨부하였다)

여섯째, 교과강의에서는 얻기 힘든 현실적 자료를 이론부에 포함시켜 학생들의 현실감

각을 높이도록 하였다. 그 예는 구매할 수 있는 기본저항, 커패시터, 인덕터의 값 및 종류와 특성, 이러한 소자들의 고주파 특성, 우리나라의 전기배선 및 접지방식 등이며 물론, 실험에서 이들을 확인할 수 있도록 하였다.

일곱째, 우리나라 공학인에게 매우 부족한 기록습관을 높이기 위해 기존의 실험교재에 포함되어 있는 실험기록 양식을 과감히 없애고 모든 학생이 실험노트를 갖도록 하였다. 연필이 아닌 잉크로 쓰여 진 실험노트는 특허권 등 법률적 효력이 있으므로 결과보고서를 제출할 때 복사본을 제출하도록 하였다.(실험노트의 작성법을 "배우는 분께"에 첨부하였다)

한 학기가 끝나 더 이상 실험을 하지 않아도 후배에게 물려주지 않고 간직하고 싶은 실험교재, 연구 및 생산현장에 있어서도 가끔은 들춰볼 필요를 느끼게 하는 실험교재를 만들기 위해 지난 봄부터 직접 실험을 해 가면서, 새로운 실험을 만들어 가면서 집필하였다. 이 교재가 학생들의 실험에 대한 흥미를 높이고 설계능력과 응용능력의 고취에 도움이 된다면 이 땅에서 교수로서의 의무는 반쯤은 하지 않겠나 생각한다.

배우는 분께

“아는 것만큼 보이고 보는 것만큼 느낀다.”라는 말은 예술분야뿐만 아니라 공학 분야에도 너무나 잘 적용되는 말입니다. 실험결과에 대한 예상값을 알고 실험에 임하면 실험의 정확도가 눈에 보이며 그만큼 배우거나 느끼는 것이 많아집니다. 또한 지적재산권에 관한 중요성이 매우 높아진 요즈음 우리나라는 우수한 설계능력을 가진 창의적인 공학도를 필요로 하고 있습니다. 이러한 배경에서 본 실험교재는 단순한 이론의 확인이 아니라 자신이 설계한 회로를 확인하는 실험이 되도록 집필되었으므로 배우는 분들은 다음 사항을 명심하고 실험에 임하는 것을 적극 권장합니다.

첫째, 설계실습계획서가 매우 중요합니다. 본 교재를 사용할 때 설계실습계획서를 철저히 작성하지 않으면 실험이 거의 불가능하며 하나의 실험을 위해 학생들이 여러 장의 이론을 읽고 종합하여 실험계획서를 작성해야합니다. 충실한 설계실습계획서를 작성할 수 있도록 이론부에 실험내용이 자세히 설명되어 있으니 잘 찾아 읽은 후 계획서를 작성하십시오. 충실한 계획서는 실험의 정확도를 높여주고 실험이 짧은 시간에 끝나도록 합니다.

둘째, 예상값과 실험값을 비교하면서 오차가 5 % 이하가 되도록 정밀하게 실험하십시오. 필요한 모든 공식은 이론부에 빠짐없이 제시되어 있으며 National Instrument (NI)사의 Multisim으로 시뮬레이션하여 예상값을 계산하십시오. 실험결과를 분석할 때에는 EXCEL을 사용하여 그래프를 그리십시오. EXCEL은 공학적인 계산뿐만 아이라 경영학과 marketing, 증권시장 분석 등, 다양한 데이터의 정리 및 분석에 대단히 유용하게 사용되므로 학기 초에 그 사용법을 익혀야 합니다. 설계실습계획서를 작성하여 실험조교의 날인을 받은 후 실험하면서 참조해야 하며 결과보고서를 제출할 때 설계실습계획서를 첨부하여 제출해야합니다. 예상값과 실험값을 비교하면서 어떤 주파수에서 측정값의 오차가 예상값에 비해 5 %이상일 경우 측정을 계속하지 말고 문제점을 파악, 해결한 후 실험을 계속해야 합니다. 실험을 다 끝낸 후 오차를 발견한다면 모든 주파수에서 실험을 반복해야 하므로 엄청난 시간이 낭비됩니다.

셋째, 실험결과에 대한 철저한 분석은 정확한 실험만큼 중요하므로 예상값과 실험결과 사이의 오차와 오차의 원인분석을 철저히 하고 그래프와 표를 잘 작성하십시오. 이를 위해서는 충실한 실험계획서가 필수적입니다. 전기전자공학은 이론과 실험이 경이로울 만큼 일치하는 분야입니다(예: 다음 쪽 참조 1).

넷째, 결과보고서는 학문을 계속하거나 산업계로 진출할 학생 모두에게 대단히 중요합니다. 같은 일을 하고도 좋은 보고서를 제출한다면 더 높은 평가를 받습니다. 실험보고서를 다른 사람이 읽고 그 실험을 그대로 재현할 수 있도록 자세히 알기 쉽게 작성해야 합니다. 실험보고서의 형식을 아래에 첨부(참조 2)하였으니 참고하기 바랍니다.

다섯째, 실험장비를 다룰 때에는 항상 손보다 머리가 빨라야 합니다. 즉 어떤 장비에서 이 스위치를 누르면 어떻게 변할 것이라고 예상한 후 눌러야 합니다. 예상이 맞으면 그렇게 하면 된다는 것을 배울 것이며 틀리면 그렇게 하면 안 된다는 것을 배울 것입니다.

여섯째, 각자가 자신의 실험노트를 준비해야 합니다. 실험노트는 연구소나 산업현장에서는 매우 중요한 서류가 되며 지적재산권이나 특허권 등에 법적인 효력을 가지고 있는 서류입니다. 아래의 참조 3을 고려하여 실험노트를 충실히 작성하고 실험보고서를 제출할 때 복사본을 제출해야 합니다.

참조 1

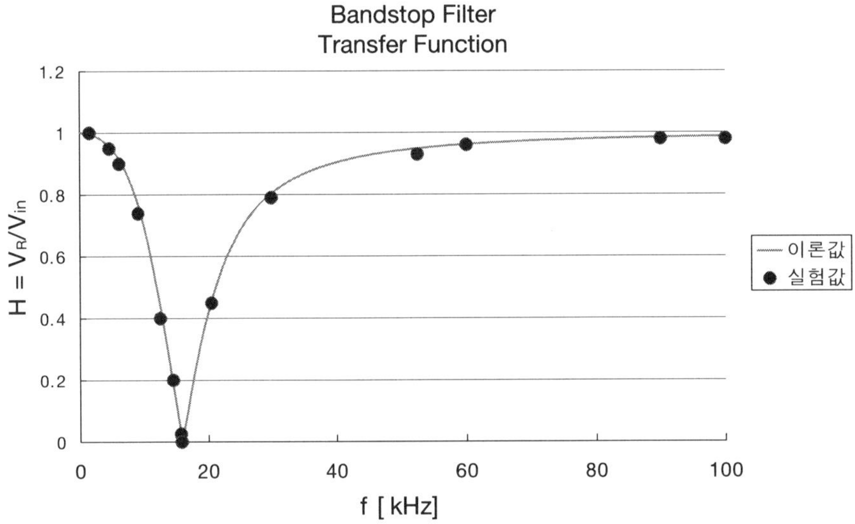

위 그래프는 RLC bandstop filter의 transfer function을 저자가 직접 PC의 EXCEL을 이용해 계산한 결과와 실험한 결과입니다. 이론값의 계산에 사용한 R, L, C의 값은 소자에 표시된 값을 사용하였고 인덕터의 저항성분을 무시하였으므로 오차가 있음에도 불구하고 경이로울 만큼 이론값과 실험값이 잘 일치하고 있습니다. 이 정도의 실험 정확도를 얻기 위해서는 확실한 예상값을 갖고 실험에 임해야 하며 어떤 주파수에서 측정값의 오차가 예상값에 비해 5 %이상일 경우 측정을 계속하지 말고 문제점을 파악, 해결한 후 실험을 계속해야 합니다. 실험을 다 끝낸 후 오차를 발견한다면 모든 주파수에서 실험을 반복해야 하므로 엄청난 시간이 낭비됩니다.

참조 2

설계실습 11 RLC를 이용한 15 KHz Bandpass Filter의 설계와 제작

(가능한 한 짧으면서도 개요를 파악할 수 있도록 함축적으로)

(학생이름, 학번, 학수번호, 실험조의 번호, 실험조원의 이름, 실험날짜, 제출날짜)

요약: 전기전자장비에 많이 사용되는 bandpass filter를 R, L, C를 사용하여 설계하고 제작하였다. 설계한 회로를 Multisim으로 시뮬레이션한 결과와 실험 결과 사이의 오차가 2 %이하로 잘 일치하는 것을 확인하였다(실험목적과 중요한 결과를 함축적으로 표현합니다).

1. 서론

Bandpass filter는 TV, radio 등에서 주파수를 선택하는 tuner에 많이 쓰이는 회로이며....(이 실험의 중요도, 필요성 등을 서술합니다.)

2. 실험결과

2.1, 2.2와 같이 항목별로, 그래프와 그림, 표를 사용하여 작성합니다. 그래프를 그릴 때에는 머리말의 예시한 그래프처럼 그래프의 제목, 각 축의 이름과 단위를 꼭 명시해야 합니다. 항목마다 오차를 %로 나타내고 오차의 원인을 분석합니다. 오차를 줄일 수 있는 방법을 제시하면 더욱 좋습니다. 이론과 수식을 요약하여 작성합니다. 설계를 한 경우 설계결과가 잘 보이도록 R = 1 kΩ, 10 %, L = 12 mH, 5 %, C = 10 nf, 10 %와 같이 강조합니다. 회로도를 그리고 사용한 장비의 종류, 모델명을 쓰고 장비의 연결상태를 그립니다. 실험방법 및 순서를 다른 사람이 이해하기 쉽도록 자세히 서술합니다.

3. 결론

전자전기장비에 많이 사용되는 bandpass filter를 R, L, C를 사용하여 설계하고 제작하였다. 중심주파수가 15 ㎑이며 Q가 10인 직렬공진 회로를 설계한 결과 R = Ω, L = mH, C = nF이었으며 설계에 사용된 수식을 PC의 EXCEL을 사용하여 simulation하고 그 결과를 실험치와 비교한 결과 2 %이하의 오차로 잘 일치하는 것을 확인하였다(요약에 쓰여진 내용을 좀더 구체적으로 숫자를 포함하여 서술합니다).

실험결과의 분석에 많은 도움을 준 홍길동씨에게 감사드린다(도와준 사람이 있으면 꼭 밝힙니다. 공학은 협동으로 이루어지고 발전하기 때문입니다).

전반적으로 만족스러운 실험이었으며 이 실험을 통해 다음과 같은 사항을 배우고 느꼈다. 그리고 다음과 같은 점들이 개선되었으면 좋겠다 등 등 등(이 부분은 실제의 논문이나 보고서에는 포함되지 않으나 학교에서는 실험내용의 개선이나 교육환경의 개선을 위한 참고자료이므로 서술하도록 합니다).

4. 참고문헌

보고서 작성에 참고한 문헌을 번호로 나열하며 본문에서 인용된 부분에 이 번호를 붙입니다.

1. 홍길동, "실용적인 filter의 설계", 4장, 인피니티북스, 2015
2. 아무개, "고성능 고주파 bandpass filter의 설계와 제작", 대한전기학회 논문지, 제23권, 6호, pp 200-210, 2015

참조 3 실험노트의 작성

실험노트를 작성하는 이유는 다음과 같습니다.

1. 결과보고서를 작성하기 위한 실험데이터를 기록합니다.
2. 공학인에게 매우 중요한 기록의 습관을 기릅니다. 미국의 경우 취업면접에 제출자료로 요구하기도 합니다.
3. 특허권 등 법률적 근거를 마련합니다.

실험노트는 다음 사항을 고려하여 작성합니다.

1. 반드시 잉크로 씁니다. 연필로 쓴 것은 법률적 효력이 없습니다.
2. 틀린 것을 정정할 때에는 대각선을 틀린 부분 위에 긋고 큰 글자로 "무시"라 씁니다. 문장의 경우 글자의 중간을 지나가게 한 줄을 긋습니다. 절대로 원래의 것을 지우거나 읽을 수 없도록 만들지 말아야 합니다.
3. 다른 사람이 보고 실험을 재현할 수 있도록 자세히 기록합니다.
4. 실험순서대로 결과가 나올 때마다 기록합니다. 실험이 끝난 후 한꺼번에 기록하면 항상 잊어버린 것이 있게 됩니다.
5. 실험제목과 날짜를 기록합니다.
6. 장비의 이름, 제작회사 이름, model명을 기록합니다(예: Oscilloscope, 홍창, OS2).

7. 회로도와 장비의 연결상태를 그리고 그림에는 그림의 번호, 축의 단위와 caption을 첨가합니다. 내용설명에는 번호를 사용하여 인용합니다.

8. 간략한 결론을 씁니다.

9. 마지막에 어려웠던 점, 다시 실험한다면 시도해 볼만한 사항, 느낀 바를 현실감이 있게 기록합니다.

가르치시는 분께

All in One Platform, **Electronic Circuit Design to Test**

이 실험교재를 사용할 때 다음과 같은 사항을 참고하시면 교육효과가 극대화된다고 생각합니다.

첫째, 이론의 확인보다는 학생의 설계를 확인하는 실험이 되도록 집필되었으므로 학생의 설계실습계획서가 매우 중요합니다. 본 교재를 사용할 때 우선 Multisim을 사용하여 설계실습계획서를 철저히 작성하지 않으면 실험이 거의 불가능합니다. 그러므로 학기 초에 이 점과 학점의 비중을 충분히 학생들에게 강조하시는 것이 바람직합니다. 예를 들어 설계실습계획서의 비중을 35 %, 보고서를 20 %, 시험을 35 %, 출석을 10 % 정도로 하였을 때 설계실습이 충실해진다는 것을 경험적으로 확인하였습니다.

둘째, 학생들이 실험회로를 구성한 후 전원을 넣기 전에 조교의 확인을 받도록 하시는 것이 좋습니다. 학생들의 설계대로 회로가 구성되므로 연결이 잘못될 수 있습니다. 설계가 좋은 실험조가 빨리 실험을 끝내고 갈 수 있도록 성취동기를 부여하는 방법도 좋습니다. 한 시간정도 후에 옳은 회로를 발표하여 설계가 틀린 실험조를 돕는 방법이 좋다고 생각합니다.

셋째, 전기전자공학은 이론과 실험이 경이로울 만큼 일치하는 분야이므로(참조 1) 예상값과 실험값이 가능한 한 잘 일치하도록 유도하는 것이 좋습니다. 전공의 첫 학기 실험이므로 예상값과 실험값이 일치하지 않는 것이 당연하다라는 그릇된 인식이 박히면 공학도로서의 발전 가능성이 낮아지며 이러한 인식을 고치기는 매우 어렵습니다. 따라서 Multisim을 사용하여 시뮬레이션 하도록 하고 실험결과와 시뮬레이션 결과의 분석을 위해 EXCEL로 그래프를 그리도록 하십시오.

넷째, 학생들이 작성한 설계실습계획서에 날인을 한 후 실험할 때에 참조하도록 하며 결과보고서를 제출할 때 실험계획서를 첨부하여 제출하도록 하십시오. 또한 학생 각자가 한 학기 동안 사용할 실험노트를 준비하여 실험하면서 실험결과 및 방법을 실험노트에 기록하도록 하고 결과보고서를 제출할 때 실험노트의 복사본을 제출하는 것을 추천합니다. 학점을 부여할 때 설계실습계획서와 실험노트, 결과보고서를 비교하면 설계실습계획서와 실험내용의 충실도를 가늠하기 쉽습니다.

다섯째, 매주 학생들의 결과보고서 중 몇 개를 선택하여 잘된 보고서와 잘못된 보고서를 분석해 주면 학생들의 보고서 작성능력이 크게 향상된다는 것을 경험하였습니다.

이 점을 적극 추천합니다. 즉 결과보고서의 양식, 실험방법서술, 그래프의 양식(머리말의 그래프 참조, 제목, 단위 등), 분석 및 결론이 제대로 되었는지를 좋은 보고서와 좋지 않은 보고서를 비교하면서 지도하는 것을 추천합니다. 보고서 작성능력은 학문을 계속하거나 취업할 학생 모두에게 대단히 중요한 능력입니다.

여섯째, 한 학기동안 실험에 사용되는 부품을 조별로 봉지에 넣고 조의 이름을 써 두면 부품의 관리를 효율적으로 할 수 있습니다. 미리 여유분을 10 %확보하여 넣어두고 한 학기 후에 사용량을 검사하여 성적에 반영하면 학생들이 신중하게 장비 및 부품을 사용합니다. 특히 인덕터와 커패시터의 경우 부품마다 실제 값과의 오차가 크므로 매주 같은 조가 같은 부품을 사용하도록 하면 정확한 이론값을 계산을 할 수 있어 실험을 더욱 정밀하게 할 수 있습니다. L, C의 실제 값은 RLC meter로 측정하여 학생에게 제공하는 것이 좋습니다.

일곱째, 실험시험을 필기시험으로 본다면 교과목 강의와 아무런 차이가 없으므로 실기시험을 보도록 하는 것이 좋습니다. 간단한 회로를 제시하고 학생 혼자서 회로를 구성하고 여러 항목을 측정하는 방법이 효율적이었습니다. 경험적으로 3명으로 구성된 실험조가 12개인 경우 동시에 12명이 실험할 수 있으므로 30 또는 40분의 시간 여유를 주면 실험시간동안(일반적으로 4시간)에 시험을 끝마칠 수 있었습니다. 학생이 시험에 임하기 전, scope 및 function generator의 조정을 엉망으로 만들어 놓고 시험을 보면 한 학기 동안 학생이 얼마나 실험에 열심히 참여하였는지 알 수 있습니다.

목차

All in One Platform, **Electronic Circuit Design to Test**

PART 01

Multisim과 VirtualBench의 사용법

All in One Platform, **Electronic Circuit Design to Test**

Chapter 01

National Instrument(NI)의 Multisim 사용법-기초

▸ **학습개요**

NI Multisim은 전자전기 회로도를 그리기 위해, 회로를 시뮬레이션하기 위해, 그리고 회로기판(Printed Circuit Boards, PCB)에서 부품의 배치 및 결선을 설계하기 위해 개발된 매우 유용한 소프트웨어이다. 여기서는 Multisim의 사용 예로서 non-inverting Amplifier (비반전 증폭기)의 회로도를 그리고 입력과 출력을 동시에 보여주도록 시뮬레이션 하는 방법을 소개한다. 회로기판을 설계하는 방법은 고학년수준이므로 여기서는 생략한다. Non-inverting Amplifier는 active(능동)소자인 Operational Amplifier (이하 op amp, 연산증폭기) 하나와 두 개의 저항으로 feedback회로가 구성되어있는 증폭기로서 그 출력의 크기는 입력신호의 상수 배이고 출력신호의 위상은 입력신호의 위상과 같다.

▸ **목차**

1.1 서론

NI Multisim의 사용 예로서 그림 1-1의 non-inverting amplifier의 회로도를 그리는 방법과 입력과 출력을 동시에 보여주도록 시뮬레이션 하는 방법을 소개한다. 이론에 의하면 이 non-inverting amplifier의 gain(이득)은 $1 + R_1/R_2$이다. 그러므로 $R_1 = R_2$이면 gain은 2가 되며 Multisim으로 시뮬레이션한 gain도 역시 2가 되어야 한다.

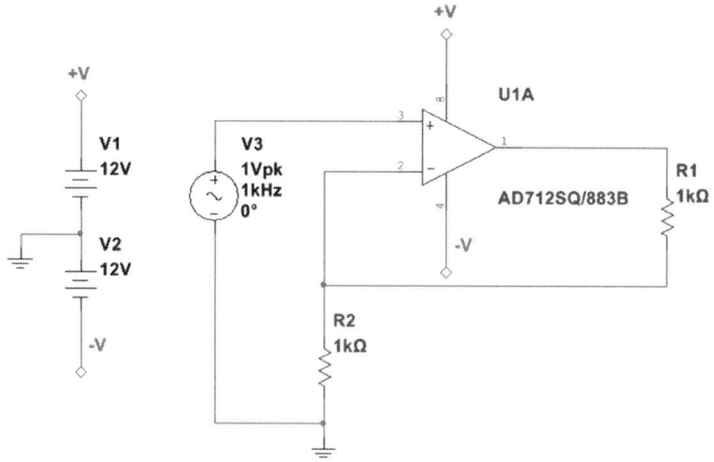

그림 1-1. 비반전 증폭기

1.2 소자 선택하기

다음과 같은 순서로 소자를 선택한다.

1. 'Multisim 13.0'을 클릭하여 프로그램을 시작한다
2. 화면 상단의 toolbar에서 'Place → Component'의 순서로 클릭하면 그림 1-2와 같이 'Select a Component' 창이 뜨며 이것을 Component Browser라고 부른다.

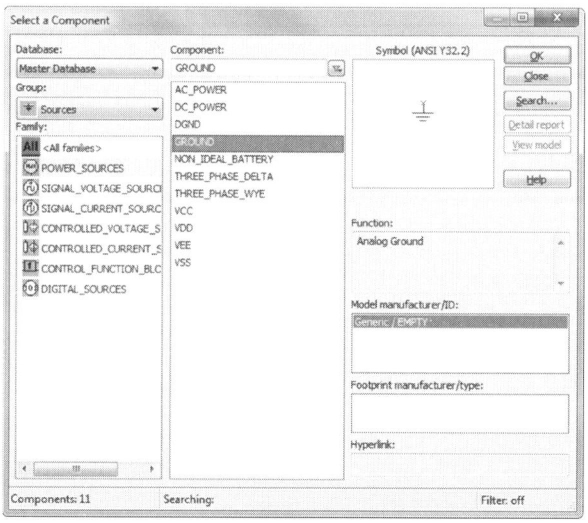

그림 1-2. Select a Component window

왼쪽 맨 위를 보면 **'Database:'**가 보이고 그 밑에 **'Master Database'**가 보인다. 그 옆의 역삼각형을 클릭하면 세 종류의 database가 보이는데 첫 번째 'Master Database'에는 Multisim에 이미 저장되어 있는 읽기 전용의 소자들이 저장되어 있다. 두 번째 'Corporate Database'에는 사용자가 정의하거나 만든 소자를 추가로 저장할 수 있으며 여기에 저장된 소자는 다른 여러 사용자와 공유된다. 마지막으로 'User Database'에도 사용자가 정의하거나 만든 소자를 추가로 저장할 수 있는데 단, 여기에 저장된 소자는 지정된 사용자만 사용할 수 있다.

| 참고사항 |

- 'Database:'의 밑을 보면 'Group'이 보이고 그 밑에는 'Sources' (신호가 처음 나오는 모든 소자 및 장치, 센서나 전압원 , 함수발생기, 접지 등과 접지), 또 그 밑에는 'Family'가 보이는데 모든 소자들은 그 속성에 따라 논리적으로 제일 먼저 'Group'으로 나뉘어져 있고 각 안에서 다시 'Family'로 나뉘어져 있으므로 쉽게 검색할 수 있다.
- 그림 2, 즉 Component Browser의 가운데 열에는 소자의 이름이, 오른쪽 열에는 회로도에 그려지는 해당 소자의 symbol과 그 function 등이 나타나 있다.

3. 이제 그림 1-1의 맨 아래에 있는 ground(접지)를 회로도에 그리기 위해서는 'Group'에서 'Sources'를 선택하고 'Family'에서 'Power_Sources'를 클릭한다.

4. Component Browser의 가운데 열의 맨 위 'Component:' 밑의 역삼각형을 클릭하여 'Ground'를 선택한 후 그 아래 box에서 'Ground'를 선택한다.

5. 오른쪽 열 맨 위의 'OK'를 클릭한다. 그러면 Select a Component window가 잠시 동안 사라지고 마우스의 위치에 ground symbol이 나타나면서 마우스와 같이 움직인다.

6. 마우스를 원하는 위치로 움직인 후 마우스의 왼쪽 버튼을 클릭하면 ground가 그 위치에 고정된다. 그러면 자동으로 다시 Select a Component window가 나타난다.

7. 이제 그림 1의 맨 위 중간쯤에 있는 '+V', 즉 직류 +전원을 선택하려면, 다시 'Group'에서 'Sources'를, 'Family'에서 'Power_Sources'를 선택한다.

8. 그 아래 box에서 'DC_Power'를 선택한다.

9. 위와 마찬가지로 'DC_Power'의 symbol을 원하는 위치에 고정한다.

10. 고정한 후, 전압을 바꾸려면 symbol을 두 번 클릭하면 창이 뜨며 이창에서 원하는 값을 써 넣는다.

11. '−V', 즉 직류−전원을 선택하기 위해 7~9를 반복한다.

| 참고사항 |

- 회로도에 직류전원, 하나라도 없으면 시뮬레이션이 되지 않는다.
- 같은 소자가 여러 번 사용되는 경우에는 위의 단계를 반복 수행하거나 copy (Ctrl + C) and paste (Ctrl + V)를 여러 번 수행한다.
- 소자들의 위치선정을 마칠 때까지 Select a Component window는 자동으로 pop-up되며 맨 처음으로 돌아가려면 'OK'를 아래에 있는 'Close'를 클릭하여 창을 닫을 수 있다.

이제 다음과 같이 나머지 소자들의 위치를 같은 방법으로 고정한다.

11. Op amp의 위치를 고정하기 위해 'Group'에서 'Analog'를 선택하고 'Family'에서 'OPAMP'를 클릭한다.

12. 'Component:' 밑의 box에 "AD712"라고 쓴다.

13. 그 아래 box에서 'AD712SQ/883B'를 그림 1-3과 같이 선택한다.

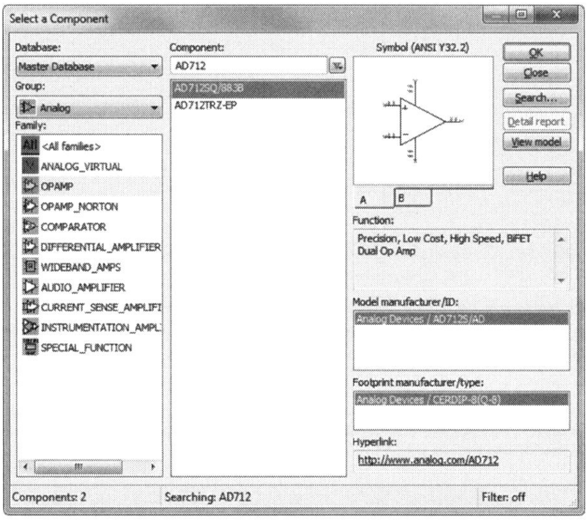

그림 1-3. Op amp 선택하기

Op amp의 경우에는 그림 1-3의 오른쪽 symbol 아래를 보면 A, B를 선택할 수 있도록 되어 있다.

14. A를 선택하여 'AD712SQ/883B'를 원하는 위치에 고정한다.

15. 다시 Select a Component window로 돌아간다.

16. 이제 저항을 선택하기 위해 'Group'에서 'Basic'을 선택하고 'Family'에서 'Resistor'를 클릭한다.

17. 1 kΩ을 선택한다. 그리고 Select a Component window의 오른쪽 아래에 있는 'Footprint manufacturer/type'에서 'IPC-2221A/2222/RES1300-700X250'을 선택한다.

18. 저항을 원하는 위치에 고정한다.

저항을 고정하기 전에 <Ctrl + R>을 사용하면 저항을 수평, 또는 수직방향으로 회전할 수 있다.

19. 또 하나의 1 kΩ 저항을 16, 17, 18과 동일한 방법으로 고정한다.

20. 이제 신호발생기를 선택하기 위해 'Group'에서 'Sources'을 선택하고 'Family'에서 'SIGNAL_VOLTAGE_SOURCE'를 클릭한다. 그 밑의 box에서 'AC_VOLTAGE'를 원하는 위치에 고정한다. 지금까지 모든 단계를 성공적으로 수행했다면 그림 1-4와 같이 되어있을 것이다.

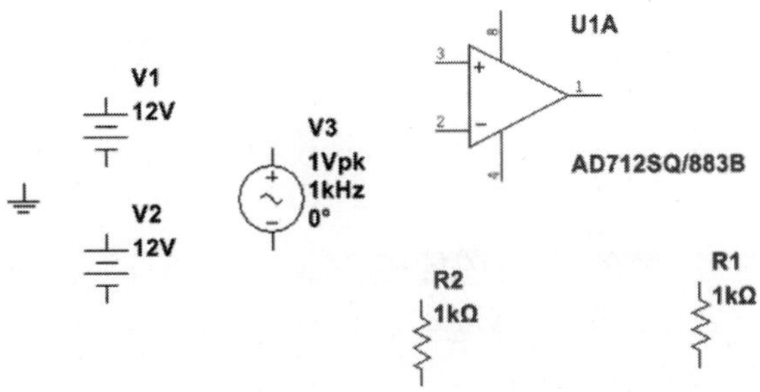

그림1-4. 소자들이 배치된 모양

1.3 소자들을 연결하기

Multisim에서는 마우스를 소자근처에 갖다 대면 자동으로 위치선정, 연결, 수정이 되므로 이러한 작업을 위치 별도로 menu로 갈 필요가 없다.

1. 연결선을 그리기 위해서는 우선, 마우스를 소자의 단자 끝에 갖다 댄다. 그러면 커서가 점으로 바뀐다.

2. 연결선이 출발하는 지점, 예를 들면, op amp의 출력단자(1번 핀)를 선택하려면 그 끝에서 클릭한다.

3. 마우스를 연결선이 도착하는 단자까지 움직이면 연결이 되고 소자가 아니라 빈 공간의 임의의 점까지 연결하려면 그 점에서 두 번 클릭하면 선이 연결된다.

4. 접지가 하나 더 필요하므로 Copy <Ctrl + C> and Paste <Ctrl + V>을 이용하여 ground symbol을 만든다.

5. 이와 같은 동작을 반복하여 아래 그림과 같이 연결한다. 그림 1-5에서 이름 밑의 숫자를 변경하려면 그 소자를 두 번 클릭한다. 창이 뜨면 각 항목별로 원하는 숫자를 써넣는다.

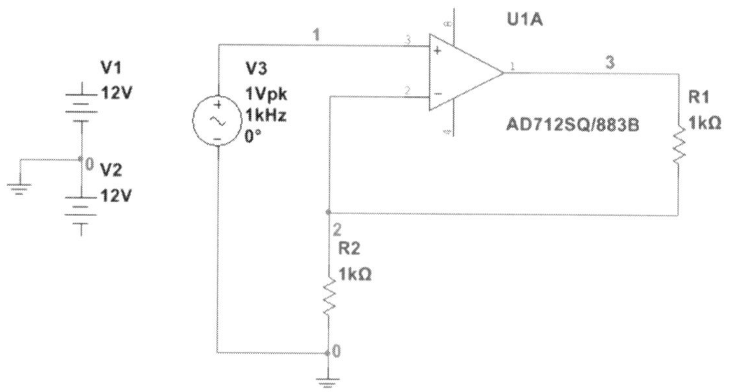

그림 1-5. 연결도

이제 마지막으로 중요한 단계는 +, − 직류전원을 op amp의 +, − 전원단자(8, 4번 핀)에 연결하는 것인데 회로도에서 선으로 연결되어 있지는 않으나 실제로는 연결되어 있도록 만드는 단계이다.

6. 화면 상단 toolbar에서 Place → Connectors → On-page connector를 선택하여 그것을 직류전원 V1의 +단자에 연결한다. 그러면 On-page Connector window가 열린다.

7. Connector name에 +V이라고 쓴 후 OK를 클릭한다.

8. 다시 On-page Connector를 선택하여 그것을 op amp의 8번 핀에 연결하면 On-page Connector window가 열린다.

9. 그 창에 있는 Available connectors list에서 +V를 선택하고 OK를 클릭한다. 이렇게 하면 화면에서는 연결되어 있지 않으나 핀의 이름이 같으므로 실제로는 연결된 것이다.

10. 6~9단을 반복하여 같은 방법으로 V2의 −단자와 op amp의 4번 핀을 연결한다. 그러면 그림 1-6과 같이 된다.

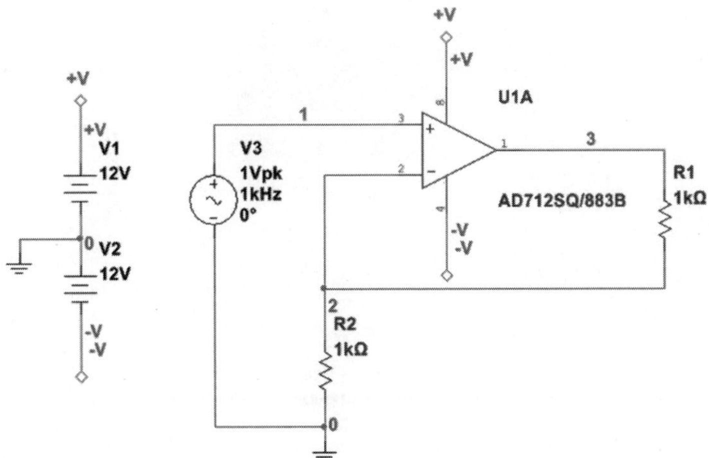

그림 1-6. 완성된 회도로

1.4 시뮬레이션 하기

이제 시뮬레이션을 수행할 준비는 되었으나 시뮬레이션 결과를 그래프로 볼 수 있도록 설정해 주어야 한다. Multisim은 시뮬레이션결과를 보여주는 여러 가지 계측기가 내장되어 있다. 계측기의 종류는 화면의 오른쪽에 그림 7과 같이 icon으로 표시되어 있으며 실제 화면에서는 수직으로 보일 것이다.

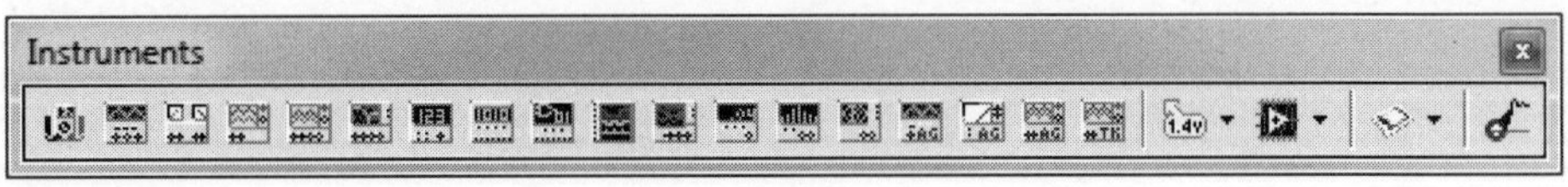

그림 1-7. 계측기 toolbar

1. 마우스를 icon에 갖다 대면 계측기의 이름이 나오며 Oscilloscope를 선택하여 회로도의 적당한 위치로 가져와 고정한다.
2. Oscilloscope의 채널 A, B를 non-inverting amp의 입력, 출력단자에 각각 연결한다.
3. Ground를 Oscilloscope의 −단자에 연결한다.
4. 채널 B의 +단자에 연결된 선에 마우스를 갖다 대고 마우스의 오른쪽 버튼을 클릭하여 Segment color를 선택한다.
5. 파란색을 선택하여 OK를 클릭하면 회로도는 그림 1-8과 같이 될 것이다.

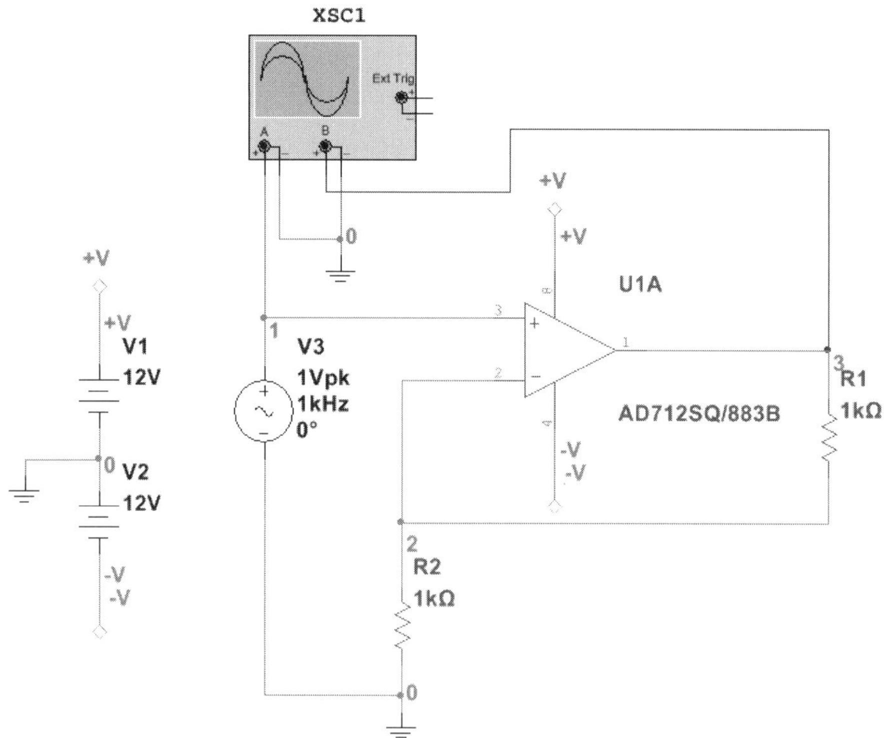

그림 1-8. Oscilloscope가 추가된 회로도.

6. 화면 상단의 toolbar에서 Simulate → Run을 선택하면 시뮬레이션이 시작된다.

7. Oscilloscope에 커서를 갖다 대고 두 번 클릭하면 oscilloscope의 화면 창이 열리면서 그림 1-9과 같이 파형이 보이게 된다. 예상했던 바와 같이 출력신호(파란색)는 입력신호(빨간색)가 두 배로 증폭된 신호이다.

8. 시뮬레이션을 끝내려면 simulation toolbar에 있는 빨간색 stop 버튼을 마우스로 누른다.

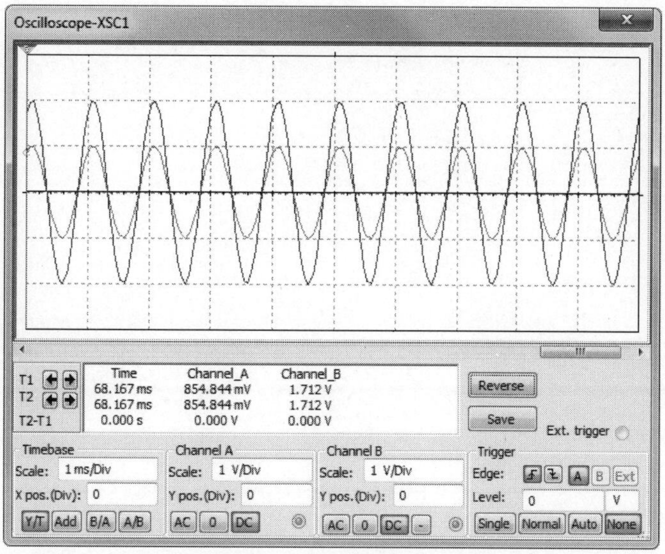

그림 1-9. 시뮬레이션 결과 화면

All in One Platform, **Electronic Circuit Design to Test**

Chapter 02

All in One Platform, **Electronic Circuit Design to Test**

National Instrument (NI)의 Multisim 사용법-실험기기

▸ **학습개요**

NI Multisim은 실험에 필요한 거의 모든 기기, 즉 직류 및 교류 전원 그리고 신호발생기(Function Generator)는 물론, oscilloscope, 테스터, digital multimeter (DMM) 등 각종 기기에 대한 소프트웨어가 포함되어 있다. 이러한 기기들을 마치 실제 기기를 조작하는 것처럼 거의 유사하게 조정할 수 있고 사용할 수 있다.

NI Multisim에서는 각종 기기들이 크게 세 종류로 구분되어 있는데 즉 Multisim instruments, LabVIEW custom VIs, and NI-ELVISmx instruments으로 구분되어 있는데 여기서는 NI-ELVISmx instruments에 대한 설명은 생략한다.

▸ **학습목차**

2.1 서론

NI Multisim에서는 시뮬레이션으로 동작하는 각종 기기가 제공되는데 마치 실제 기기들을 실제 회로에 연결하는 것처럼 회로도에서 연결하면 그 결과가 실제처럼 화면에 뜨며 실제 기기를 조작하는 것처럼 화면에서도 조작할 수 있다. 그림 2-1은 그 예이다.

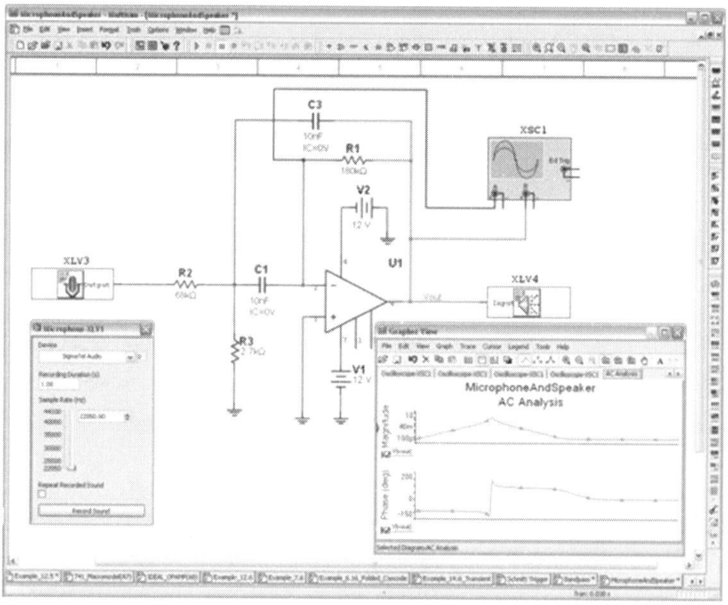

그림 2-1. 시뮬레이션 결과

Multisim을 사용하면 PSPICE를 사용할 때와는 달리 많은 지식이 필요하지 않으며 화면에 떠 있는 기기의 각종 버튼을 눌러서 기기들을 조작할 수 있으며 마치 실제 기기를 조작하는 것처럼 그 결과가 즉시 화면에 나타난다. 또, 기기의 조작상태, 즉 각종 세팅을 저장할 수도 있으며 그 상태에서의 시뮬레이션결과도 회로도와 함께 저장할 수 있다.

Multisim에서 각종 기기들을 Simulate → Instruments menu로부터 가져올 수도 있고 그림 2-2의 toolbar로부터 가져올 수도 있는데 이 toolbar는 그림 2-1에서는 오른쪽 끝에 수직으로 되어있다.

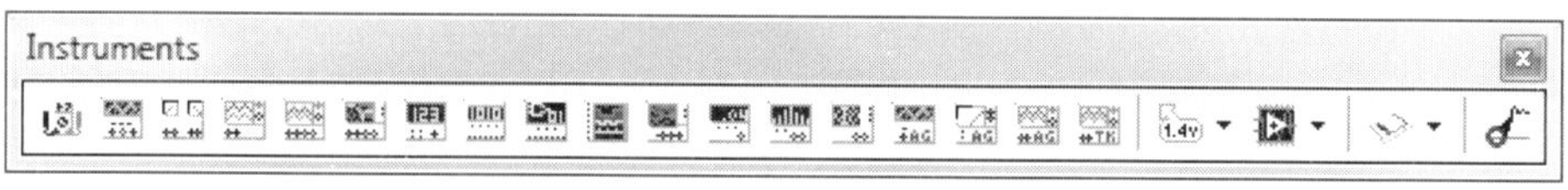

그림 2-2. 기기 toolbar

Multisim에서 하나의 기기가 세 가지 종류로 표현될 수 있는데 그것들은 Icon, Symbol, Pannel이며 그 용도와 모양은 표 2-1과 같다.

표 2-1. 기기 표현 예

구분	용도	화면에 나타나는 모양
Icon	• Multisim Instruments toolbar에 나타나는 모양.	
Symbol	회로도에 나타나는 모양. • 회로에 연결할 때 사용한다. • 이 모양에 커서를 갖다 놓고 두 번 클릭하면 아래의 panel이 열린다.	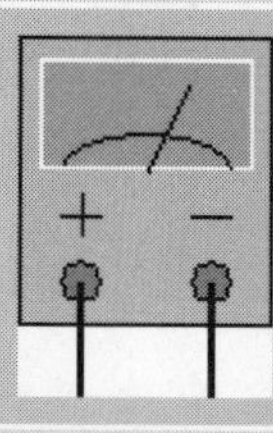
Panel	다음과 같은 조작을 할 수 있다. • 측정대상(전압, 전류, 저항 등) 및 단위를 설정한다. • 결과를 숫자나 그래프로 보여준다.	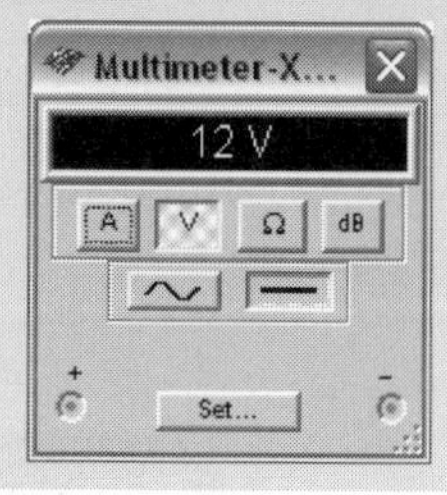

그림 2-2의 panel을 열거나 닫으려면 symbol을 두 번 클릭한다. Panel은 항상 화면의 상단에 나타나므로 숫자들을 덮어 가리지는 않는다. 이 panel을 컴퓨터의 아무 위치에나 갖다 놓을 수 있으며 화면해상도나 화면모드를 고려하여 나타나게 할 수 있다. 회로도를 저장하면 회로도와 함께 panel의 위치도 저장된다.

2.2 실험기기의 종류

NI Multisim에서는 각종 기기들이 크게 세 종류로 구분되어 있는데 즉 Multisim instruments, LabVIEW custom VIs, and NI-ELVISmx instruments로 구분되어 있는데 여기서는 NI-ELVISmx instruments에 대한 설명은 생략한다. 세 종류 모두 다음 기능을 수행할 수 있다.

- 시뮬레이션이 진행되고 있는 동안에도 기기의 각종 세팅을 변경할 수 있다.
- 시뮬레이션이 진행되고 있는 동안에도 단자들의 연결을 변경할 수 있다.
- 하나의 회로에서 같은 기기를 여러 대 사용할 수 있다.
- 회로도파일과 함께 기기의 세팅과 결과 값을 저장할 수 있다.
- 화면에 나타난 데이터를 Grapher view에 갖다 놓을 수 있다.
- 화면해상도나 화면모드를 고려하여 기기 panel의 크기를 바꿀 수 있다.
- TXT, LVM, and TDM format으로 쉽게 export할 수 있다.

2.3 Multisim의 기기

NI Multisim에서 기본적으로 제공되는 기기는 다음과 같이 크게 여섯 가지로 구분되어 있다.

- 직류용, 교류용 기기
- 디지털 및 논리 기기
- RF (Radio Frequency, 고주파)기기
- 상용으로 판매되는 여러 회사의 기기
- 측정용 프루브(probe)
- LabVIEW의 가상기기 (Virtual Instrument, VI)

표 2-2. 직류용, 교류용 기기

Name	Function	Icon	Symbol	Panel
Function Generator	Sine파, 삼각파, 사각파 주파수, Duty cycle, Amplitude Offset 조절		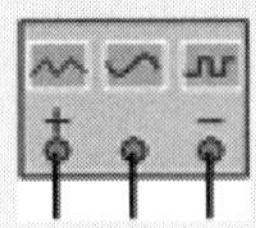	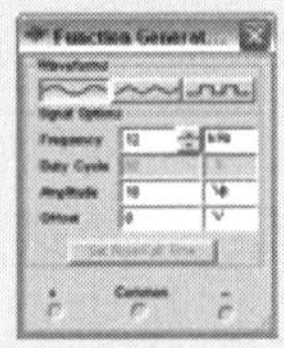
Multimeter	AC and DC 전류, 전압 저항 Decibel, 손실		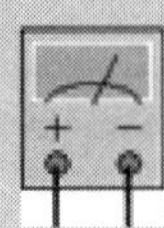	
2-Channel Oscillo-scope	Up to 2 channels Y and X scaling Y offset, Trigger Cursor		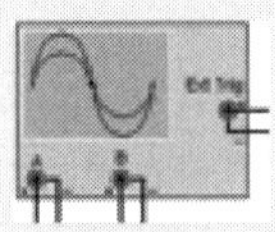	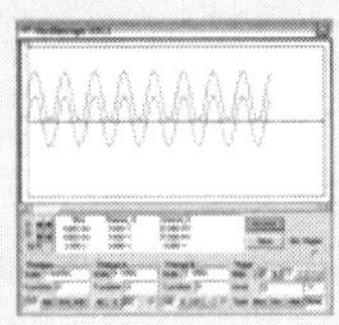
4-Channel Oscillo-scope	Up to 4 channels Y and X scaling Y offset, Trigger Cursor		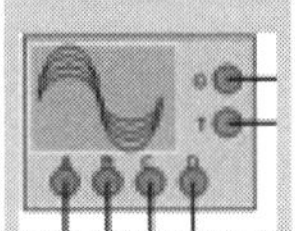	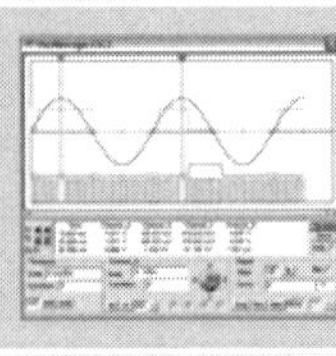
Wattmeter	전력측정 Power factor (역률)		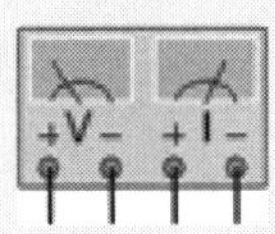	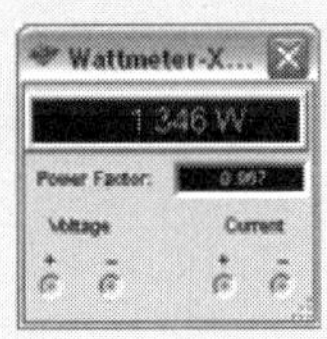

IV Analyzer	• Diodes • PNP BJT, NPN BJT • PMOS • NMOS		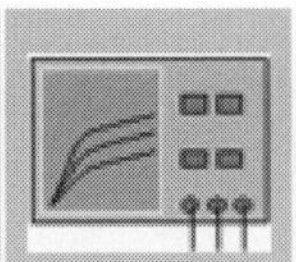	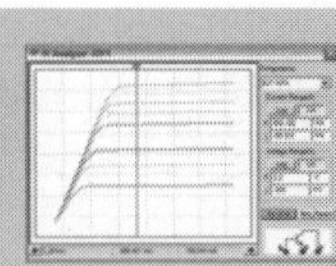
Frequency Counter	Frequency, Period, Pulse Rise/fall time, AC or DC coupling, Trigger			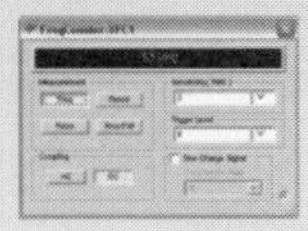
Bode Plotter	주파수특성 Gain and phase shift Up to 10 GHz		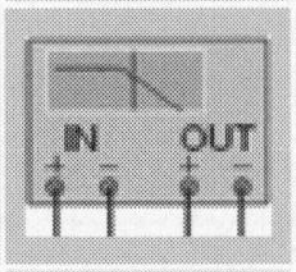	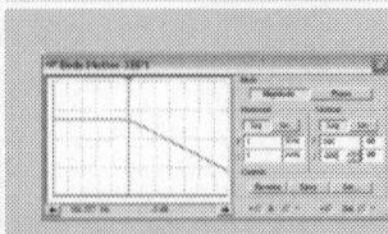
Distortion Analyzer	Intermodulation distortion Total harmonic distortion		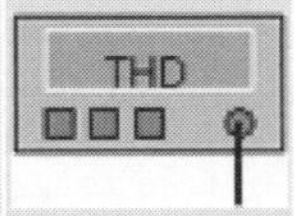	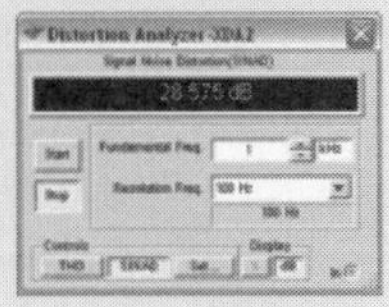

표 2-3. 디지털 및 논리 기기

Name	Function	Icon	Symbol	Panel
Logic Analyzer	16 channels, Cursor Data history, Trigger Internal/external clock		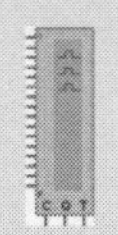	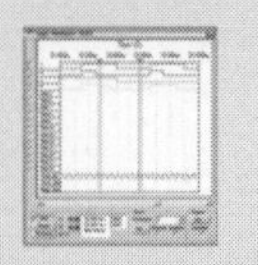
Logic Converter	Digital circuit to truth table and Boolean expression Truth table to digital circuit Boolean expression to digital circuit		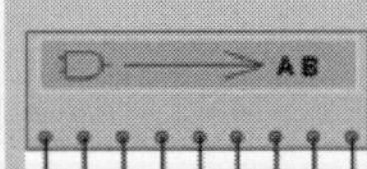	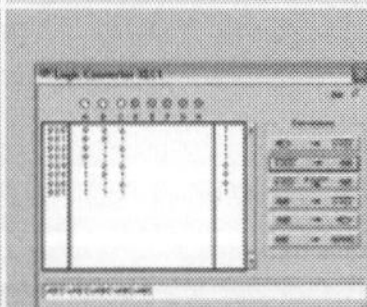
Word Generator	Cycle, burst, and step updates, Hex, DEC, Boolean, and ASCII data view, Timing Trigger		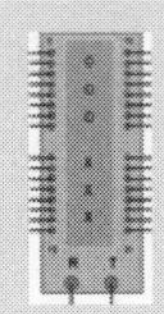	

표 2–4. RF Instruments(고주파대역 계측기)

Name	Function	Icon	Symbol	Panel
Spectrum Analyzer	주파수 대비 크기 신호특성(주파수 대비 출력) Zero, full, and custom span			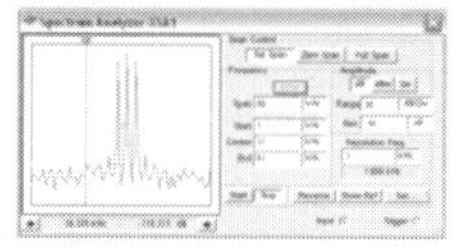
Network Analyzer	입력 대 출력 비율 위상차, Smith Chart, Return Loss		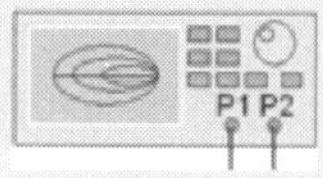	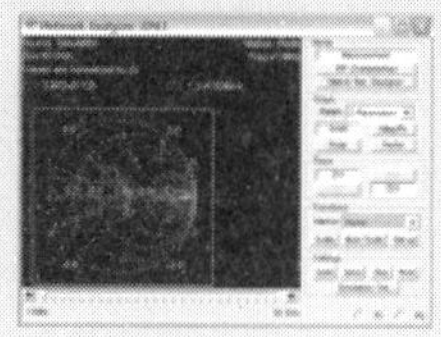

표 2–5. 유명 제조사의 계측기

Name	Function	Icon	Symbol	Panel
Agilent Waveform Generator	• Type: 33120A • 실제 기기의 동작특성과 거의 유사함.			
Agilent Oscilloscope	• Type: 54622D • 실제 기기의 동작특성과 거의 유사함.		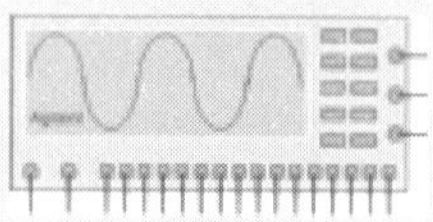	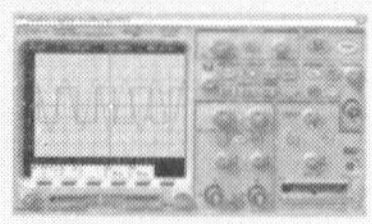
Agilent DMM	• Type: 34401A • 실제 기기의 동작특성과 거의 유사함.		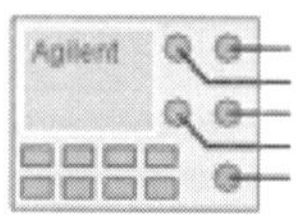	
Tektronix Oscilloscope	• Type: TDS 2024 • 실제 기기의 동작특성과 거의 유사함.			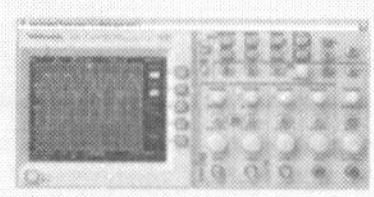

표 2-6. 측정용 프루브(Probe)

Name	Function	Icon	Symbol	Panel
Static Measure-ment Probe	• 전압, 전류, 주파수 • 회로접지에 대한 값 • Fixed to a net or at mouse cursor • Triggers events • Choose from: ◦ From dynamic probe setting ◦ AC voltage ◦ AC current ◦ Instantaneous voltage ◦ Voltage with reference to probe			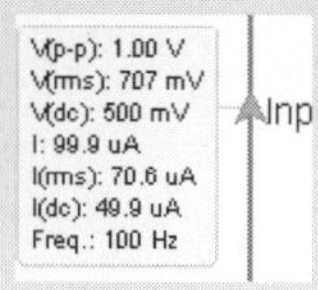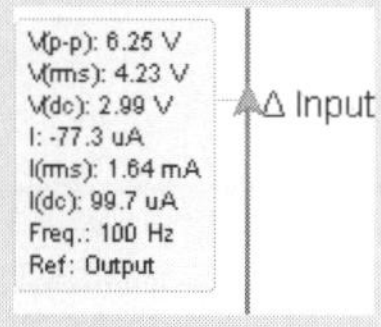
Current Probe	• 비접촉, 후크 메터 • 다양한 전류 대 전압 비율		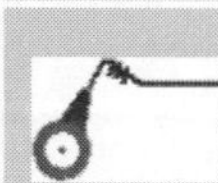	측정치를 보려면 오실로스코프나 DMM에 연결해야 함.

표 2-7 LabVIEW기반 기기

Name	Function	Icon	Symbol	Panel
LabVIEW Microphone	• Interface with your PCs sound devices • Recording length • Sample rate			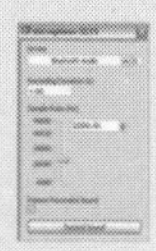
LabVIEW Speaker	• Interface with your PCs sound devices • Update rate			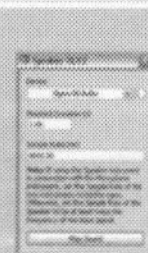
LabVIEW Signal Analyzer	• Time domain signal • Auto power spectrum • Running average			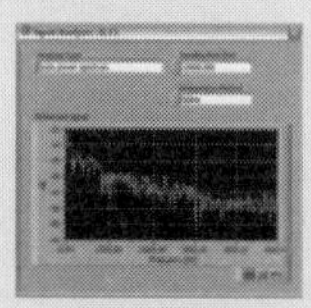
LabVIEW Signal Generator	• Sine, triangular, square, and sawtooth • Frequency • Duty cycle • Amplitude • Offset • Phase			

LabVIEW Streaming Signal Generator	• Sine, triangular, square, and sawtooth • Frequency • Duty cycle • Amplitude • Offset • Phase • Sampling rate		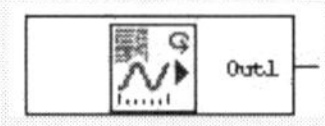	
LabVIEW BJT Analyzer	Current-voltage characteristics of PNP or NPN BJT Device type V_CE sweep, I_B sweep		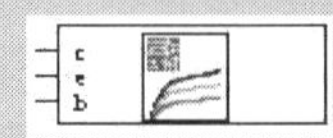	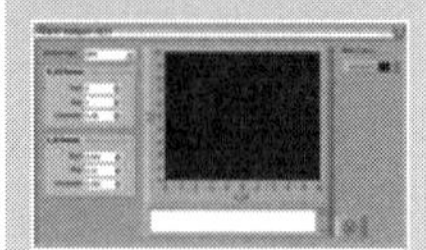
LabVIEW Impedance Meter	Frequency sweep, frequency, impedance Number of points Scale type			

Chapter 03

All in One Platform, **Electronic Circuit Design to Test**

Multisim 사용법 –주파수응답(AC Analysis)

▸ **학습개요**

3.1 서론

NI Multisim의 주파수응답(AC Analysis)은 입력신호에 대한 출력신호의 비율을 주파수의 함수(전달함수)로 분석하고 그래프로 보여주는 기능이다,

3.2 주파수 응답분석(AC Analysis) 방법

예제로서 낮은 주파수의 신호는 통과시키고 높은 주파수의 신호는 차단하는 그림 3-1의 4차 (Butterworth lowpass filter)를 분석한다. 이 회로의 cutoff 주파수는 500 Hz이며 통과대역의 증폭률(gain)은 10배 (20log(10) = 20dB)이다.

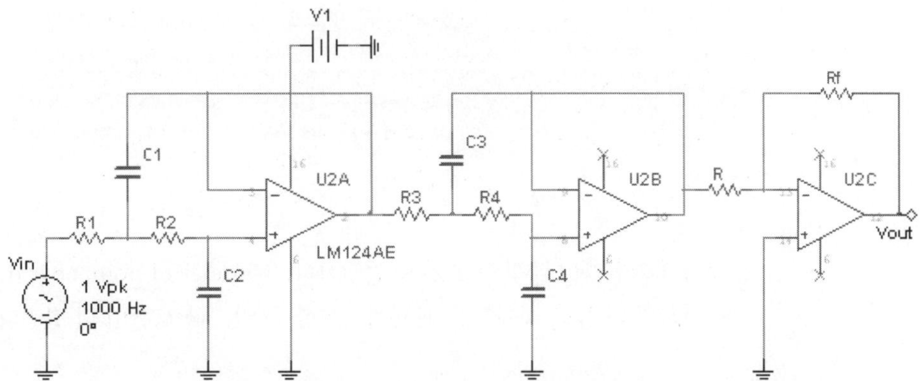

그림 3-1. non-inverting amplifier

다음과 같은 순서로 분석한다.

1. NI의 Download section에서 butterworth_filter.ms11를 내려 받는다. 또는 직접 회로도를 그린다.
2. 우선 오실로스코프의 panel을 열고 시뮬레이션을 실행하여 입력, 출력파형을 확인한다.
3. 시뮬레이션을 중지하고 AC_VOLTAGE, 즉 Vin의 주파수를 임의의 값으로 변경한 후 다시 시뮬레이션을 실행한다. 주파수가 500 Hz보다 커지면 출력의 크기가 작아질 것이다.
4. 시뮬레이션을 중지한다.

입력이 특정 크기와 위상을 갖도록 설정하려면 Vin을 두 번 클릭하고 'Value'탭으로 가서 'AC Analysis Magnitude'와 'AC Analysis Phase'에 그 값을 써 넣는다. 이 예제에서는 1 V, 0°를 사용할 것이다.

1. Simulate → Analyses → AC Analysis를 선택하면 'AC Analysis'윈도우가 열릴 것이다. 표 3-1에 주파수에 대한 여러 가지 설정을 설명하였다.

표 3-1. AC Analysis 에서 사용하는 설정

주파수 조건	설명
Start Frequency (FSTART)	시뮬레이션 시작 주파수 (> 0 Hz)
STOP Frequency (FSTOP)	시뮬레이션 정지 주파수 (> FSTART)
Sweep Type	1. 로그 x축 사용 1, 10, 100 Hz 등 (decade, 10배) 2. 로그 x축 사용 1, 2, 4, 8 Hz 등 (octave, 2배) 3. 선형 x축 사용 10, 20, 30, 40 Hz 등
Number of points per decade	주파수가 10 배 되는 구간에서 계산하는 주파수의 수. 주파수가 2 배 되는 구간에서 계산하는 주파수의 수. 시작 주파수와 정지 주파수 사이에서 계산하는 주파수의 수
수직축	y축의 표시단위

2. 그림 3-2와 같이 주파수 조건을 설정한다. 'Number of points per decade'를 높게 설정하면 더 높은 정확도로 시뮬레이션할 수 있으나 시간이 더 걸린다.

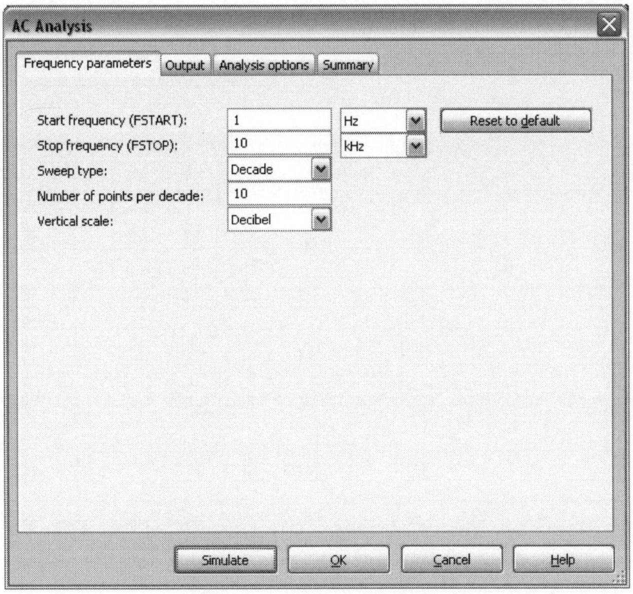

그림 3-2. 주파수 조건 설정 화면

3. 그림 3-3과 같이 'Output'을 클릭한다.

4. 'Variables in circuit'를 클릭하고 'All variables'를 선택한 후 리스트에서 'V(out)'을 클릭한다.

5. 'Add'를 클릭하면 그림 3-3과 같이 오른쪽에 'V(out)'이 나타난다.

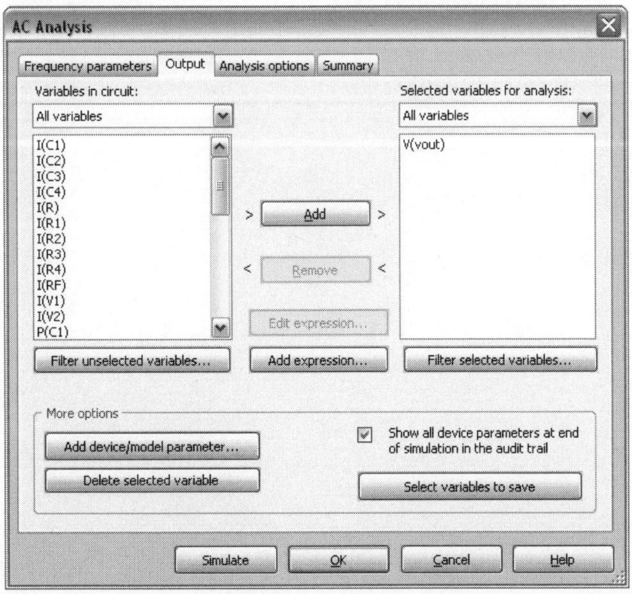

그림 3-3. 출력으로 V(out)이 설정된 화면

6. 그림 3-3의 아래에 있는 'Simulate'를 클릭하면 그림 3-4와 같이 'Grapher View'가 열리고 결과가 나타난다.

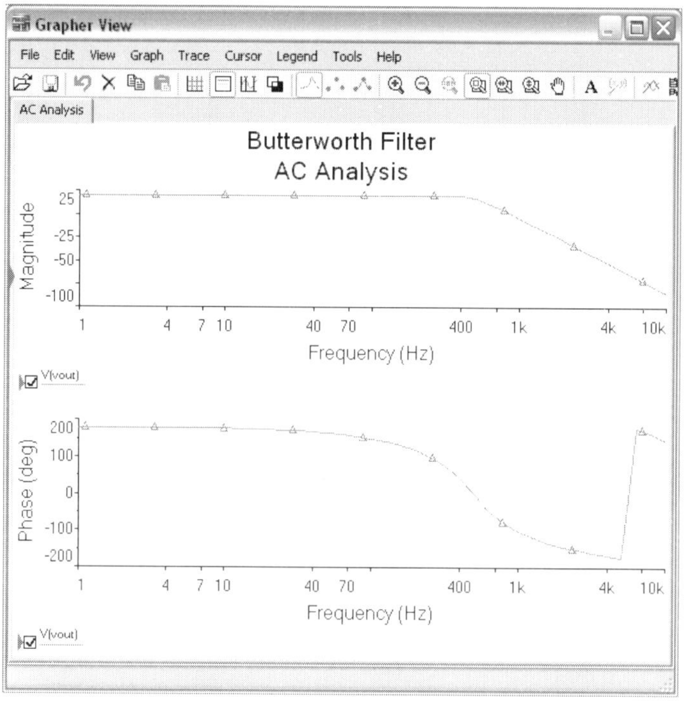

그림 3-4. 주파수응답 시뮬레이션 결과

7. 그림 3-4의 toolbar에서 'View' → 'Show Cursor'를 클릭하면 수직축 'Magnitude' 왼쪽에 커서들이 나타난다. 커서 중 하나를 그래프 선의 임의의 위치에 끌어 오면 그 위에 대한 정확한 수치를 읽을 수 있다.

Chapter 04

Multisim 사용법–직류동작점분석 (DC Operating Point Analysis)

▶ **학습목차**

4.1 서론

NI Multisim의 직류동작점분석(DC Operating Point Analysis)은 다이오드나 트랜지스터를 포함하고 있는 회로에 작은 신호가 입력되었을 때 출력에 나타나는 직류성분의 전압을 계산한다.

4.2 주파수 응답분석(AC Analysis) 방법

예제로서 그림 4-1의 Colpitts 발진기를 분석한다. 이 회로는 NI의 홈페이지의 download section에서 'colpitts_oscillator.ms11'를 내려 받거나 직접 그린다.

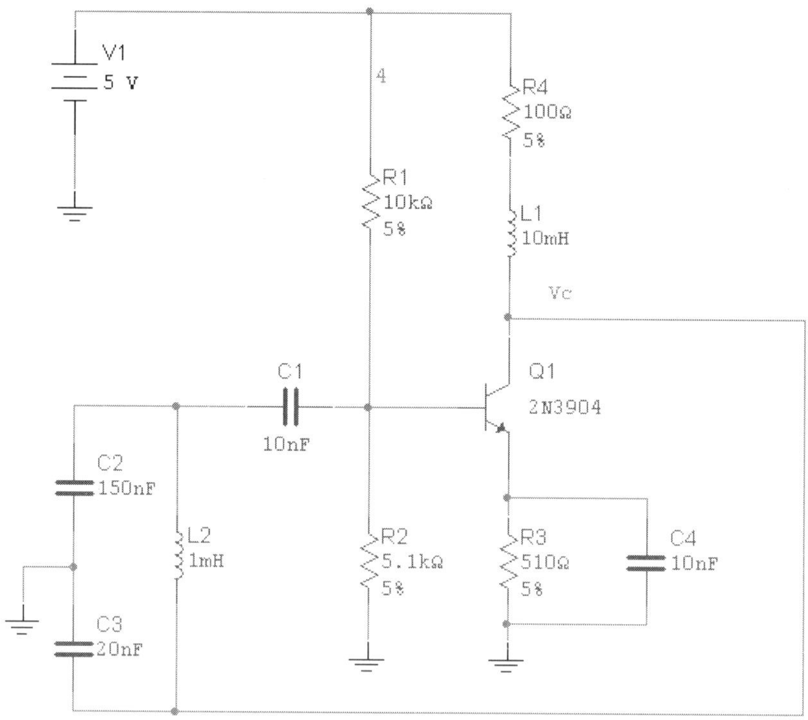

그림 4-1. non-inverting amplifier

다음과 같은 순서로 분석한다.

1. Simulate → Analysis → DC Operating Point를 선택한다.
2. 'Variables in circuit'를 클릭하고 'All variables'를 선택한 후 리스트에서 'V(vc)'를 클릭한다.
3. 'Add'를 클릭하면 그림 4-2와 같이 오른쪽에 'V(vc)'가 나타난다.

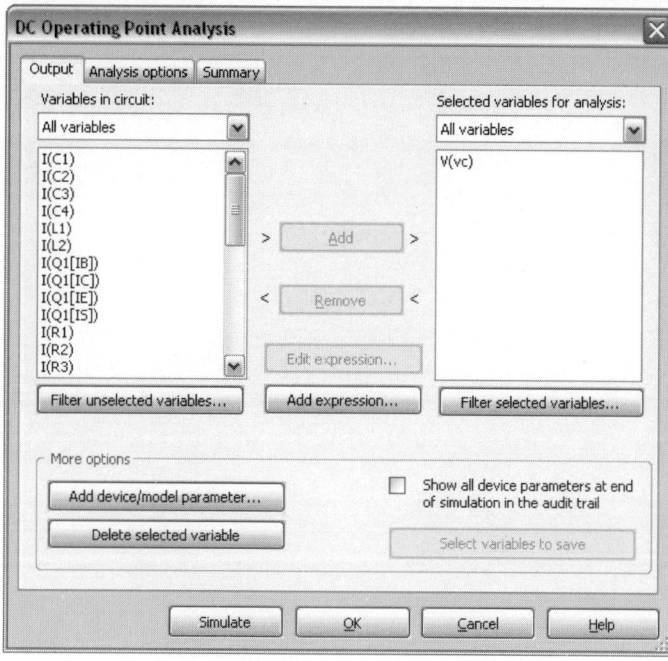

그림 4-2. 출력으로 V(vc)를 설정한 화면

4. 그림 4-2의 아래에 있는 'Simulate'를 클릭하면 그림 4-3과 같이 'Grapher View'가 열리고 결과가 나타난다.

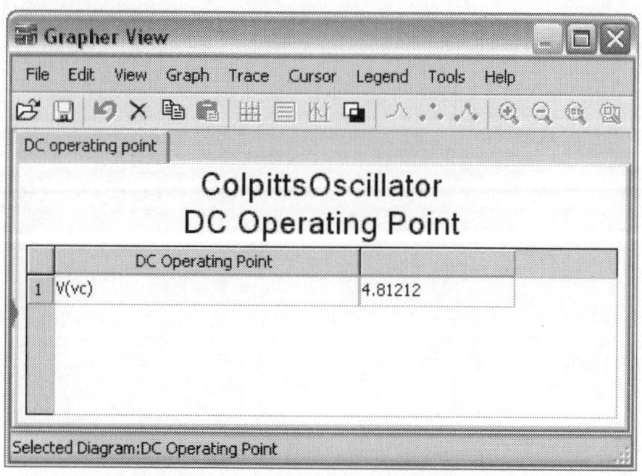

그림 4-3. 직류동작점 시뮬레이션 결과

All in One Platform, **Electronic Circuit Design to Test**

Chapter 05

Multisim 사용법-소자특성분석 (DC Sweep Analysis)

▸ **학습목차**

5.1 서론

NI Multisim의 소자특성분석(DC Sweep Analysis)은 다이오드나 트랜지스터를 포함하고 있는 회로에 대해 바이어스(bias)전압이 달라질 때 회로의 다이오드나 트랜지스터에 걸리는 전압을 계산한다.

5.2 주파수 응답분석(AC Analysis) 방법

▸ **예제 5-1**

첫 번째 예제로서 그림 5-1과 같이 zener 다이오드를 포함하고 있는 정전압 발생회로를 분석한다. 이 회로에서는 입력전압이 크게 변하여도 zener 다이오드에 걸리는 전압은 거의 변하지 않으며 그림 5-1의 zener.ms11를 내려받거나 직접 그려서 분석할 수도 있다. 1N4462는 zener전압이 7.5 V이며 오차는 5% 이내이다. 이 전압을 출력하기 위한 최소, 최대 전압은 각각 7.41 V, 26.41 V이다. 이제 입력전압이 0 V에서 40 V까지 변할 때 zener다이오드에 걸리는 전압을 시뮬레이션 하도록 한다.

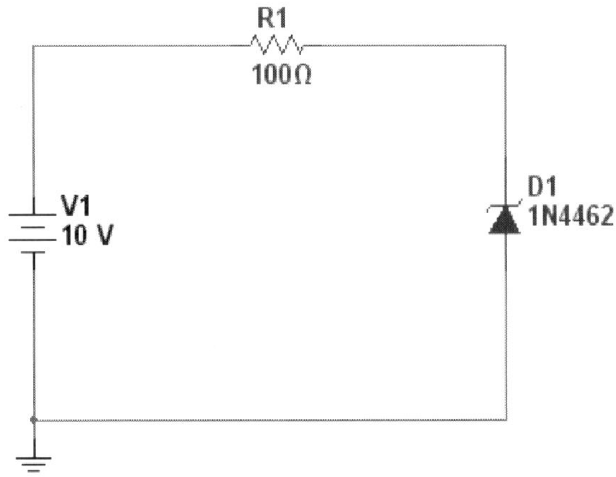

그림 5-1. zener다이오드를 이용한 정전압발생 회로

다음과 같은 순서로 분석한다.

1. Simulate → Analysis → DC Sweep를 선택하면 'DC Sweep Analysis'윈도우가 열릴 것이다. 표 5-1은 분석에 대한 여러 가지 설정을 설명하였다.

표 5-1. DC Sweep Analysis 에서 사용하는 설정.

조건	설명
Source(전원)	회로의 입력 전압, 또는 전류
Start Value	시뮬레이션 시작 입력전압
Stop Value	시뮬레이션 정지 입력전압
Increment	시뮬레이션 전압 간격
Change Filter	

2. 그림 5-2와 같이 조건을 설정한다. 'Increment'를 작게 설정하면 더 높은 정확도로 시뮬레이션할 수 있으나 시간이 더 걸린다.

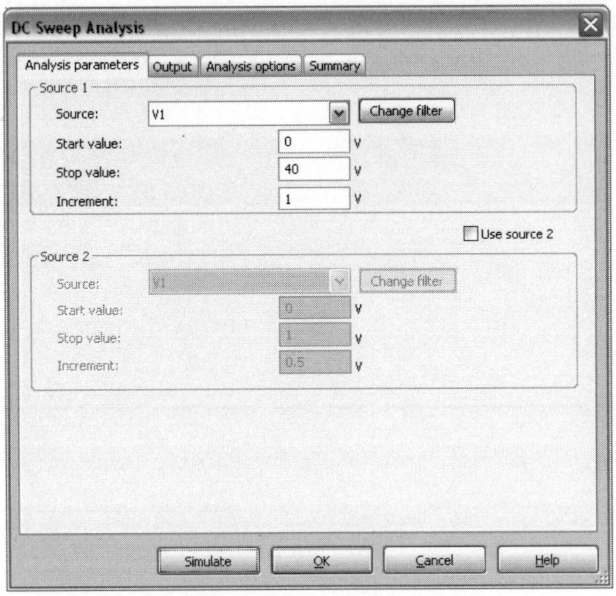

그림 5-2. DC Sweep Analysis를 위해 조건이 설정된 화면

3. 그림 5-3과 같이 'Output' 탭을 클릭한다.

4. 'Variables in circuit'를 클릭하고 'All variables'를 선택한 후 리스트에서 'V(out)'을 클릭한다.

5. 'Add'를 클릭하면 그림 5-3과 같이 오른쪽에 'V(out)'이 나타난다.

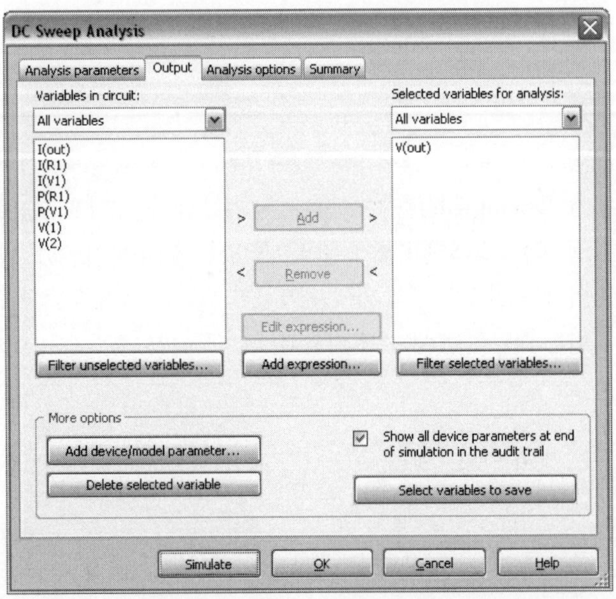

그림 5-3. 출력으로 V(out)이 설정된 화면

6. 그림 5-3의 아래에 있는 'Simulate'를 클릭하면 그림 5-4와 같이 'Grapher View'가 열리고 결과가 나타난다.

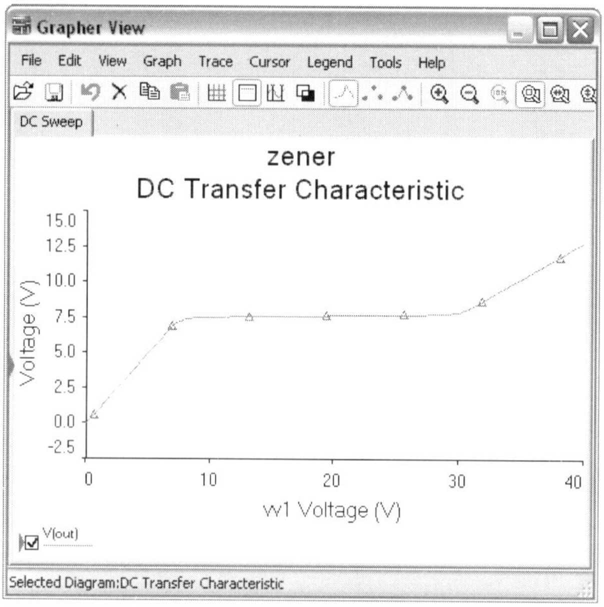

그림 5-4. DC Sweep Analysis 결과화면

7. 그림 5-4의 toolbar에서 'View' → 'Show Cursor'를 클릭하면 수직축 'Voltage' 왼쪽에 커서들이 나타난다. 커서 중 하나를 그래프 선의 임의의 위치에 끌어 오면 그 위에 대한 정확한 수치를 읽을 수 있다.

▸ 예제 5-2

두 번째 예제로서 그림 5-5의 MOSFET의 특성을 측정하는 회로(mosfet_curve.ms11 from Downloads)를 분석한다. 이 예제에서는 V1과 V2의 전압을 증가시키면서 각 전압에 대한 MOSFET의 특성곡선을 얻는 것이 목적이다. 이 회로에서 V3는 드레인으로 들어가는 전류를 전압으로 변환하기 위하여 사용되는 변환기이며 따라서 1 Ω 저항에 걸리는 전압의 값이 전류가 된다.

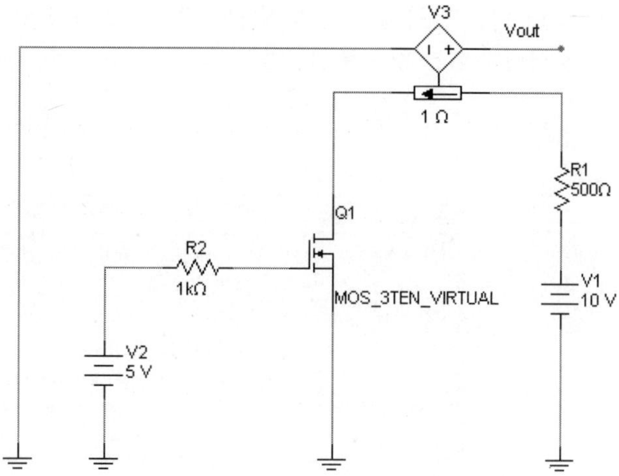

그림 5-5. MOSFET 특성 측정회로

다음과 같은 순서로 분석한다.

1. Simulate → Analysis → DC Sweep를 선택한다.
2. 그림 5-6과 같이 조건을 설정한다. Multisim에서는 우선 V2를 고정하고 V1을 증가시키면서 분석하고 그 후 V2를 증가시킨 후 다시 V1에 대해 분석한다. V2가 1 V의 간격으로 0~6 V까지 변하므로 총 6개의 특성곡선이 나타나게 된다.

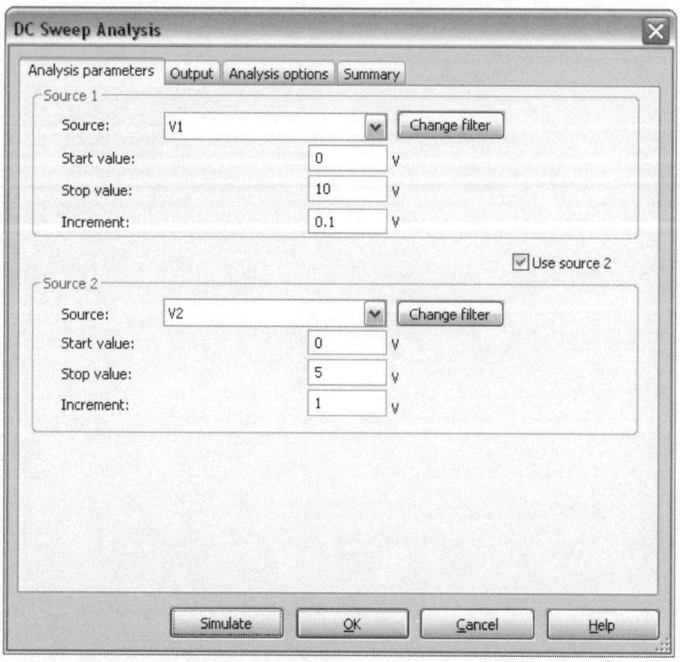

그림 5-6. DC Sweep Analysis를 위해 조건이 설정된 화면

3. 'Output'을 클릭한다. 앞의 예제와 같이 오른쪽 'Selected Variables'에 에 'V(out)'이 나타나 있는 것을 확인한다.

4. 'Simulate'를 클릭하면 그림 5-7과 같이 'Grapher View'가 열리고 결과가 나타난다.

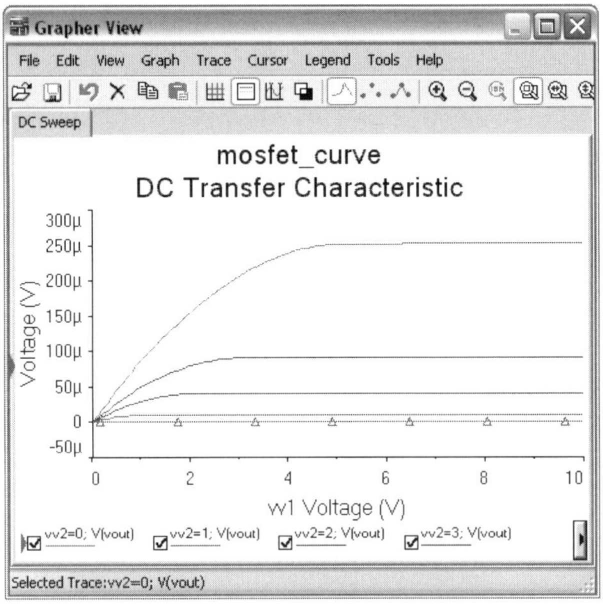

그림 5-7. DC Sweep Analysis 결과화면

Chapter 06

All in One Platform, **Electronic Circuit Design to Test**

National Instrument (NI)의 VirtualBench 사용법

▸ **학습목차**

6.1 서론

6.1.1 VirtualBench 개요 및 설치하기

NI VirtualBench는 5가지 실험기기, 즉, ① 복합신호 오실로스코프, ② 디지털 멀티미터, ③ 함수발생기, ④ 프로그래머블 DC파워서플라이, ⑤ 디지털 I/O를 한 대의 기기로 통합한 실험기기이다. 그림 6-1과 같이 VirtualBench에는 모니터가 없으나 PC나 iPad에 연결하여 모니터로 사용할 수 있다. PC의 USB포트나 iPad와 연결하면 Windows 자동실행 대화상자가 나타나 소프트웨어를 자동으로 로드하므로 드라이버를 따로 설치할 필요 없이 plug- and-play가 된다. 이들을 WiFi네트워크를 통해 무선으로도 연결할 수 있다. 특히 iPad를 연결한 경우에는 터치패드를 사용할 수 있으므로 손가락으로 확대, 축소가 가능해진다. 또한 하나의 화면에 실제기기와 거의 같은 모양으로 5가지 기기의 조정버튼과 측정결과가 표현되며 마우스나 손가락으로 조정이 가능하다. 더욱 편리한 기능으로서 화면에서 버튼만 누르면 측정데이터와 파형이 EXCEL이나 screenshot으로 PC나 iPad에 저장할 수 있다. 마지막으로, VirtualBench를 LabVIEW 소프트웨어와 연결하여 사용자정의 어플리케이션을 보다 손쉽게 구성할 수 있다. 이렇게 하면 같은 작업이 여러 번 계속되는 작업을 자동으로 수행하게 할 수 있으며 실수와 작업시간을 크게 줄일 수 있다.

▸ 설치하기

1. VirtualBench를 220 V 전원에 연결한 후 전면 왼쪽 위의 전원 버튼을 누른다.

2. 한 쪽에 USB커넥터가 있는 선을 VirtualBench의 뒷면에 연결하고 나사를 조인 후 USB커넥터를 PC나 노트북에 연결한다.

3. PC나 노트북 화면의 시작버튼을 누르고 오른쪽 메뉴에서 '컴퓨터'를 클릭한다. 잠시 기다리면 이동식미디어장치에 'CD 드라이브( ) NI VirtualBench'가 뜰 것이다.

4. 'CD 드라이브( ) NI VirtualBench'를 더블 클릭한 후 'VirtualBenchLauncher.exe'를 실행하면. 모니터에 그림 6-1(b) 화면이 보일 것이다. 보이지 않고 연결프로그램을 선택하라는 문구가 나오면 그 아래 '웹에서 찾기'를 클릭한다. 보안경고가 나오면 연결을 허용한다.

5. VirtualBench를 종료하려면 그림 6-1(b) 화면의 맨 위 오른쪽 'x'를 클릭한다.

6. 다시 VirtualBench를 시작하려면 컴퓨터의 윈도우 탐색기에서 'CD 드라이브( ) NI VirtualBench'를 클릭한 후 맨 아래 'VirtualBenchLauncher'를 더블 클릭하고 10초 이상 기다리면 화면이 뜬다.

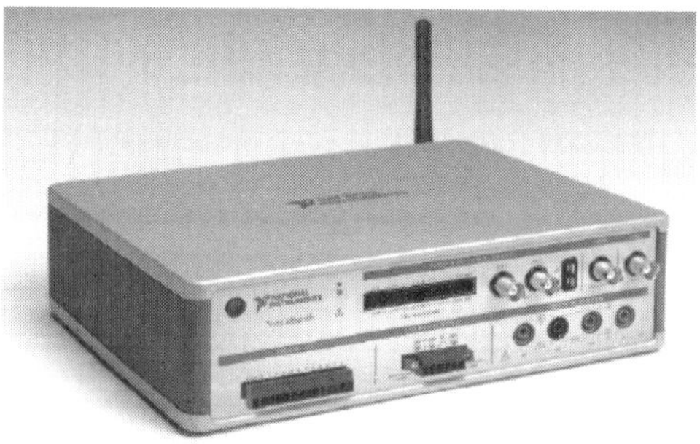

(a)

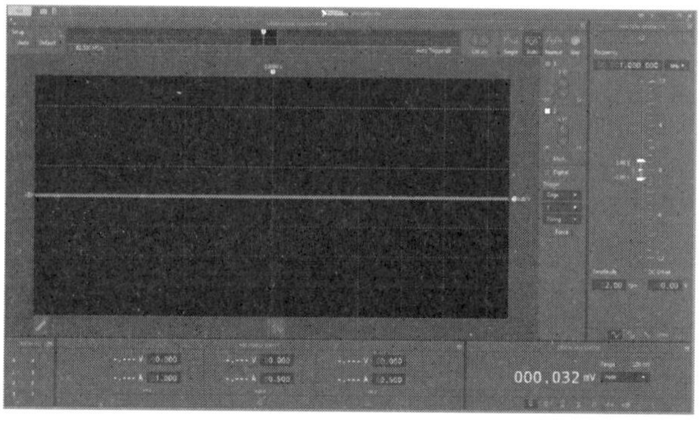

(b)

그림 6-1. VirtualBench의 외관(a)과 연결 직후 모니터에 뜨는 화면(b)

6.1.2 VirtualBench 성능

표 6-1. VirtualBench 성능

복합 신호 오실로스코프	
대역폭	100 MHz
채널	2개의 아날로그 채널, 34개의 디지털 채널
샘플링 속도	1 GS/s (1개 채널), 500 MS/s/ch (2개 채널)
웨이브폼 측정	커서, 22개의 자동 측정
웨이브폼 수학	더하기, 빼기, 곱하기, FFT
레코드 길이	백만 개의 샘플
함수 발생기	
최대 주파수	20 MHz (사인파), 5 MHz (사각파)
채널	1
웨이브폼 타입	사인파, 사각파, 램프, 삼각파, DC
디지털 멀티미터	
분해능	5자리 반
측정 함수	VDC, VAC, IDC, IAC, 연속성, 저항, 다이오드
최대 전압	최대 300 V 입력 전압
최대 전류	최대 10 A 입력 전류
기본 정확도	최대 0.015% VDC
프로그래밍 가능한 DC 파워서플라이	
채널	3
전압/전류 (Ch1)	0 ~ +6 V/0 ~ 1 A
전압/전류 (Ch2)	0 ~ +25 V/0 ~ 0.5 A
전압/전류 (Ch3)	0 ~ −25 V/0 ~ 0.5 A
디지털 I/O	
채널	8개 (입력 또는 출력)
로직 레벨	5 V 호환 LVTTL 입력, 3.3 V LVTTL 출력

복합신호 오실로스코프 (MSO, Mixed-Signal Oscilloscope)

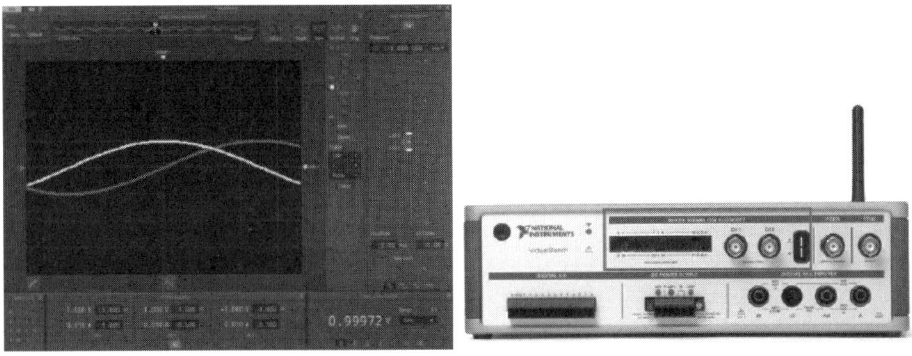

그림 6-2. 복합신호 오실로스코프 (MSO)

- 아날로그 채널: 2 채널
- 대역폭 (Bandwidth): 100 MHz
- 최대 샘플링회수 (Maximum Sampling rate): 1 GS/s for 1 channel and 500 MS/s per channel
- 디지털 채널: 34 채널
- 측정 기능
  - 시간관련: 주기, 주파수, 듀티비율, 펄스폭, 증가시간, 감소시간, 증가율, 감소율
  - 전압관련: High, low, 크기, 최대값, 최소값, 진폭 (peak-to-peak), overshoot, undershoot, 실효값(RMS), 평균, 주기 실효값, 주기 평균값
  - 논리시간관련: 주기, 주파수, 듀티비율, 펄스폭,
  - 계산: A + B, A − B, A × B, FFT

함수발생기(FGEN, Function Generator)

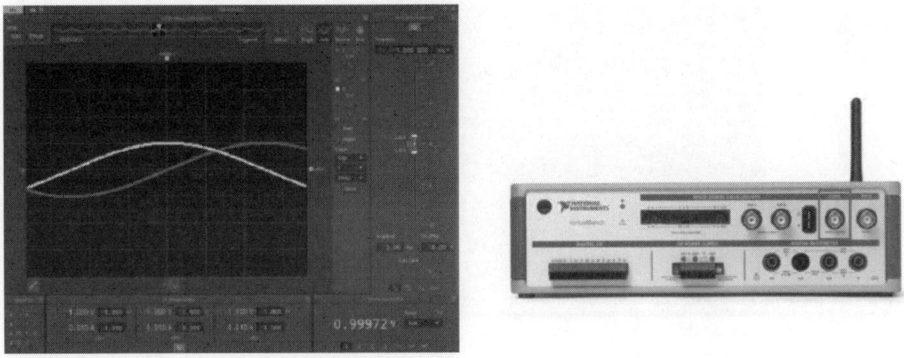

그림 6-3. 함수발생기(FGEN, Function Generator)

- 채널 수: 1 개
- 출력파형: 정현파, 사각파, 삼각파, 임의파형
- 출력속도: 125 MS/s

디지털 I/O

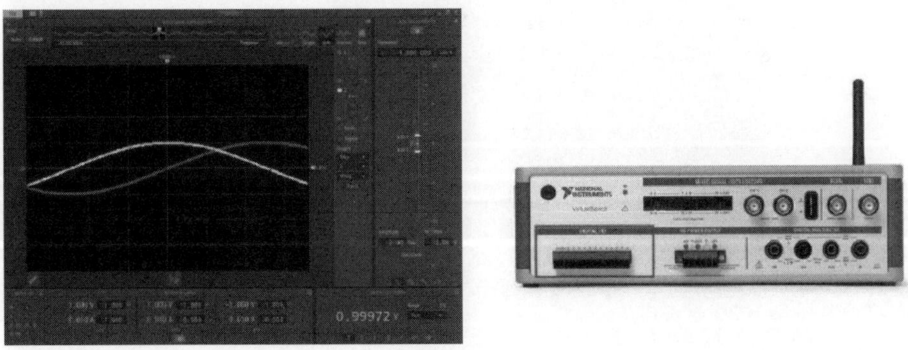

그림 6-4. 디지털 I/O

- 채널 수: 8개
- Logic Level
  - Input: 5 V TTL
  - Output: 3.3 V TTL

디지털 멀티미터 (DMM. Digital Multimeter)

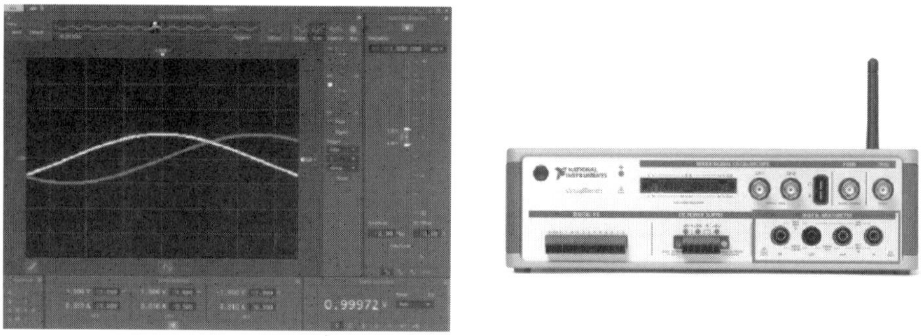

그림 6-5. 디지털 멀티미터 (DMM. Digital Multimeter)

- Functions: AC/DC 전압, AC/DC 전류, 저항, 다이오드
- 분해능: 5½digits
- 샘플링 횟수: 1초에 5번

직류전원(DC Power Supply)

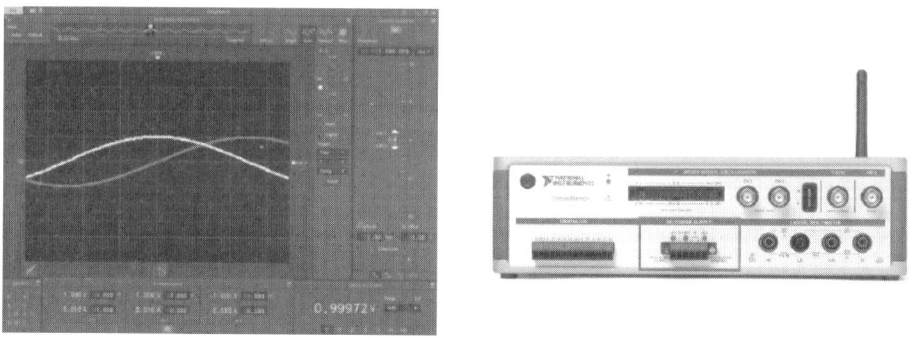

그림 6-6. 직류전원 (DC Power Supply)

- Outputs
  - 0 V to 6 V/0 A to 1 A
  - 0 V to 25 V/0 mA to 500 mA
  - 0 V to −25 V/ 0 mA to 500 mA

6.1.3 교재의 구성

'VirtualBench 사용법'은 세 개의 예제를 보여주는데 VirtualBench의 기초를 배우고 시험실에서 그 성능의 특성들을 종합응용할 수 있도록 기술되어있다. 이 세 가지 예제는 다음에 기술하는 바와 같이 아날로그회로수업에 공통적으로 사용되는 것이며 VirtualBench의 사용법을 숙달하는데 큰 도움이 될 것이다.

▶ 6.2: 디지털 멀티미터(DMM)와 함수발생기(FGEN)로 측정하기

이 예제에서는 저항회로를 구성하고 시뮬레이션한 후 이론값과 측정값을 비교한다. 이 section에서는 다음 사항에 대해서도 기술한다.

- FGEN으로 직류, 교류 신호공급하기
- DMM을 사용하여 직류, 교류 전력을 계산하기

▶ 6.3: 함수발생기(FGEN)와 복합신호발생기(MSO)

이 예제에서는 증폭기회로와 저항회로를 구성하고 시뮬레이션한 후 이론과 실제동작을 비교한다. 이 section에서는 다음 사항에 대해서도 기술한다.

- FGEN으로 여러 가지 신호를 공급하기
- 직류전원으로 회로에 전력을 공급하기
- 복합신호발생기(MSO)로 파형을 관측하고 분석하기

▶ 6.4: 프로그래머블 직류 파워서플라이

이 예제에서는 증폭기회로를 구성하고 직류전원의 값이 달라질 경우에 대해 시뮬레이션한 후 이론과 실제동작을 비교한다. 이 section에서는 다음 사항에 대해서도 기술한다.

- 직류전원으로 특정한 전압을 공급하기
- 함수발생기로 신호를 공급하기
- 복합신호발생기로 증폭기의 입력신호, 출력신호를 관측하기

6.1.4 Multisim을 사용한 회로시뮬레이션

반드시 'Multisim-기초'와 'Multisim-기기'를 참조한다.

6.2 디지털 멀티미터(DMM)와 함수발생기(FGEN)

VirtualBench에는 전압, 전류, 저항을 측정할 수 있는 DMM과 직류, 교류 신호를 만들어내고 공급하는 함수발생기가 탑재되어있다. 여기서는 DMM과 함수발생기를 사용하여 저항으로 구성된 회로의 전력을 측정하는 방법을 기술한다.

6.2.1 Multisim을 이용한 시뮬레이션 및 회로이론 복습

회로가 소비하는 전력을 계산하기 위해서는 전압, 전류, 저항 중 두 가지를 알아야한다. 이 세 가지 중 전압측정이 가장 쉬운데 전원의 전압을 측정하면 된다. 그 다음, 회로의 저항이나 전류 중 계산하기 쉬운 것을 선택해야 하는데 일반적으로는 각 선에 흐르는 전류를 측정하기보다는 저항을 측정하는 것이 더 쉽다.

그림 6-7의 회로에서 전압과 저항을 측정하여 전력을 계산해 보기로 한다.

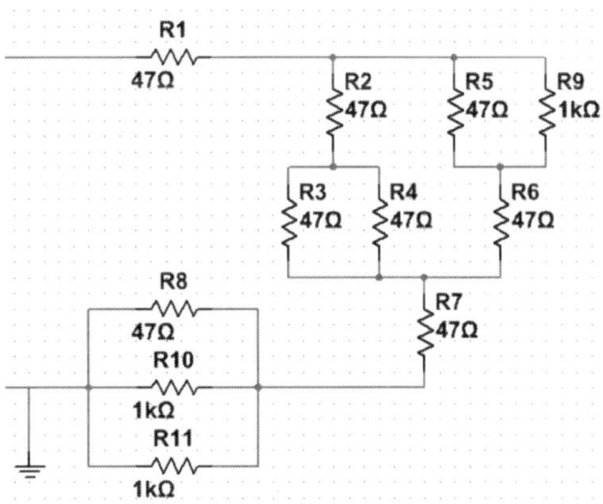

그림 6-7. Multisim으로 그린 저항회로

이 회로에는 직렬, 병렬로 연결된 저항이 많이 있으며 총 저항을 손으로 계산할 수 있으나 이것은 대단히 귀찮은, 특히 저항의 오차까지 고려할 때에는 더욱 귀찮은 작업이다. 반면에 그림 6-8와 같이 DMM을 사용하면 아주 간단히 총 저항을 측정할 수 있다. 그림 6-8의 오른 쪽 위를 보면 총 저항이 176.855 Ω이란 것을 볼 수 있는데 이 값은 오차는 무시하고 적혀있는 저항 값을 이용하여 계산한 값이다.

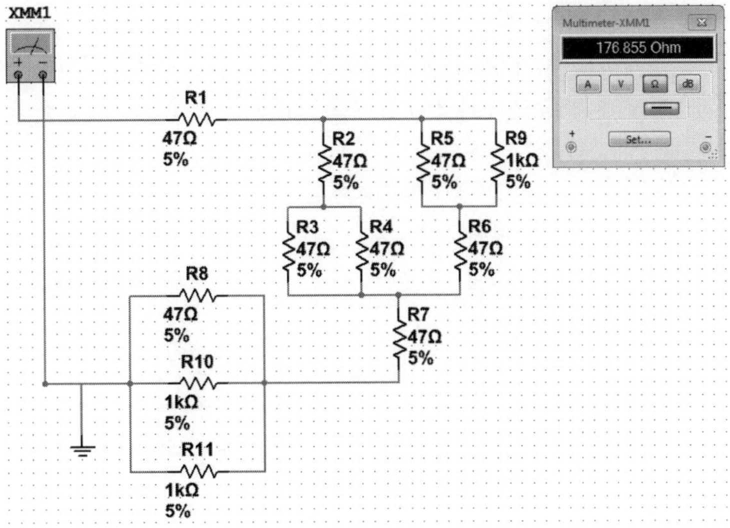

그림 6-8. DMM으로 저항측정하기

그 다음, DMM으로 전압을 측정하려면 우선 전원이 직류인지 교류인지를 먼저 알아야 한다. 함수발생기로 5 V 직류전압을 만들기 위해서는 그림 6-9와 같이 그린다. 오른쪽 함수발생기(XFG1)의 panel에서 Waveform을 '~'로, Frequency를 1 fHz, Amplitude를 1 fVp, Offset을 5 V로 조정한다. 여기서 'f'는 'femto'라고 읽으며 10^{-15}라는 의미인데 주파수가 대단히 낮은 교류는 직류가 되기 때문이다. 역시 fVp는 크기가 10^{-15} Vp(zero to peak)이므로 0 V와 같다. 이렇게 조정한 후 직류전압을 측정하기 위해서는 XMM1에서 '−'표시를 누르면 오른쪽 위처럼 직류전압이 5 V로 나타난다.

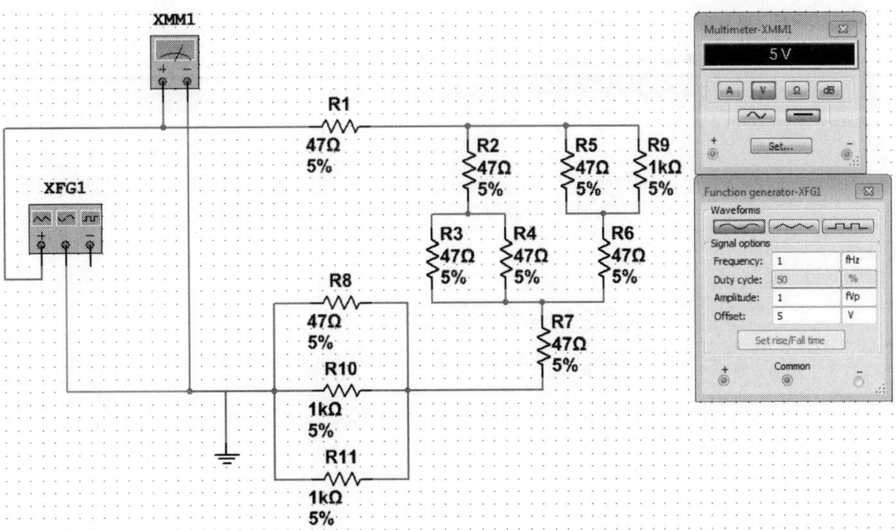

그림 6-9. Multisim으로 직류전압 측정하기

교류전압을 측정하기 위해서는 함수발생기(XFG1)의 Waveform을 '~'로, Frequency를 60 Hz, Amplitude를 2.5 Vp로, Offset을 5 V로 조정한다. 그리고 교류전압을 측정하기 위해 XMM1에서 '~'표시를 누르면 그림 6-10의 오른쪽 위처럼 교류전압이 1.768 V로 나타난다.

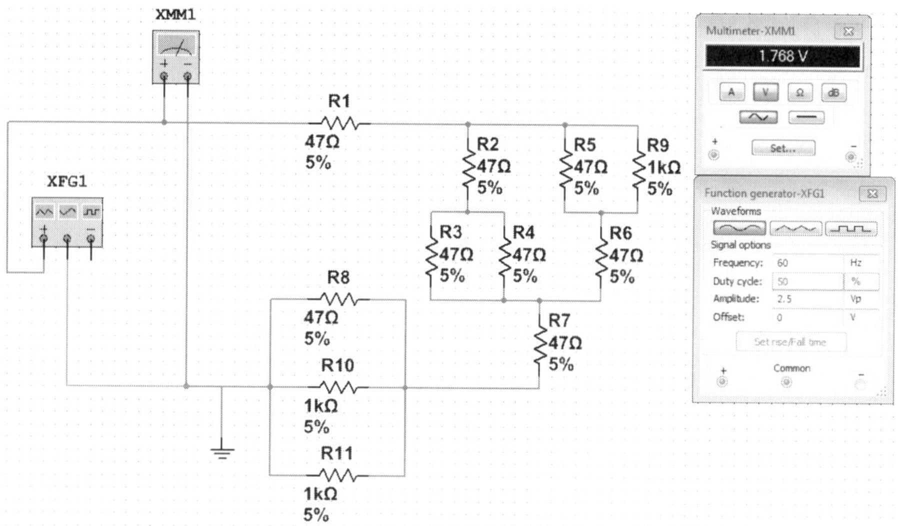

그림 6-10. Multisim으로 교류전압 측정하기

지금까지의 결과를 전력에 대한 수식, P = V2/R 에 대입하면 표 6-2과 같이 전력을 계산할 수 있다.

표 6-2 전력계산

전원전압	측정된 전압	측정된 저항	평균전력
5 Vdc	5 Vdc	176.85 Ω	141 mW
5 Vpp at 60 Hz	17.68 Vrms	176.85 Ω	17.1 mWrms

6.2.2 VirtualBench 사용 실습

지금까지는 Multisim을 사용하여 측정, 계산하였으나 이제부터는 실제 회로를 구성하고 VirtualBench의 DMM과 함수발생기를 이용하여 전압, 저항을 측정하고 전력을 계산하는 방법을 설명한다.

준비물

- BNC-to-집게 동축선: 1개
- DMM probes: 2개
- Breadboard(빵판): 1개
- 47 Ω 5 % : 8 개
- 1 kΩ 5 % : 3 개

회로 구성

그림 6-11를 참조하여 우선 저항회로를 그림 6-12와 같이 회로를 구성한다.

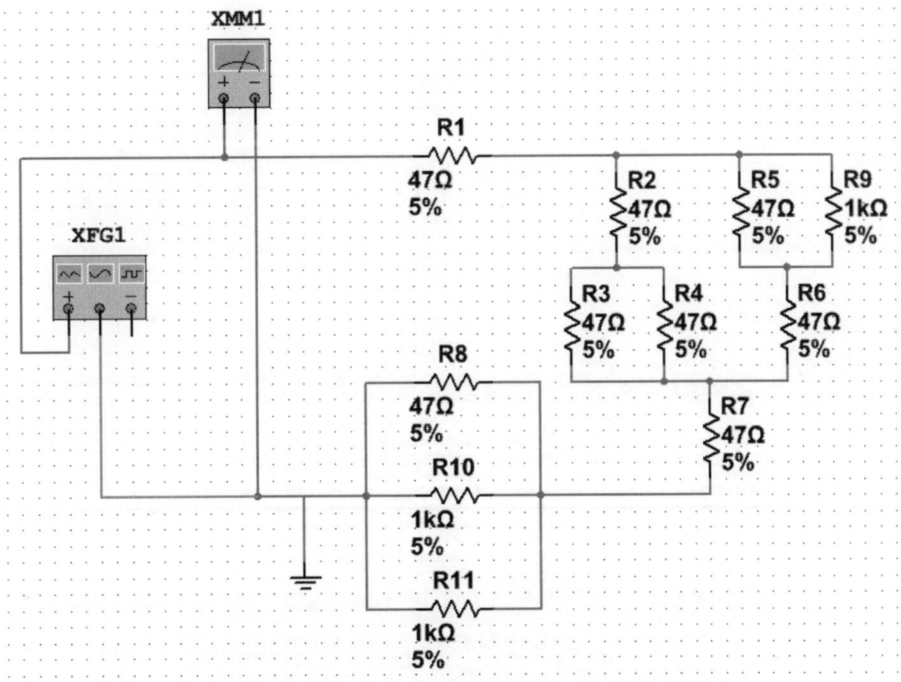

그림 6-11. 저항으로 구성된 회로. XMM1은 DMM, XFG1은 함수발생기(FGEN)이다.

그림 6-12는 breadboard (빵판)의 실제 모습인데 가로 구멍 5개 한 조는 서로 연결되어 있으며 그 오른쪽 구멍 5개 한 조도 역시 모두 연결되어 있으나 각 조는 연결되어 있지 않으며 세로로도 연결되어 있지 않다. 따라서 그림 6-12에서 R7의 왼쪽 단자와 R8, R10, R11의 위쪽 단자는 그림 6-11에서 R8, R10, R11의 오른쪽 점에 연결되어 있는 것과 같다.

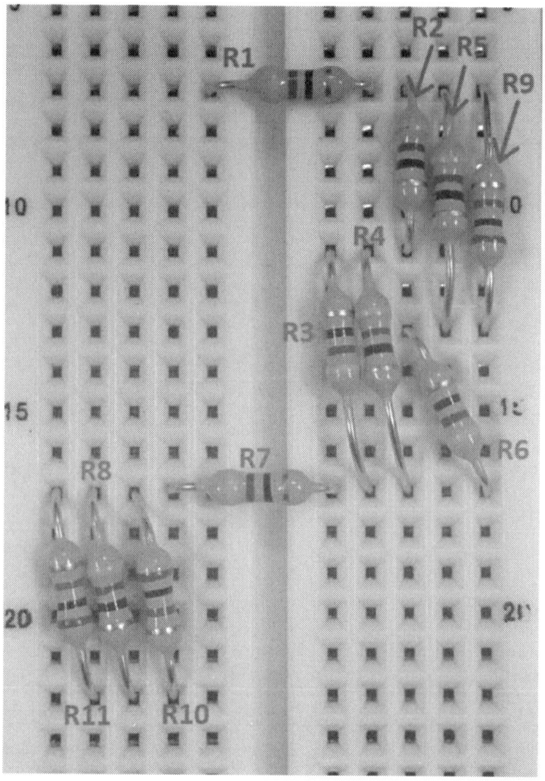

그림 6-12. 빵판에 구성된 저항회로

▸ Exercise 6.1: 저항측정

1. 저항을 측정할 때에는 그 저항에 어떠한 전압도 걸려서는 안 된다. 전압이 걸린 저항에 저항측정모드의 DMM을 연결하면 DMM이 파손될 수 있으므로 조심해야 한다.

2. DMM을 회로에 연결하기 전에 저항을 측정할 수 있도록 DMM을 조정해야한다. 그림 6-13의 아래 오른쪽 타원부분이 DMM이다. DMM의 맨 아래 줄에서 'Ω'을 클릭하면 저항측정모드로 들어가며 그 다음에는 측정범위(Range)를 설정해야한다. Range가 실제 저항 값보다 작으면 'OVER'라고 표시되며 Range를 너무 크게 설정하면 정확한 측정값을 얻을 수 없다. 앞의 저항회로 예에서 총 저항이 175 Ω이었으므로 'Range'밑의 역삼각형을 클릭하면 나타는 여러 범위 중 1 kΩ을 선택한다(Auto를 선택하면 자동으로 범위를 찾아 표시한다).

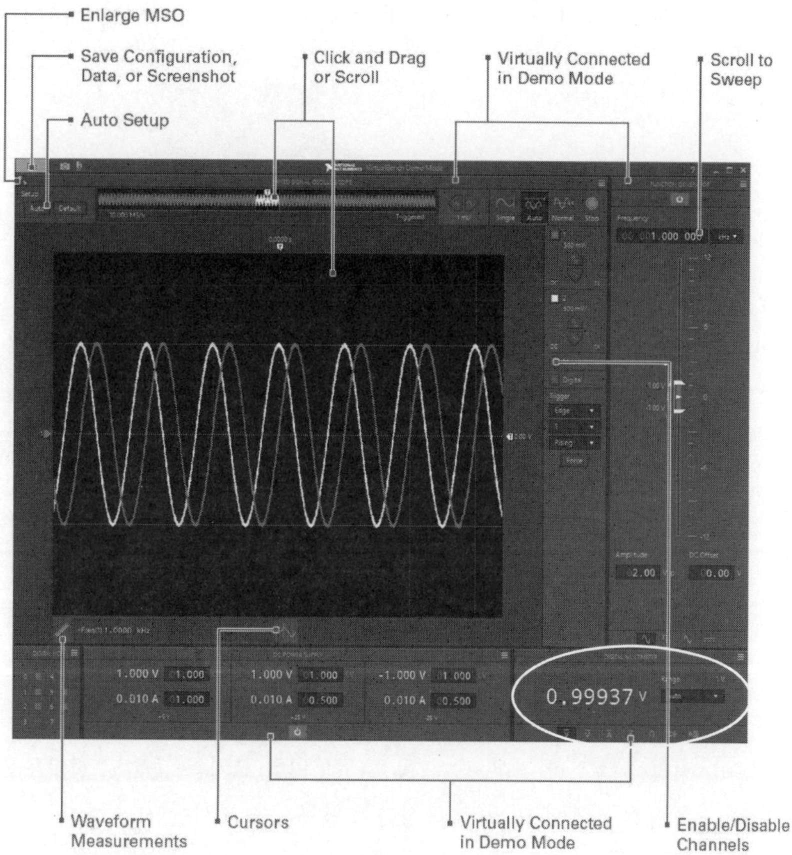

그림 6-13. 모니터에 나타난 VirtualBench의 panel. 타원부분이 DMM이다.

현재 DMM에 아무것도 연결되어 있지 않으므로 저항은 무한대이며 이것은 1 kΩ보다 크므로 그림 6-13의 타원 안에 그림 6-14와 같이 표시될 것이다.

그림 6-14. 저항이 Range를 초과하여 'OVER'가 표시된 DMM

이제 그림 6-15와 같이 R1과 R10에 DMM을 연결하면 총 저항 값이 표시된다.

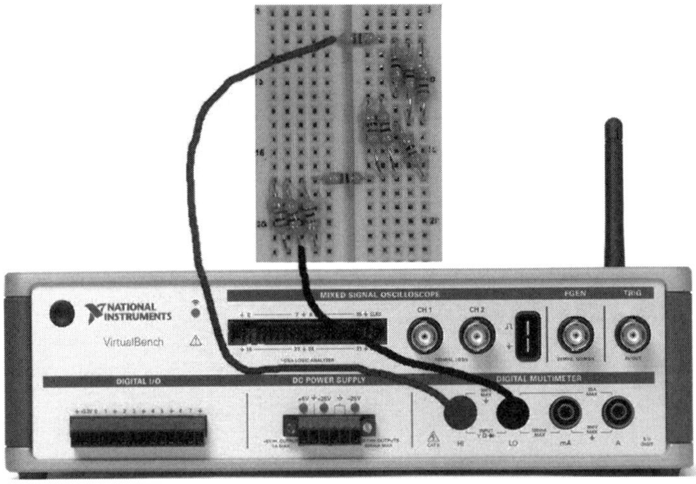

그림 6-15. 총 저항측정을 측정할 때의 연결도

▸ Exercise 6.2: 직류전압측정

전압을 측정할 경우, 잡음(Noise)에 의한 오차를 줄이고 정확도를 높이기 위해 DMM은 짧은 시간에 여러 번 측정하여 평균값을 표시한다.

1. 직류전압을 만들기 위해서 함수발생기(FGEN)를 사용하도록 하자. FGEN을 연결하기 전에 우선 FGEN의 출력을 조정해야한다. (주의!-조정이 끝나기 전에는 절대로 FGEN 맨 위의 전원버튼을 누르지 말 것!) 그림 6-16의 오른쪽에 있는 FGEN의 조정 panel을 이용하여 FGEN의 출력이 5 Vdc가 되도록 다음과 같이 조정한다.

2. 그림 6-17와 같이 맨 아래 box의 오른쪽 끝의 직류표시를 선택하고 수직 선 옆의 화살표를 움직여 5.00 V에 맞추면 DC Offset이 5.00 V로 표시된다.

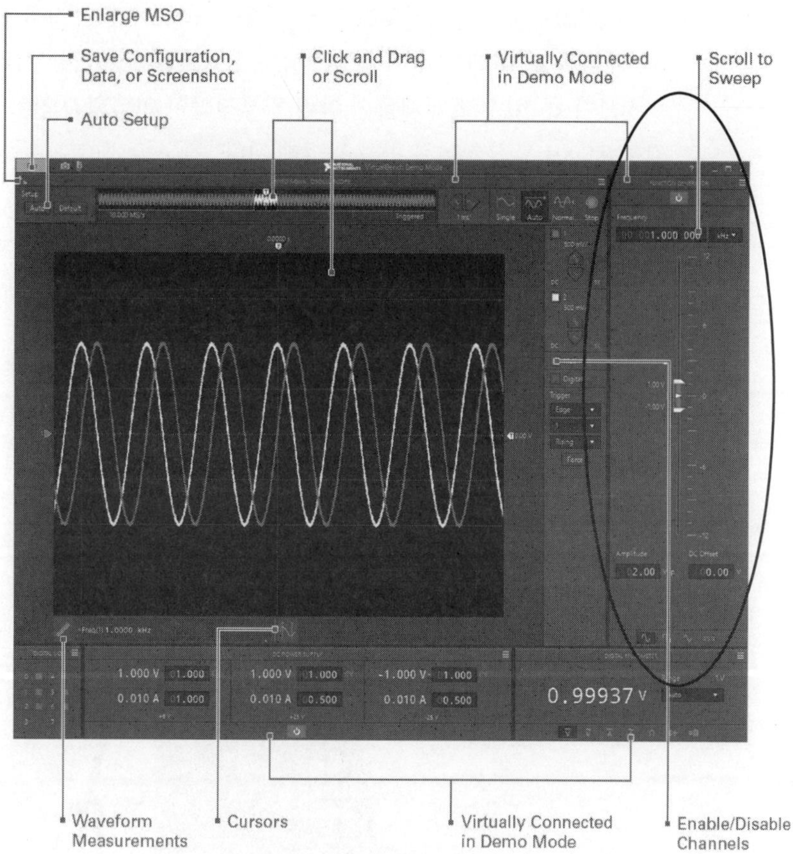

그림 6-16. 함수발생기 panel의 위치

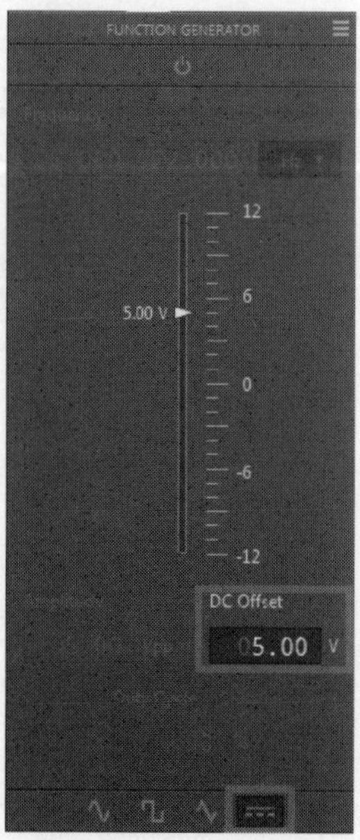

그림 6-17. FGEN이 Offset 전압 5 Vdc로 조정된 모습

3. 이제 DMM을 전압측정모드로 변경해야한다. 아래 그림 6-18과 같이 DMM의 panel 왼쪽 맨 아래와 같이 직류전압을 선택한다. Range는 입력전압이 5 V이므로 이것보다 큰 10 V로 선택하면 아직 직류전압이 연결되지 않았으므로 그림 6-18과 같이 0.0001 V 근처에서 변하고 있게 된다.

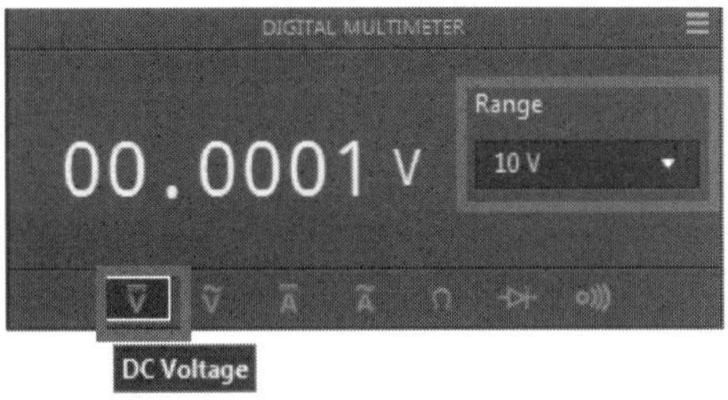

그림 6-18. 전압측정모드의 DMM panel

4. 이제 그림 6-19과 같이 FGEN을 연결한다.

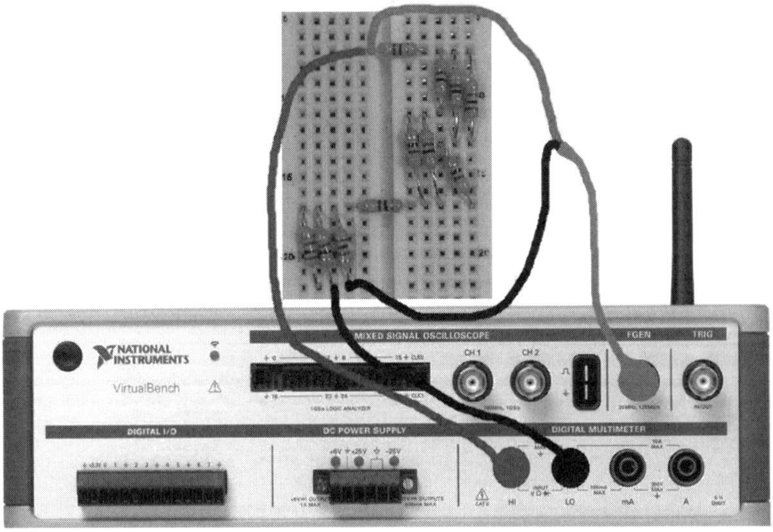

그림 6-19. FGEN과 DMM을 회로에 연결한 연결도

5. 연결을 완료한 후 그림 6-20와 같이 전원버튼을 누르면 FGEN은 회로에 직류전압을 공급하며 측정된 전압은 DMM panel에 표시된다. 표시된 전압을 기록해둔다.

6. 전원버튼을 다시 클릭하여 FGEN을 끈다.

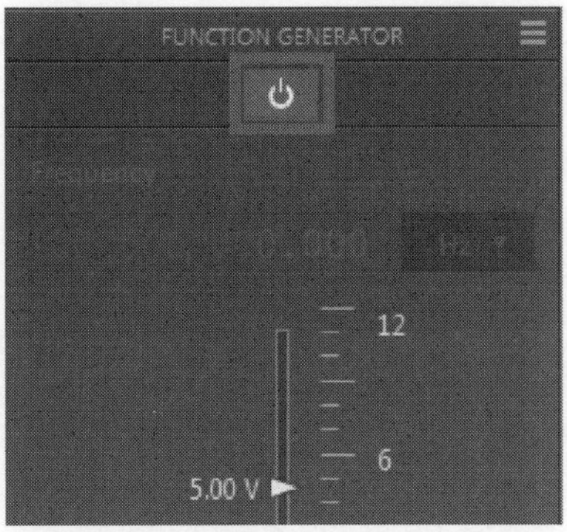

그림 6-20. 함수발생기(FGEN)의 전원버튼

▶ Exercise 6.3: 교류전압측정

주파수가 f이고 크기가 a인 교류신호는 다음 식으로 표현되며 주기(period)는 $T = 1/f$이다.

$$v(t) = a\sin(2\pi ft) = a\sin(\omega t)$$

이 신호를 저항에 인가하면 전류가 흐를 것이고 저항에서는 전압의 부호, 전류의 방향과 상관없이 다음 식과 같이 전력이 소비될 것이며 따라서 열이 발산될 것이다.

$$P(t) = \frac{v(t)^2}{R} = \frac{\alpha^2\sin^2(\omega t)^2}{R} = I(t)^2R$$

위 식과 같이 소비전력도 시간의 함수이며 $\sin^2\theta = (1 - \cos2\theta)/2$이므로 전압신호의 주파수의 두 배 주파수를 가지고 변한다. 그러므로 예를 들어 60 Hz 전압을 사용하는 전열기의 경우, 발생하는 열은 1초에 120번씩 반복되어 우리는 전력의 시간적 변화를 느낄 수 없고 단지 시간에 대해 변하지 않는 평균전력을 느낄 뿐이다. 평균전력은 순간전력을 주기에 대해 적분한 후 주기로 나누면 구할 수 있으므로 다음 식과 같이 된다.

$$P_{avr} = \frac{1}{T}\int_0^T P(t)dt = \frac{1}{T}\int_0^T \frac{\alpha^2\sin^2(\omega t)}{R}dt$$

이 평균전력은 시간에 대해 변하지 않는 값이므로 교류전압 대신 어떤 직류전압을 저항에 인가할 경우 같은 평균전력이 소비되는 직류전압이 있을 것이다.

$$\frac{1}{T}\int_0^T \frac{\alpha^2\sin^2(\omega t)}{R}dt = (V_{dc})^2/R, \quad V_{dc} = \sqrt{\frac{1}{T}\int_0^T \frac{\alpha^2\sin^2(\omega t)}{R}dt}$$

이 직류전압 Vdc, 즉 교류전압을 어떤 저항에 인가할 때와 같은 크기의 평균전력을 저항에 공급하는 직류전압을 그 교류전압의 실효값 (effective value), 또는 위 수식을 그대로 읽어 rms (root mean square)값이라고 부르며 다음과 같이 된다.

$$V_{rms} = \sqrt{\frac{1}{T}\int_0^T \frac{\alpha^2 \sin^2(\omega t)}{R} dt} = \frac{a}{\sqrt{2}}$$

이제부터 교류신호를 시간의 함수로 측정하고 RMS값을 측정하여 보도록 한다.

1. 우선 저항회로로부터 DMM과 FGEN을 분리한 후 각각을 다음과 같이 조정한다. FGEN의 panel에서 그림 6-21의 맨 아래에 있는 '~'표시를 누르면 교류출력모드가 되고 수직선 옆의 화살표가 세 개로 된다. 가운데 화살표는 교류신호의 직류성분, 즉 평균값을 의미하며 이 값을 Offset이라한다. 아래, 위의 화살표는 크기를 나타내는데 하나만 움직이면 나머지는 대칭으로 움직인다. 가운데 화살표를 움직여 0에 위치시키고 아래, 또는 위 화살표를 움직여 그림 6-21과 같이 설정한다. 또는 'Amplitude'나 'Offset'의 숫자에 커서를 갖다 대어 값을 지정할 수도 있다.

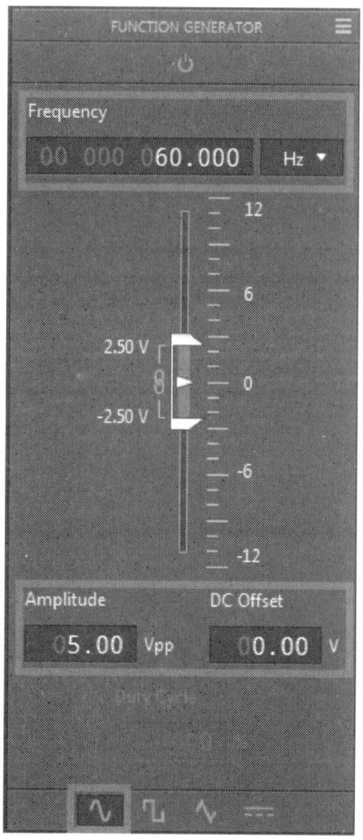

그림 6-21. 60 Hz, 5 Vpp(peak-to-peak) 0 V DC Offset으로 조정된 FGEN

2. 직류전압측정 모드에 있는 DMM을 교류전압측정 모드로 변경하려면 아래 그림 6-22의 맨 아래에 있는 모드 중에서 AC voltage를 누른다. 현재 아무 것도 연결되어 있지 않으므로 아주 작은 값이 표시되며 교류전압측정 모드에서 표시된 값은 교류전압의 rms값이다. 또 Range를 10 V로 선택한다.

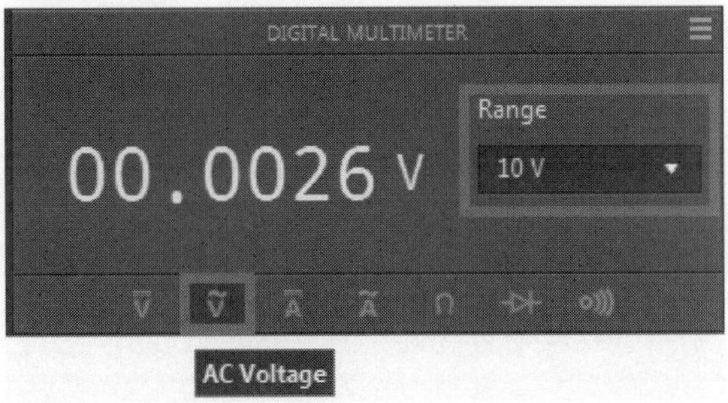

그림 6-22. 10 V Range의 교류전압측정모드로 설정된 DMM

3. 설정을 마친 후 그림 6-19와 같이 연결하고 FGEN의 전원버튼을 누르면 DMM에 전압이 표시된다.이 값은 회로에 걸린 전압의 rms값이다.

4. 그 값을 적어둔다.

5. FGEN의 전원버튼을 눌러 전원을 끈다.

▶ Exercise 6.4: 전력계산

앞에서 측정한 직류전압, 교류전압, 저항, 그리고 전력을 계산하여 다음 표 6-3을 채운다.

표 6-3. 측정결과

전원	측정된 전압	측정된 저항	평균전력
DC전압			
AC			

앞의 표 6-2의 시뮬레이션 결과와 표 6-3의 결과를 비교해 보라. 두 결과가 거의 일치하는가? 아니면 다른가? 왜 이런 결과가 나왔다고 생각하는가?

결과

지금까지의 세 Excercise로부터 다음 사항을 알 수 있다.

- 실제 측정된 저항 값은 Multisim으로 시뮬레이션 한 것과 같다.
- 측정된 직류전압은 시뮬레이션 한 결과보다 상당히 작다.
- 측정된 rms전압은 시뮬레이션 한 결과보다 상당히 작다.
- 측정값을 사용하여 계산한 전력은 시뮬레이션 한 결과보다 상당히 작다.

결과비교

지금까지의 모든 결과를 표 6-4와 같이 정리할 수 있다.

표 6-4. 측정결과와 시뮬레이션결과의 비교표

전원	전압 (시뮬레이션)	전압 (측정)	저항 (시뮬레이션)	저항 (측정)	평균전력 (시뮬레이션)	평균전력 (측정)
DC	5 V	3.909 V	176.85 Ω	176.6 Ω	141 mW	86.5 mW
AC	1.768 Vrms	1.381 Vrms	176.85 Ω	176.6 Ω	17.7 mW	10.8 mWrms

6.2.3 부하효과 (Loading Effect, Interface Theory)

표 6-4과 같이 측정결과가 시뮬레이션 결과와 다르다는 것은 심각한 문제이다. 키르히호프 (미국영어 발음으로는 커쵸프)의 전압법칙 (Kirchoff's Voltage law)는 성립해야 하므로, 시뮬레이션에 의한 직류 5 V가 모두 저항에 걸려야 하는데 측정값은 3.91 V이므로 나머지 전압은 어디에 걸리는 것일까?

답은 그림 6-23의 함수발생기(FGEN)의 성능에서 찾을 수 있다.

Function Generator (FGEN)

Waveforms .... Sine, square, ramp/triangle, DC, arbitrary[7]

Update rate .... 125 MS/s

Resolution .... 14 bits

Number of channels 1

Output impedance .... 50 Ω

그림 6-23. VirtualBench의 함수발생기의 성능

그림 6-23에서 출력임피던스 (output impedance) 가 50 Ω이라는 것에 주목하라. 즉 함수발생기(FGEN)의 내부에서 50 Ω을 거쳐서 출력단자에 연결되어 있다는 것이다. 이 출력임피던스까지 반드시 고려하여 그림 6-24과 같이 시뮬레이션을 해야 한다.

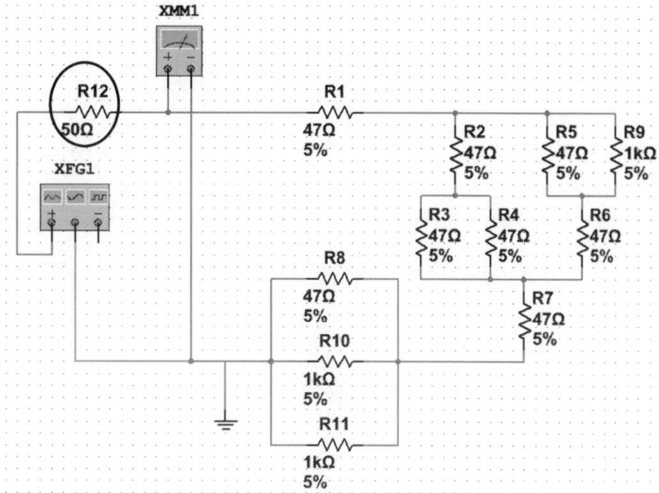

그림 6-24. 함수발생기의 출력임피던스를 포함한 시뮬레이션회로

그림 6-24과 같이 시뮬레이션 회로를 구성하고 다시 시뮬레이션을 수행하면 그림 6-25과 같이 직류전압은 3.898 V로 표시되어 이 값은 측정값 3.909 V와 거의 같이 되고 교류전압을 시뮬레이션 하면 그림 6-26과 같이 1.378 V로 표시되어 측정값 1.381 V와 거의 같게 된다.

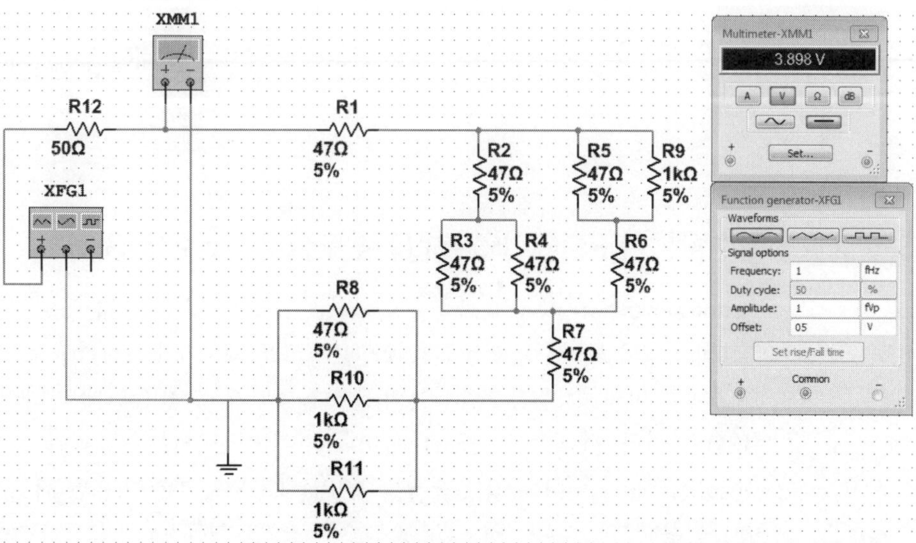

그림 6-25. 정확한 직류전압 시뮬레이션 결과

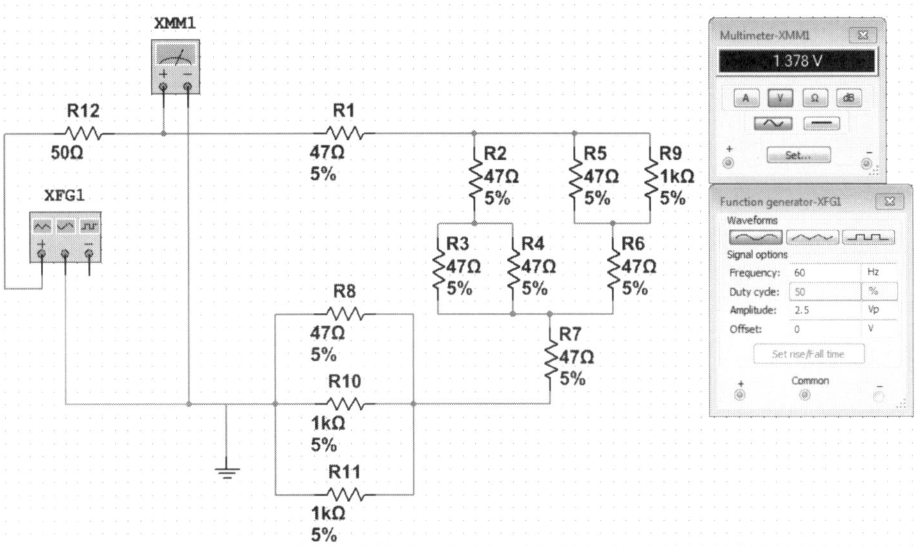

그림 6-26. 정확한 교류전압 시뮬레이션 결과

표 6-5에 함수발생기의 출력임피던스 50 Ω을 포함하여 시뮬레이션한 결과와 VirtualBench를 사용하여 측정한 결과를 정리하였다.

표 6-5. 측정값과 FGEN의 출력임피던스를 고려한 시뮬레이션 결과 비교표.

전원	전압(측정값)	전압 (50 Ω 고려한 시뮬레이션)
DC	3.909 V	3.898 V
AC	1.381 V	1.378 V

따라서 모든 종류의 신호발생기나 전원을 시뮬레이션 할 때에는 반드시 출력임피던스를 포함해야만 한다.

6.3 함수발생기(FGEN)와 복합신호오실로스코프(MSO)

VirtualBench는 여러 가지 파형을 출력하는 함수발생기(FGEN)와 아날로그와 디지털 신호의 파형을 보여주는 복합신호 오실로스코프(MSO)를 장착하고 있다. 그림 6-23에서 확인한 바와 같이 함수발생기의 출력임피던스는 50 Ω인데 반하여 여기서 다룰 MSO의 입력임피던스는 1 MΩ이며 측정이 가능한 교류신호의 최대진폭(peak-topeak)은 40 Vpp이고 최고 샘플링 속도는 1 GS/S, 측정 가능한 최고 주파수는 100 MHz이다.

목표: 다음을 이해한다.

1. 함수발생기로 정현파, 사각파, 삼각파를 공급하기.
2. MSO를 사용하여 파형을 관측하고 주파수, 크기, 상승속도(rise time)를 측정하기.

6.3.1 Multisim을 이용한 시뮬레이션 및 회로이론 복습

Operational Amplifier (op amp, 연산증폭기)는 +, −, 즉 두 개의 입력단자와 하나의 출력단자를 가지고 있는데 두 입력단자 사이의 전압차를 수십만 배로 증폭하여 출력으로 내보낸다.

Op amp는 단순한 신호증폭기 만드는 것부터 버퍼증폭기를 만드는 등 다양하게 응용된다. 여기서는 non-inverting 제작하고 MSO로 측정하며 RC회로의 rise time을 측정하는 방법을 설명한다. 회로를 구성하기 전에 우선 그림 6-27 ~ 6-29의 회로를 multisim을 사용하여 그리고 시뮬레이션 한다.

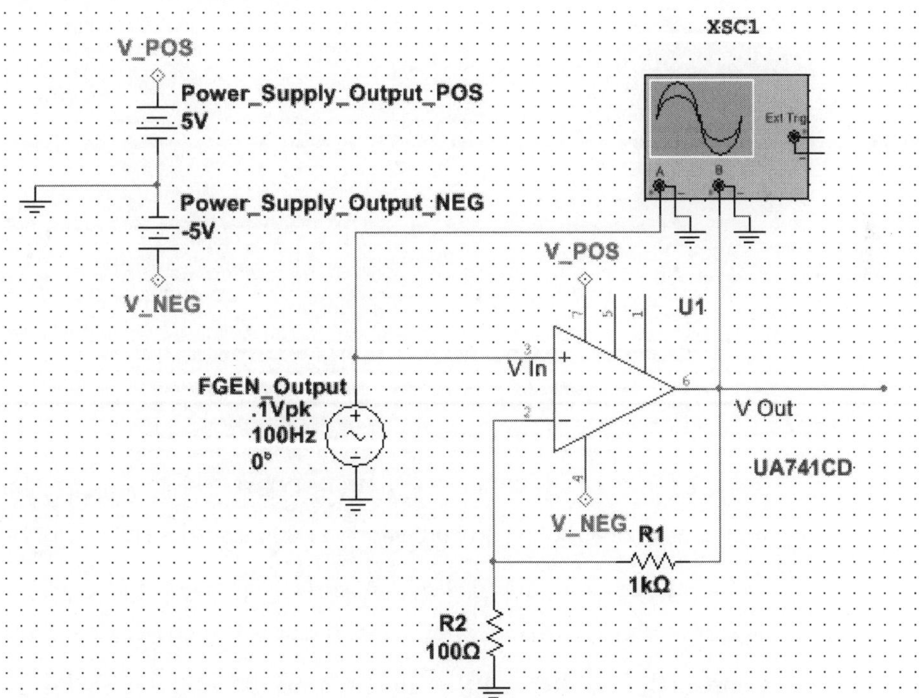

그림 6-27. Multisim을 사용하여 그린 non-inverting amplifier

그림 6-27을 보면 +, − 두 개의 파워서플라이가 사용되는데 이것들은 op amp가 신호를 증폭하는 작업에 필요한 전력을 공급하며 또 +, − 두 부호의 신호를 모두 출력할 수 있도록 한다. 그림 6-27과 같이 하나의 op amp와 두 개의 저항로 구성되어 있으며

입력신호(FGEN Output)가 op amp의 +입력단자에 연결된 non-inverting amp의 증폭률, 즉 입력에 대한 출력의 비율은 (1+R1/R2)이다. 따라서 증폭률은 11배가 될 것이며 FGEN의 출력전압이 100 mV이므로 non-inverting amp의 출력은 이론적으로는 1.1 V정도 될 것이다. 시뮬레이션 한 결과는 그림 6-27의 오른쪽 위, XSC1(Multisim의 오실로스코프)을 클릭하면 그림 6-28과 같이 된다.

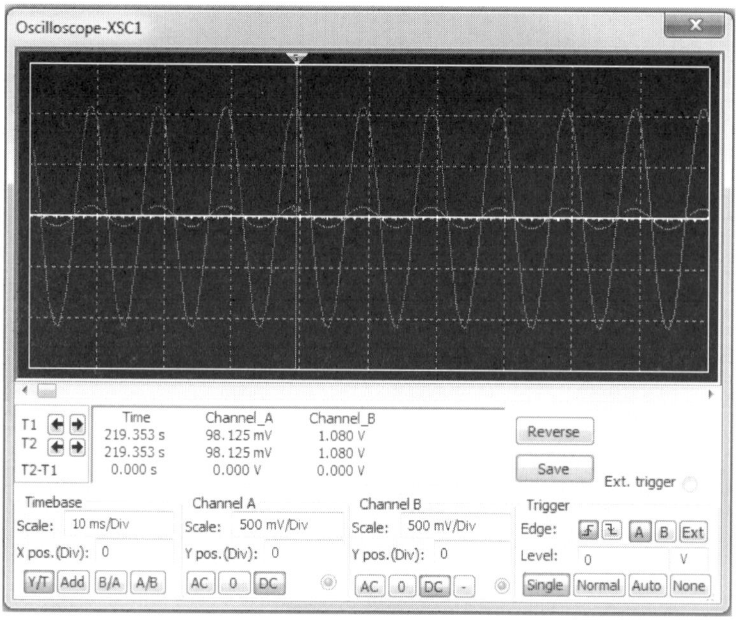

그림 6-28. Multisim 오실로스코프의 결과 화면

입력신호를 보여주는 Channel A의 최대값은 그림 6-28의 화면 아래에 표시된 것과 같이 98.125 mV이며 이것은 입력전압 100 mV보다 약간 낮은데 그 이유는 오실로스코프의 입력임피던스에 의한 영향, 즉 부하효과 때문이다. Non-inverting amp의 출력으로서 그림 6-27의 맨 오른쪽 단자인 VOUT에 연결된 Channel B의 최대값은 그림 6-28을 보면 1.080 V이며 1.080/0.981 = 11.006으로 이론값과 거의 일치한다.

다음 예로서 그림 6-29와 같이 저항과 커패시터로 구성된 lowpass filter(저주파는 통과시키고 고주파는 차단하는 필터)를 시뮬레이션해 본다. 이 회로의 시정수(Time Constant)는 $\tau = RC = 10^3 \times 10^{-6} = 1$ ms이며 시정수는 충전된 커패시터가 저항을 통해 방전할 때 커패시터의 전압이 방전 초기 전압의 36.8%(= 1/e)까지 감소할 때까지 걸리는 시간이다. 또한 상승시간(Rise Time, t_r)은 커패시터가 저항을 통하여 충전될 때 커패시터의 전압이 최대값의 10%에서 90%까지 증가하는데 걸리는 시간을 의미하며 $t_r = 2.2\tau$ 의 관계를 가지고 있다. 따라서 그림 6-27 회로의 t_r는 2.2 ms가 될 것이다.

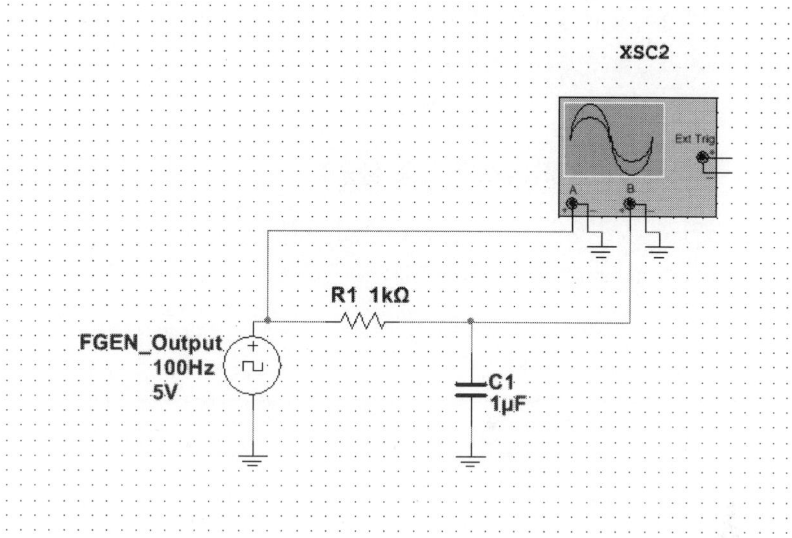

그림 6-29. Multisim에서 그린 RC회로 및 측정도

그림 6-30은 크기가 5 V이고 주파수가 100 Hz인 사각파를 출력하는 FGEN을 RC회로에 연결하였을 때의 결과를 Multisim으로 시뮬레이션한 결과를 보여준다.

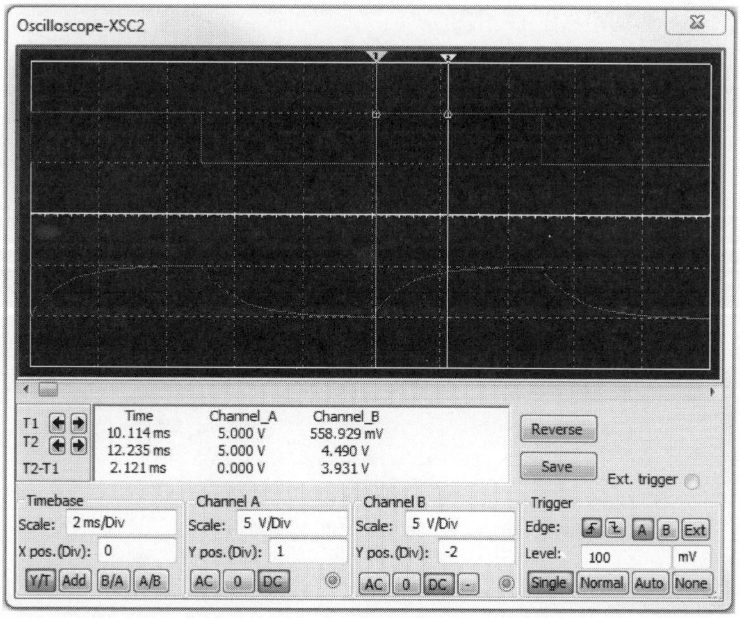

그림 6-30. Multisim 오실로스코프의 화면

그림 6-30의 맨 위를 보면 1, 2 번호가 붙은 역삼각형이 보이며 그 순간의 채널 A, B의 시간과 전압이 화면 아래의 T1, T2 옆에 표시되어 있다. 역삼각형을 움직여 채널 B의

전압이 5 V의 10%, 90%가 되도록 최대한 정밀하게 움직인 후 T2-T1은 그림과 같이 이론값과 유사한 2.212 ms가 된다.

6.3.2 VirtualBench 사용 실습

이제 그림 6-27과 6-29의 non-inverting amp와 lowpass filter회로를 구현하고 VirtualBench의 FGEN과 MSO를 연결하여 실습하도록 한다.

준비물

- BNC-to-집게 동축선: 1개
- MSO probes: 2개
- Breadboard(빵판): 1개
- 저항 100 Ω 5% : 1 개
- 저항 1 kΩ 5% : 2 개
- Op amp UA741CN: 1 개
- 커패시터 1 μF 1 개
- 점퍼선 다수

▸ Exercise 6.5: 증폭기 회로구성 및 파형측정

1. 그림 6-31을 참조하여 그림 6-32, 6-33과 같이 non-inverting amp를 빵판에 다음과 같은 순서로 장착, 구현한다.

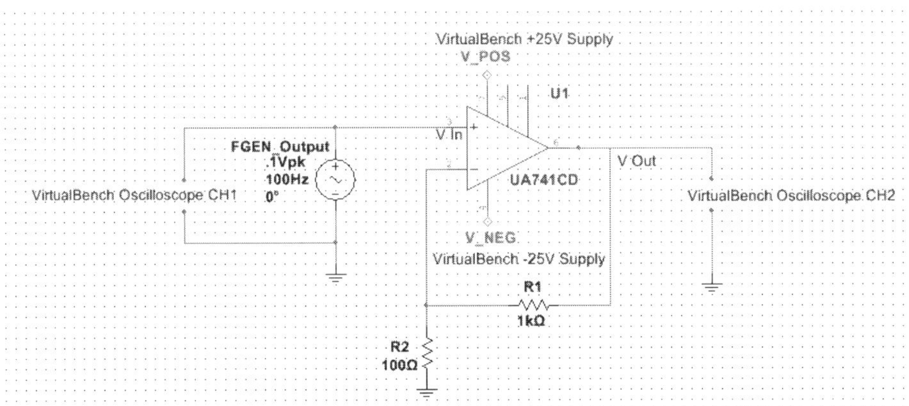

그림 6-31. 증폭기 회로도

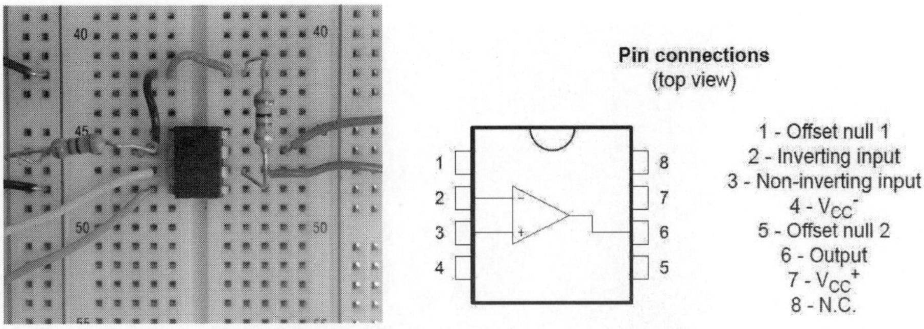

그림 6-32. 빵판에 구현된 amp와 op amp의 핀 배열

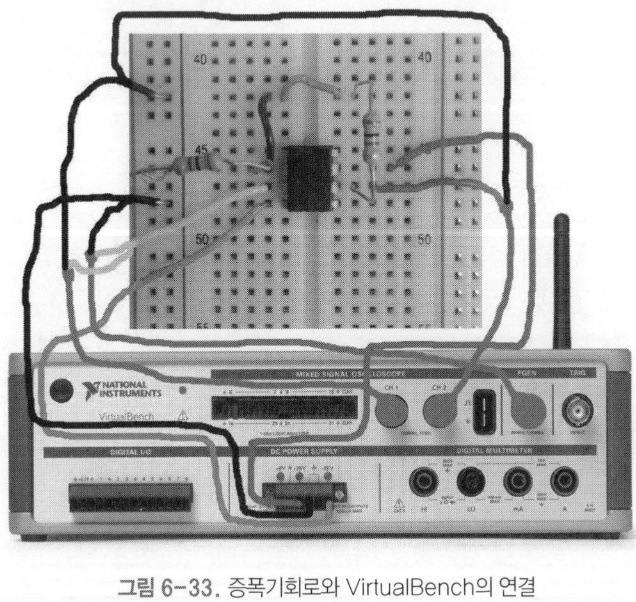

그림 6-33. 증폭기회로와 VirtualBench의 연결

2. 그림 6-33과 비교하여 결선을 다시 확인한다. MSO 프로브 옆의 빨간 스위치가 X1 위치에 있는 지 확인한다.

3. 그림 6-34와 같이 채널 번호의 옆에 있는 사각형안의 1, 2를 클릭하여 MSO(복합신호오실로스코프)를 켠 후 ~표시가 있는 화살표를 클릭하여 수직축을 500 mV/div로 설정한다.

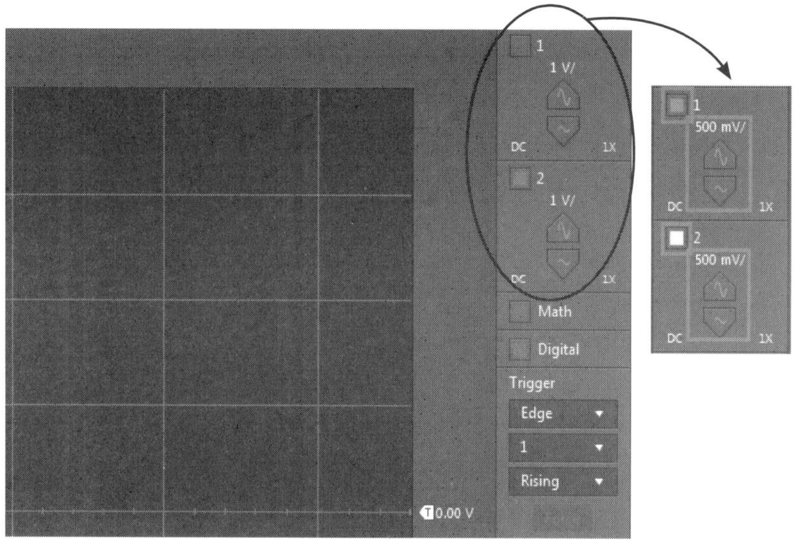

그림 6-34. 꺼진 상태(왼쪽), 켜진 상태(오른쪽)

4. 그림 6-35와 같이 트리거(Trigger)가 되었을 때만 파형을 출력하도록 'Normal' 을 누르고 시간축(수평축)을 10 ms/div로 설정한다. 그림 6-36과 같이 트리거 타입을 'Edge', 트리거를 위한 신호를 채널 1에서 얻도록 source를 채널 1으로 설정한다. 또 신호가 증가하는 부분에서 시작하도록 'Rising'으로 설정한다. 마지막으로 그림 6-36의 'Trigger'글자에 커서를 갖다 대면 오른쪽에 '· · ·'이 나타나며 이것을 클릭하고 그림 6-37과 같이 신호의 크기가 0 V일 때 Trigger되도록 Trigger Level을 0 V로 설정한다.

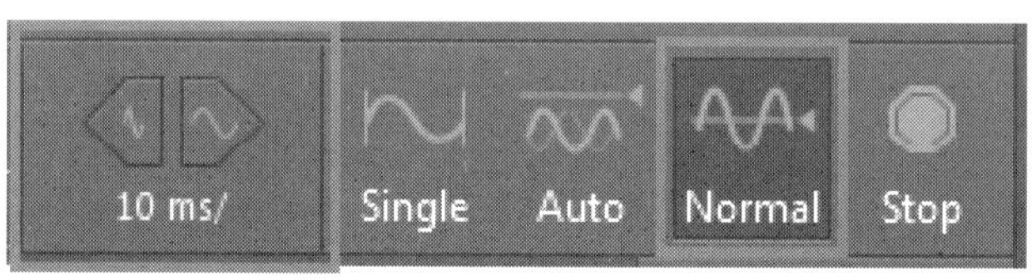

그림 6-35. 시간축 설정과 Normal 모드 설정

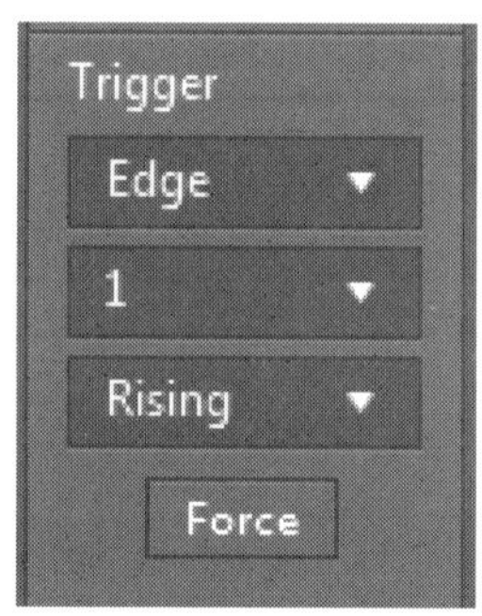

그림 6-36. 트리거의 설정

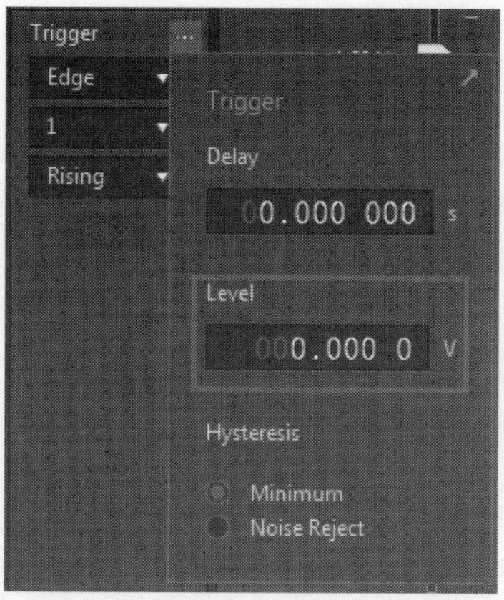

그림 6-37. 트리거 레벨의 설정

5. 그림 6-38과 같이 −25 V 부분을 전압을 −5 V, +25 V 부분을 +5 V로 설정하고 각각의 최대전류를 0.5 A로 설정한 후 DC POWER SUPPLY의 전원 스위치를 클릭한다.

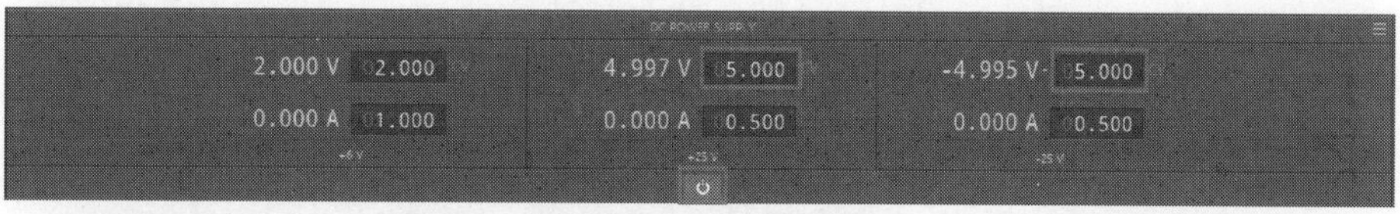

그림 6-38. 직류전원의 설정

6. 그림 6-39와 같이 함수발생기(FGEN)의 주파수를 100 Hz로, 크기를 0.2 Vpp로, DC Offset을 0 V로, 파형을 정현파로 설정한 후 전원 스위치를 클릭한다.

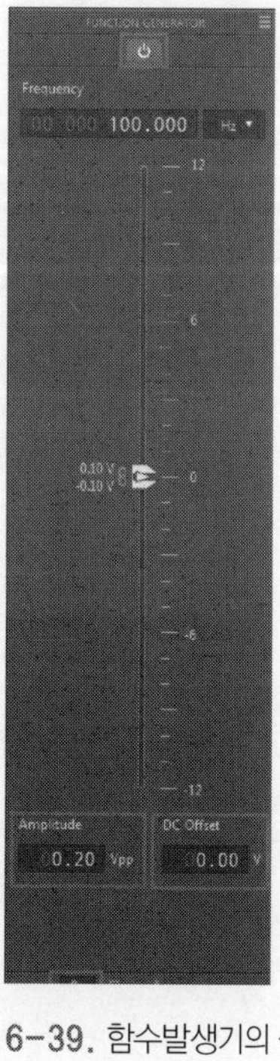

그림 6-39. 함수발생기의 설정

7. 위와 같이 조정하면 그림 6-40과 같이 채널 2의 파형이 채널 1의 파형보다 큰 두 개의 파형이 MSO panel에 나타날 것이다.

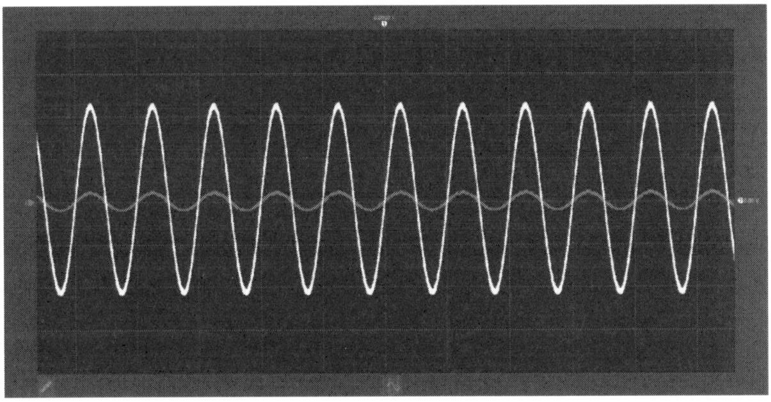

그림 6-40. MSO에 나타난 두 개의 파형

8. 두 파형의 특성을 정확하게 측정하기 위해서는 MSO 화면의 왼쪽 아래에 있는 자 모양을 클릭하면 그림 6-41과 같이 측정도구(Toolbar)가 화면에 뜬다.

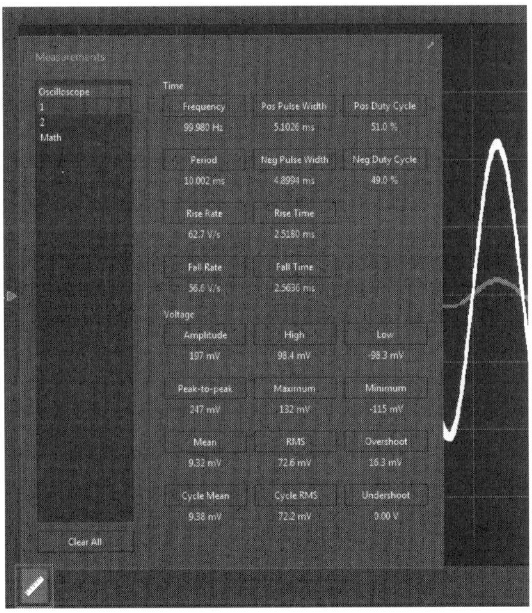

그림 6-41. 측정도구

9. 측정 toolbar에서 왼쪽의 채널 1, 또는 2를 선택하고 오른 쪽 아래의 'Amplitude'와 'High'를 선택하면 MSO 화면 아래 자 옆에 두 신호의 peak-to-peak 전압과 최대 전압이 나타난다.

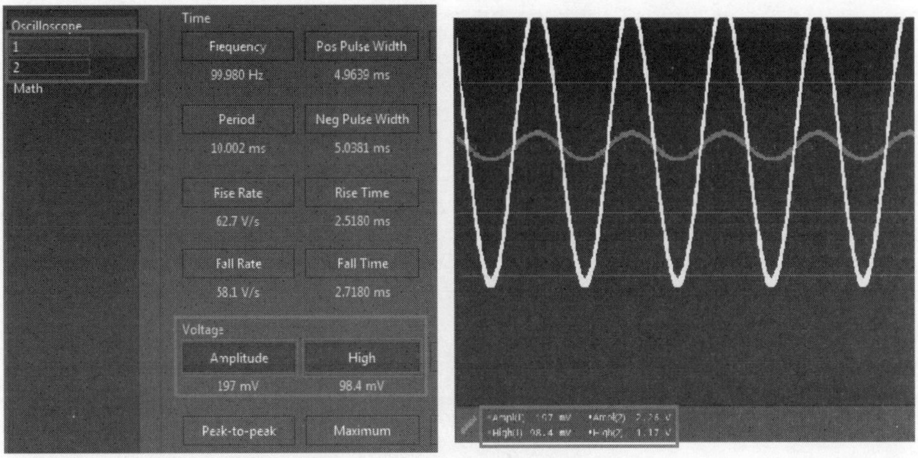

그림 6-42. 진폭측정을 위한 MSO화면

10. 채널 2의 'High' 값을 채널 1의 'High' 값으로 나누면 증폭률이 되며 이를 측정 증폭률로 적어둔다. 증폭률은 거의 11이 될 것인데 오차는 op amp의 특성과 저항의 오차에 의해 발생한 것이다.

11. FGEN의 아래에 있는 파형을 나타내는 icon을 눌러서 사각파와 삼각파가 출력되도록 하면 그림 6-43과 같이 보일 것이며 진폭과 증폭률은 정현파를 입력했을 때와 거의 같을 것이다.

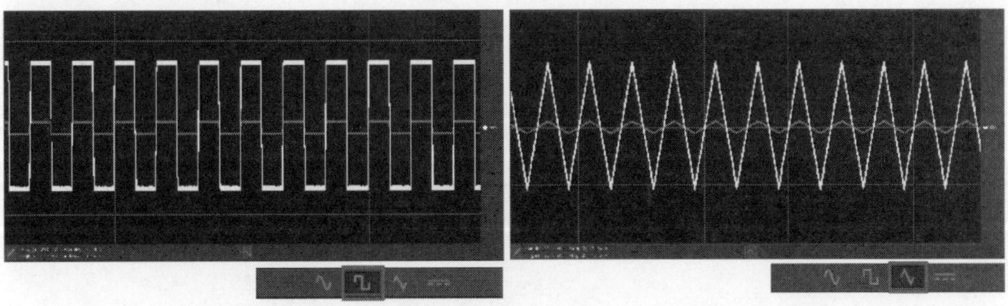

그림 6-43. 사각파와 삼각파의 입력, 출력 모양

12. VirtualBench에서 측정한 결과를 컴퓨터에 저장하려면 그림 6-44와 같이 MSO화면의 왼쪽 위에 있는 icon을 누르거나 그 왼쪽의 'File'을 누른 후 'Export Data'를 선택하면 '.CSV'파일로 저장된다. '.CSV'파일은 다양한 확장자의 파일로서 EXCEL 파일로 저장하려면 '.CSV'파일을 연 후 다른 이름으로 저장하기를 하면 EXCEL파일로 저장된다.

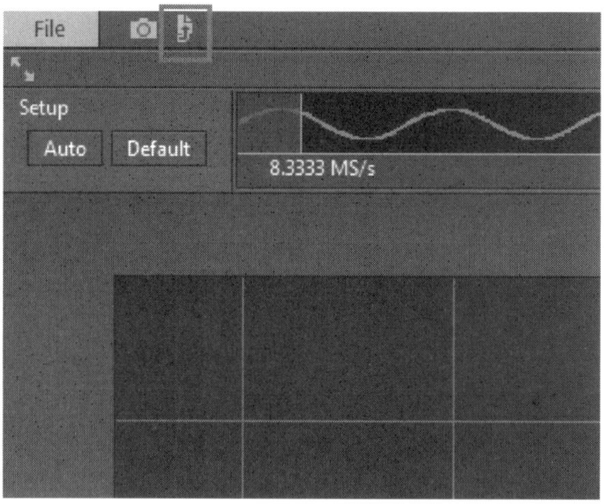

그림 6-44. 측정결과를 .CSV파일로 저장하기

▸ Exercise 6.6: RC회로구성 및 파형측정

1. 그림 6-45를 참조하여 RC회로를 빵판에 구성한다.

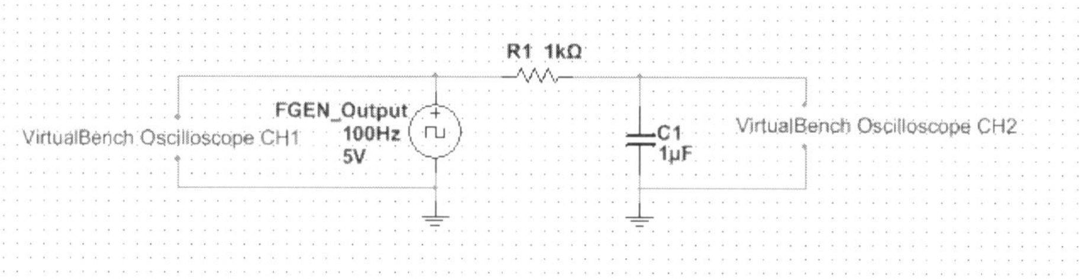

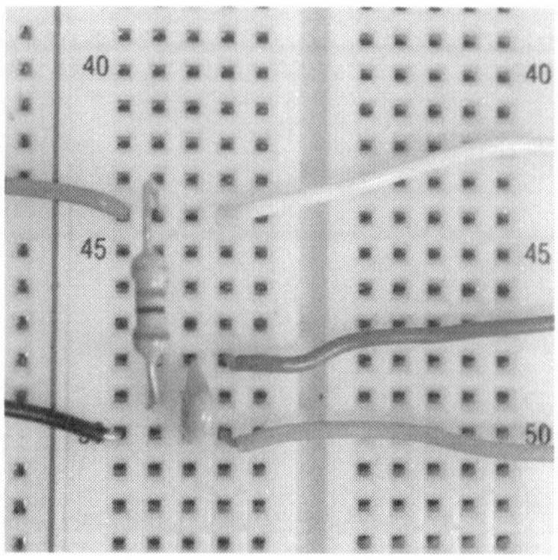

그림 6-45. R과 C로 구성된 회로도와 빵판에 구현된 모습

2. 회로의 결선을 다시 확인한 후 그림 6-46과 같이 함수발생기와 오실로스코프를 연결한다.

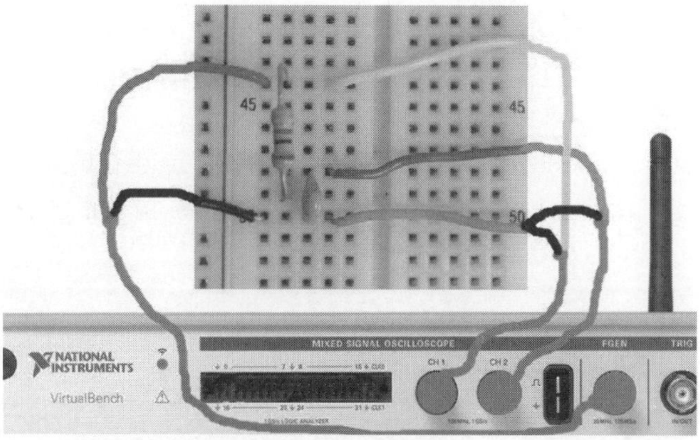

그림 6-46. RC회로에 VirtualBench가 연결된 모습

3. 그림 6-47과 같이 채널 번호의 옆에 있는 사각형안의 1, 2를 클릭하여 MSO(복합신호오실로스코프)를 켠 후 수직축을 5 V/div로 설정한다. 채널 1의 파형이 위쪽에, 채널 2의 파형이 아래쪽에 보이도록 offset을 각각 7.5 V, −7.5 V로 설정한다.

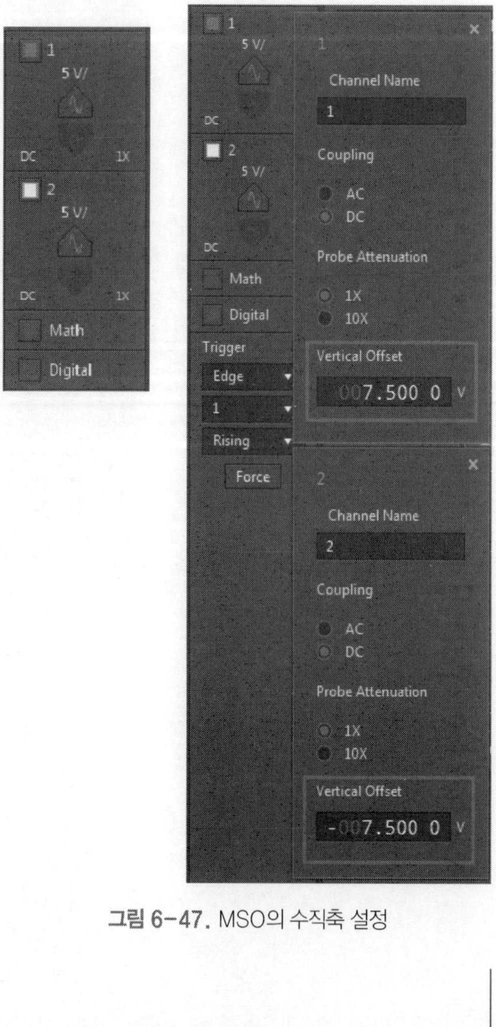

그림 6-47. MSO의 수직축 설정

4. 그림 6-48과 같이 트리거(Trigger)가 되었을 때만 파형을 출력하도록 'Normal' 을 누르고 시간축(수평축)을 10 ms/div로 설정한다. 그림 6-48과 같이 트리거 타입을 'Edge', 트리거를 위한 신호를 채널 1에서 얻도록 source를 채널 1으로 설정한다. 또 신호가 증가하는 부분에서 시작하도록 'Rising'으로 설정한다. 마지막으로 신호의 크기가 1 V일 때부터 파형이 보이도록 Trigger Level을 1 V로 설정한다.

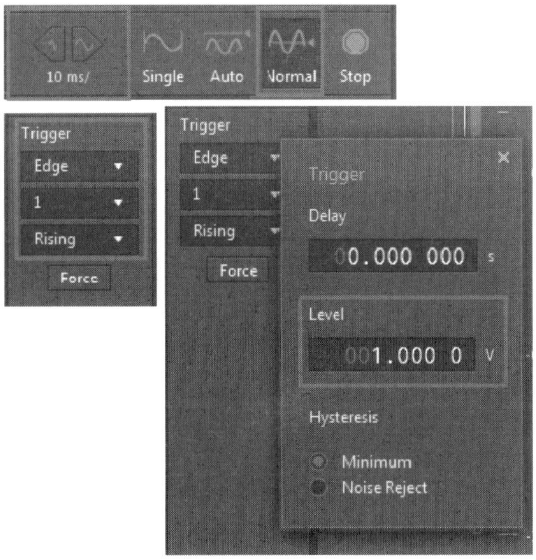

그림 6-48. MSO의 수평축과 트리거의 설정

5. 그림 6-49와 같이 함수발생기(FGEN)의 주파수를 100 Hz로, 크기를 5 Vpp로, DC Offset을 0 V로, duty cycle을 50%로, 파형을 사각파로 설정한 후 전원 스위치를 클릭한다.

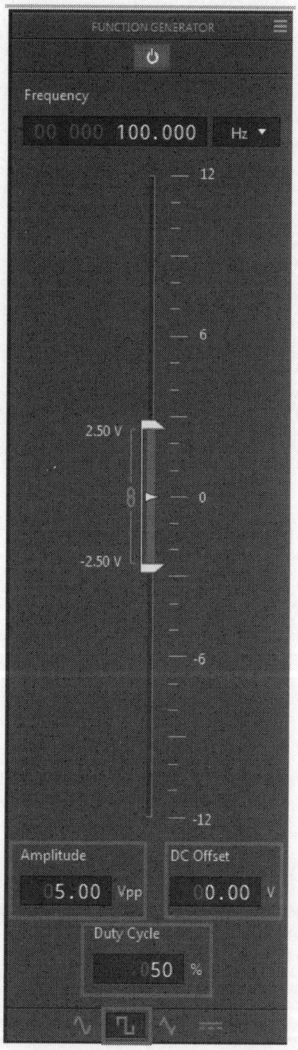

그림 6-49. FGEN의 설정

6. 이렇게 설정하면 그림 6-50과 같이 MSO에 파형이 보일 것이며 채널 2의 파형, 즉 아래에 보이는 파형은 사각이 아니라 모서리가 곡선인 파형이 될 것이다.

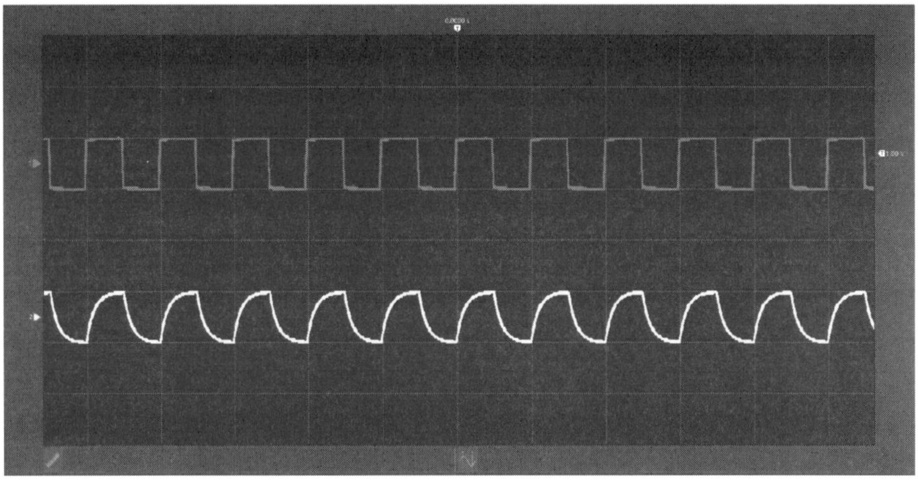

그림 6-50. RC회로의 입력파형(위)과 출력파형(아래)

7. 파형의 특성을 정확하게 측정하기 위해서는 앞의 예제의 그림 6-41과 같이 MSO 화면의 왼쪽 아래에 있는 자 모양을 클릭한다.

8. 그림 6-51과 같이 측정 toolbar에서 채널 1, 2의 Rise Time을 선택하면 다음과 같이 자 옆에 그 값이 보이게 된다.

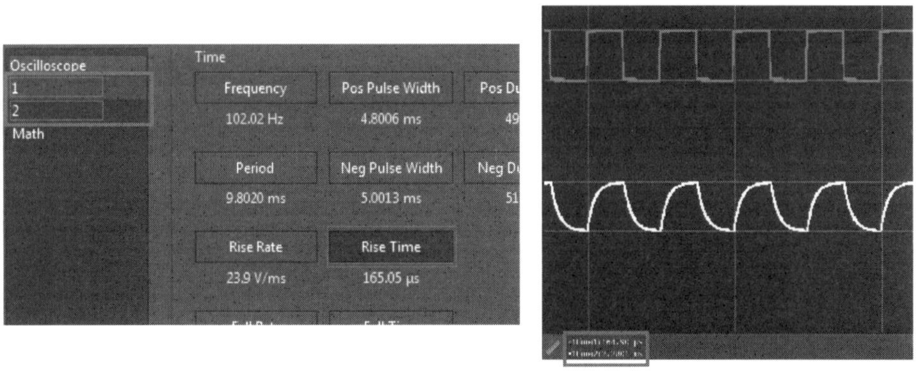

그림 6-51. Rising Time 측정을 위한 설정

9. 채널 1, 2의 10% ~ 90% rise time을 기록해 둔다. 출력파형(채널 2)의 rise time은 이론값인 2.2 ms와 거의 같을 것이다.

10. 앞의 예제에서 설면한 방법으로 .CSV파일로 저장해 둔다.

6.3.3 부하효과 (Loading Effect, Interface Theory)

VirtualBench을 사용하여 non-inverting amp와 RC회로를 측정한 결과는 Multisim 시뮬레이션 결과와 거의 일치한다. 두 결과 사이의 오차는 실험에 사용된 op amp와 저항의 오차에 기인한 것이다.

그러나 실제 함수발생기의 출력임피던스는 50 Ω이고 MSO의 입력임피던스는 1 MΩ 이란 것을 명심하여 Multisim으로 회로를 시뮬레이션할 때에는 이것을 포함해야만 큰 오차를 방지할 수 있다.

6.4 프로그래머블(가변) 직류전원 (Programmable DC Power Supply)

VirtualBench의 직류전원 (DC POWER SUPPLY)는 그림 6-52와 같이 VirtualBench의 전면의 아래 중간쯤에 있다. 이 직류전원은 다음과 같이 ①, ②, ③ 세 가지의 출력단자를 가지고 있으며 앞의 예제에서 설명한 방법으로 각 채널의 출력전압을 독립적으로 변경할 수 있다.

① 0 ~ 6 V 가변직류전원: 접지단자가 220 V 전원선의 접지와 연결되어 있고 최대전류가 1 A

② 0 ~ +25 V 가변직류전원: 접지단자가 220 V 전원선의 접지와 연결되어 있지 않고 최대전류가 1 A

③ 0 ~ −25 V 가변직류전원: 접지단자가 220 V 전원선의 접지와 연결되어 있지 않고 최대전류가 1 A

그림 6-52. VirtualBench의 프로그래머블 직류전원

전압은 두 점 사이의 전기적 위치에너지의 차이이다. 그러므로 그림 6-52에서 ①이 5 V로 설정되었다는 것은 ①이 그 오른쪽의 접지단자, 즉 ⏊ 단자보다 5 V 높다는 것이며 이 접지단자는 220 V 전력선의 접지단자와 같은 전압 즉 0 V라는 의미이다. ②와 ③

이 각각 6 V, −6 V로 설정되었다는 것은 각 단자가 그 사이의 기준단자, 즉 ⏚단자보다 6 V 높거나 낮다는 의미이다. 그러나 이 기준단자는 220 V 전력선의 접지단자와 연결되어 있지 않은 임의의 기준점일 뿐이다. 따라서 ①과 ② 사이의 전압은 1 V라고 할 수 없으며 정의할 수 없고 측정할 수도 없다. 그 이유는 A가 B보다 5 m높고 C가 D보다 2 m높다고 해서 A가 C보다 3 m 높다고 할 수 없기 때문이다. DMM을 사용하여 ①과 ② 사이의 전압을 측정하면 'OVER'라고 나타나거나 숫자가 극심하게 변한다.

All in One Platform, **Electronic Circuit Design to Test**

PART 02

전기회로의 기초 이론

All in One Platform, **Electronic Circuit Design to Test**

이론

7.1 Ohm의 법칙, 저항(Resistor), KVL, KCL

7.1.1 목적

Ohm의 법칙, KVL(Kirchhoff's Voltage Law), KCL(Kirchhoff's Current Law)을 이해한다. 저항의 종류와 색채기호(Color code)를 읽는 방법을 이해하고 익힌다.

7.1.2 이론

Ohm의 법칙

어떤 저항을 통해 흐르는 전류와 저항의 곱은 그 저항의 양단 사이의 전위차이며

$$V = IR \tag{식 7-1}$$

이라 쓸 수 있고 이것이 Ohm의 법칙이다. 이 때 전압 V는 V(Volt), 전류는 A(Ampere), 저항 R은 Ω(Ohm)이다. 그림 7-1(a)에서와 같이 저항이 직렬로 연결되어 있으면 저항에 흐르는 전류는 같으므로 저항에 걸리는 전압은 그 저항치에 비례한다. 즉 Ohm의 법칙을 적용하면

$$I = \frac{V}{R_1 + R_2} \tag{식 7-2}$$

$$V_1 = I \times R_1 = \frac{R_1}{R_1 + R_2}V \tag{식 7-3}$$

$$V_2 = I \times R_2 = \frac{R_2}{R_1 + R_2}V \tag{식 7-4}$$

의 관계를 가진다. 또 그림 7-1(b)와 같이 두 개의 저항이 병렬로 연결되어 있는 경우 각 저항에 걸리는 전압은 같으므로 각 저항에 흐르는 전류는 Ohm의 법칙에 의해 그 저항치에 반비례한다. 또 전체 전류 I는 두 전류의 합이 된다. 즉

$$V = I_1 \times R_1 = I_2 \times R_2 \tag{식 7-5}$$

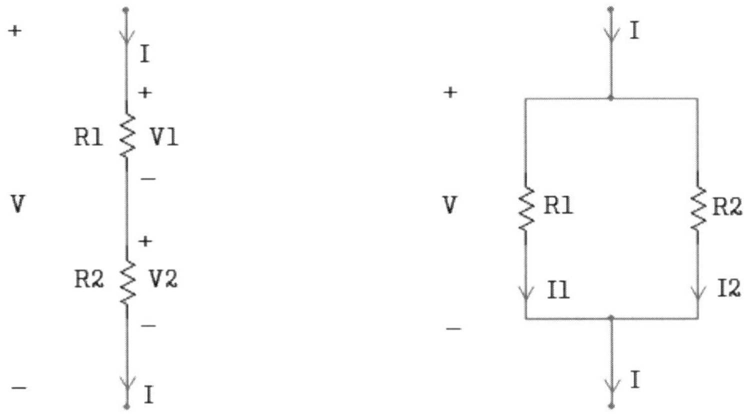

(a) 직렬저항 (b) 병렬저항

그림 7-1. 두 개의 저항

$$I = I_1 + I_2 = \frac{V}{R_1} + \frac{V}{R_2} = \frac{V}{\dfrac{1}{R_1} + \dfrac{1}{R_2}} \tag{식 7-6}$$

전체 저항 R은

$$R = \frac{1}{\dfrac{1}{R_1} + \dfrac{1}{R_2}} = \frac{R_1 \times R_2}{R_1 + R_2} \tag{식 7-7}$$

로 된다.

저항(Resistor)

표 7-1. 저항의 색채기호

검정(黑, Black)	0
갈색(褐, Brown)	1
빨강(赤, Red)	2
주황(橙, Orange)	3
노랑(黃, Yellow)	4
초록(綠, Green)	5
파랑(靑, Blue)	6
보라(紫, Violet)	7
회색(灰, Gray)	8
흰색(白, White)	9
금색(金, Gold)	−1(5%)
은색(銀, Silver)	−2(10%)
무색(無, NoColor)	(20%)

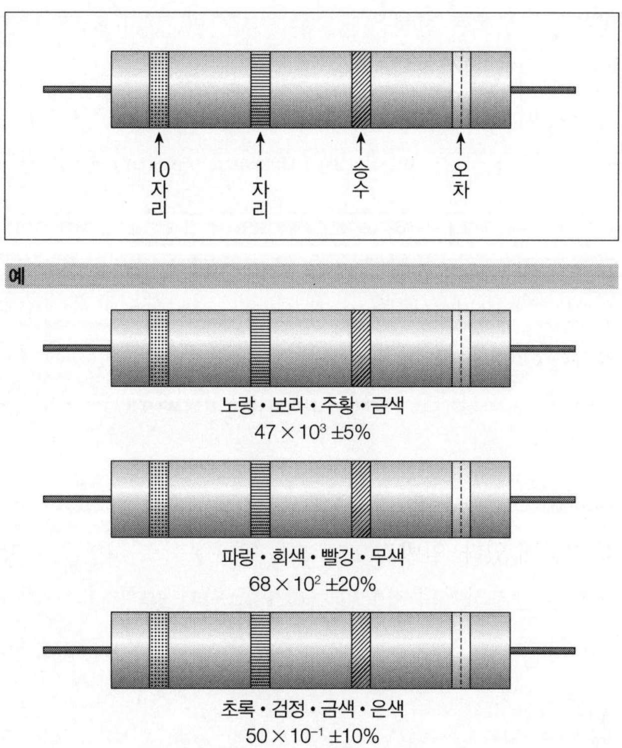

그림 7-2. 저항 읽기와 예

저항의 단위는 Ω이며 저항이 클 경우 10^3 Ω, 10^6 Ω을 각각 kΩ, MΩ(Mega-ohm)으로 쓴다. 일반적으로 가장 많이 쓰는 저용량(low power)의 고정저항은 탄소저항(molded carbon composition resistor, carbon resistor)이며 최대허용 용량(Watts = V × I = I^2R)은 2, 1, 1/2, 1/4, 1/8 W 등 4가지가 있고 2 W용이 가장 크다(길이가 1.2 cm정도). 탄소저항의 값은 2.7 Ω부터 22 MΩ까지 여러 가지가 있으며 그 저항값과 허용오차(±%)를 저항의 몸체에 4개의 색띠로 표시한다. 색깔의 의미를 표 7-1에, 읽는 방법을 그림 7-2에 표시하였다(꼭 외워두어야 한다). 즉 처음 두 개의 색띠는 유효숫자를 세 번째 색띠는 10의 지수를, 네 번째 색띠는 허용오차를 의미한다. 탄소저항은 허용오차를 고려하여 몇 가지 유효숫자를 가진 저항만 제작 판매되는데 그 값들은 다음과 같다.

20 % 오차: 10, 15, 22, 33, 47, 68, 100

10 % 오차: 20 %오차의 유효숫자 그리고 12, 18, 27, 39, 56, 82

5 % 오차: 10 % 오차의 유효숫자 그리고 11, 13, 16, 20, 24, 30, 36, 43, 51, 62, 75, 91

그러므로 18 Ω 20% 또는 50 kΩ 등의 저항은 판매되지 않는다. 군용이나 정밀저항은 그림 7-2와는 달리 5개의 색띠를 사용하고 앞부분 3개의 색띠는 유효숫자이며 네 번째 색띠는 승수, 다섯 번째 색띠는 허용오차이다.

대용량 저항에는 전선을 단단한 사기질의 원통(ceramic core)에 감고 절연용으로 에나멜을 덧칠한 권선저항(wire-wound resistor)과 역시 사기질 몸체에 열에 매우 강한 재질을 입힌 박막저항 (cermet film resistor) 그리고 온도에 대해 안정성이 매우 좋은 정밀 금속박막 저항(metal film precision resistor) 등이 있다.

그리고 요즈음의 소형 전지전자 제품의 제작에는 회로기판에 구멍을 뚫지 않고 기판표면에 올려놓고 자동납땜할 수 있는 두꺼운 막으로 만들어진 조그마한(핀셋으로 집을 수 있는) 후막저항(厚膜, thick film resistor)이 많이 사용된다(그림 7-3(a)). 우리 나라에서는 chip저항이라고도 부른다. 또한 저항을 여러 개 조합하여 붙여 놓고 IC chip 형태로 만든 저항네트워크(Thick film network)도 산업현장에서는 많이 쓰인다(그림 7-3(b)).

가변저항은 그림 7-3(c)와 같이 단자가 3개 있고 저항을 조정할 수 있는 나사 또는 회전축이 붙어 있다. 일반적으로 양쪽 단자사이의 저항은 고정되어 있으며 가운데 단자와 양쪽 두 단자사이의 저항이 변하도록 되어 있다.

(a) 후막저항 (b) 병렬저항 (c) 가변저항

그림 7-3. 저항의 종류

실제 제품을 위해 저항을 선정할 때는 용량을 우선 고려해야 하고(용량이 작으면 과열로 인해 타거나 화재의 원인이 된다.) 허용오차와 크기, 양산성(量産性, mass productivity) 그리고 가격을 고려해야 한다. 특히 허용오차에 따라 가격과 양산성이 급격히 달라지므로 높은 오차의 값싼 저항 두 개를 병렬로 사용할 것인가 아니면 비싼 정밀저항 한 개를 사용할 것인가는 불량률과 연관된 양산성, 그리고 제품의 원가까지 고려하면 쉽게 결정하기 어려운 실제적인 공학적 문제이다.

KVL(Kirchhoff's Voltage Law: 키르히호프, 또는 커쵸프의 전압법칙)

KVL의 정의는 다음과 같다. "회로내의 어떠한 폐회로(Loop)에 대해서도 이 폐회로를 한바퀴 도는 방향을 가정했을 때 각 소자에서의 전압상승과 전압강하의 대수적 합은 영(zero)이다." 그림 7-4(a)에서 그림과 같이 전류를 가정하면 각 회로소자에 걸리는 전압의 부호는 그림과 같이 되고 전류의 방향으로 KVL을 적용하자. 어떤 회로소자를 화살표방향으로 지날 때 전압이 상승(−에서 +로)하면 그 소자의 전압을 (+)로, 감소(+에서 −로)하면 (−)로 부호를 붙여 KVL을 적용하면

$$+E - V_1 - V_2 = 0 \qquad (\text{식 } 7\text{-}8)$$

$$E = V_1 + V_2 \qquad (\text{식 } 7\text{-}9)$$

가 된다. 그런데 KVL의 방향은 반드시 전류의 방향과 일치할 필요는 없으며 실제 전류의 방향과 반대로 KVL의 방향을 잡으면

$$-E + V_1 + V_2 = 0 \qquad (\text{식 } 7\text{-}10)$$

$$E = V_1 + V_2 \qquad (\text{식 } 7\text{-}11)$$

으로 되며 앞의 경우와 반대의 같은 식이 된다. 계산 결과 V의 부호가 (−)로 되면 실제

의 전압은 그림의 부호와는 반대임을 의미한다. 또 KVL적용 폐회로는 반드시 전류가 흐를 수 있는 폐회로일 필요는 없으며 그림 7-4(b)에서와 같이 a, b 두 점이 연결되어 있지 않더라도 화살표의 방향으로 KVL을 적용하면

$$+12 - V_x - 8 = 0 \qquad \text{(식 7-12)}$$

$$V_x = 4(\text{V}) \qquad \text{(식 7-13)}$$

가 된다.

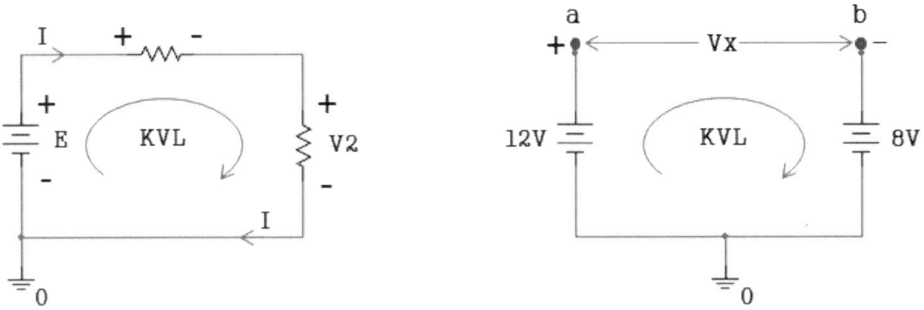

(a)전류가 흐르는 회로 (b)전류가 흐르지 않는 회로

그림 7-4. KVL의 적용

KCL(Kirchhoff's Current Law: 키르히호프, 또는 커쵸프의 전류법칙)

KCL의 정의는 다음과 같다. "어떤 면적이나 시스템 또는 전선의 분기점(junction)으로 들어오는 전류의 합은 나가는 전류의 대수적 합과 같다." 즉 그림 7-5에서 a점으로 들어오는 전류의 합은 5 A이므로 나가는 전류 I_3는 5 A가 되어야 하며 b점으로 들어오는 전류의 합은 6 A이므로 나가는 전류 I_4는 6 A가 되어야 한다. 만약 I_3, I_4의 방향을 그림과 반대로 적용하면 a점으로 들어오는 전류의 합은 $2 + 3 - 5 = 0$이 되며 b점에서 나가는 전류의 합은 $-5 - 1 + 6 = 0$이 되므로 KCL은 "어떤 면적이나 시스템 또는 전선의 분기점(junction)으로 들어오는 전류의 합, 또는 나가는 전류의 대수적 합은 0이다."라고 정의할 수도 있다.

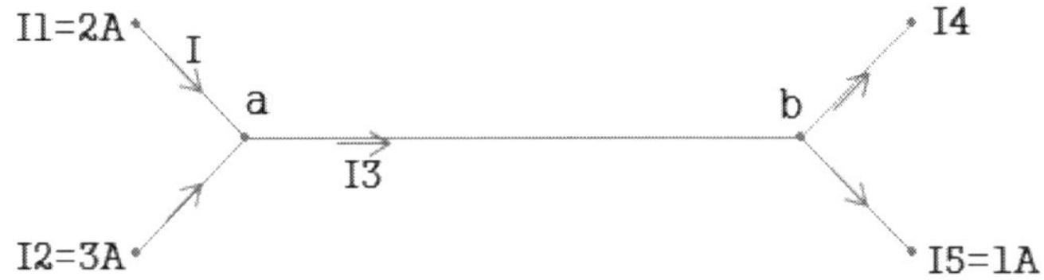

그림 7-5. KCL의 적용

7.2 교류전원(AC Power Line) 및 접지(Ground)

7.2.1 목적

실험실, 가정, 공장의 교류전원 및 접지를 이해한다.

7.2.2 이론

교류전원

산업현장 및 가정에서 발생하는 감전사고나 전기전자장비의 고장 및 파손은 대부분 교류전원과 접지에 대한 이해부족으로 발생한다. 특히 우리 나라에서는 주로 220 V를 사용하고 있으나 몇몇 오래된 건물에서는 110 V를 사용하고 있으며, 관련법규의 미비, 건설업체의 부실공사와 정부의 감시 소홀 때문에 접지가 제대로 되어 있지 않아 많은 사고가 발생하고 있다. 대학의 전기전자 실험실조차 접지가 제대로 되어 있지 않고 교육 또한 이루어지지 않고 있어 산업현장에서 많은 인명, 재산 피해가 발생하고 있다. 교류전원과 접지에 대한 이해는 사고를 방지할 수 있고 모든 전기전자장비의 잡음(noise)을 줄일 수 있으며 특히 통신장비에서 올바른 접지에 대한 이해는 잡음을 줄이는데 매우 중요하다 하겠다.

그림 7-6에 세 개의 선을 사용하는 110 V 전원시스템과 건물내의 벽에 부착되어 있는 110 V 소켓, 그리고 가전제품 및 전자전기 장비의 전원부분을 도시하였다. 전신주 위의 변압기에서는 세 개의 선이 나오며 그 중 하나의 전선은 변압기에서 전신주를 타고 내려와 땅에 접지(ground)되어 있다. 건물로는 나머지 2개의 선이 유입되어 그림 7-6과 같이 먼저 사용전력의 양(Watts x 시간)을 측정하는 전력량계(적산전력계)와 과전류(Overcurrent)를 방지하는 퓨즈를 거치게 된다. 퓨즈가 붙어있는 선은 검은색(hot) 선으로 되어 있고 변압기 쪽에서 접지된 선은 건물 내에서 세 선으로 분기되어 그 중 한 선은 땅에 접지되어 있으며 한 선은 흰색선(neutral), 나머지 한 선은 녹색선(ground)으로 구분되어 있다(땅(대지, 지구)은 전류가 흐를 수 있는 도체이며 접지전선과 땅의 접촉저항을 줄이기 위해 전선에 규정된 넓은 면적의 구리판을 연결하여 규정된 깊이로 땅속에 묻도록 되어 있다. 눈에 보이지 않는 이 접지부분이 건설공사시 많이 생략되는 부분이며 사고의 원인이 되고 있다).

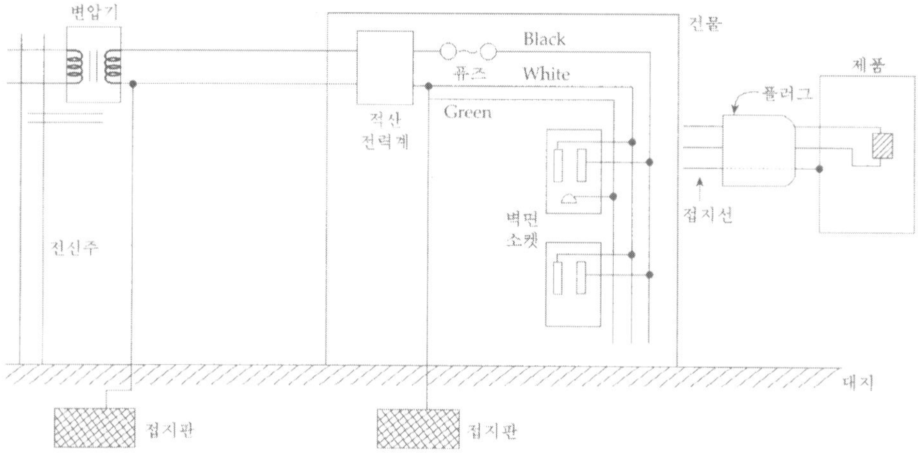

그림 7-6. 변압기와 건물내부의 교류전원선의 연결도(110V)

그러므로 검은색(hot)선, 흰색선(neutral), 그리고 녹색선(ground), 세 개의 선이 한 조가 되어 건물 내 각 지점으로 분배되며 각 소켓에 병렬로 연결되어 있다. 소켓은 세로로 두 구멍이 평행하게 뚫린 것과 또 하나의 구멍이 아래쪽에 있는 것 두 종류가 있다(그림 1 참조). 아래 쪽 구멍은 녹색선(ground)에 연결되며 두 구멍만 있는 소켓에는 검은색선과 흰색선이 각각 연결되어 있다. 또 검은선에 연결되는 구멍이 흰선에 연결되는 구멍보다 좁은 소켓이 있고 구별이 없는 소켓이 있으나 구별이 있는 제품이 제대로 된 제품이라 하겠다.

전기전자제품의 전원플러그는 두 개 또는 세 개의 전극을 가지고 있다. 실험실에서 쓰이는 대부분의 장비의 플러그는 세 개의 전극을 가지고 있으며 아래쪽의 전극은 제품 내부에서는 제품의 외부케이스와 ground(접지)라 쓰여있는 단자에 연결되어 있다. 미국제품의 플러그 전극은 검은선에 연결되는 전극이 더 좁게 제작되어 있어 검은색(hot)선과 흰색선(neutral)의 연결이 절대로 뒤바뀌지 않으나 국산품은 보통 구별이 없으나 수출품의 경우는 수입국의 규정에 따라 제작되고 있다. 일반적으로 감전이나 누전의 우려가 없는 제품은 두 전극형 플러그를 사용하고 세탁기, 대형전동기, 전자레인지 등 감전이나 누전의 위험이 있는 제품에는 세 전극형 플러그를 사용한다.

이렇게 복잡하게 세 선을 사용하여 접지하는 이유는 다음과 같다. 그림 7-7(a)와 같이 접지선이 없을 경우 제품에서 누전이 발생하여 검은선이 제품의 케이스와 접촉되었다고 하면 케이스전체에 110 V가 걸려 있는 상태이며 이 때 손이나 신체의 일부가 케이스에 접촉되면 감전사고가 발생한다. 그러나 접지선이 있으면 누전되는 순간 케이스에 연결된 접지선을 통하여 과전류가 흐르고 퓨즈가 끊어져 누전임을 알 수 있고 감전사고를 방지할 수 있다.

우리 나라의 경우 벽에 부착된 소켓이 세 전극형이라 할 지라도 실제로는 아무 것도 연결되어 있지 않은 경우(접지되어 있지 않음)가 많으므로 꼭 확인해 봐야한다. 즉 두 소켓의 접지전극 사이의 저항을 측정하여 거의 0 Ω이 되어야 한다. 그러나 이 경우에도 접지선이 존재한다는 사실만 증명할 뿐 그 접지선이 규정에 맞추어 땅속에 묻혀있는지는 확인할 수 없다. 그러므로 감전의 우려가 있는 제품은 플러그와는 별도로 제품에 부착되어 있는 접지선을 수도꼭지(금속이며 땅속 깊이 매우 길게 매설된)에 연결하여 접지를 확실하게 하는 것이 좋다.

(a) 접지가 없는 경우 (b) 접지가 있는 경우

그림 7-7. Ground의 역할

그림 7-8에 220 V 전원시스템과 건물내의 벽에 부착되어 있는 220 V 소켓, 그리고 가전제품 및 전자전기 장비의 전원부분을 도시하였다. 최근에 우리 나라에서 건설되는 대부분의 건물에는 220 V만 사용되고 있으나 오래된 건물이나 오래된 가전제품에는 아직도 110 V를 많이 사용하고 있으므로 그림과 같이 110 V, 220 V를 겸용할 수 있도록 시스템이 구성되어 있다. 즉 검은색, 흰색, 녹색선을 사용하면 위에서 설명한 110 V 시스템과 같으며 빨간색, 검은색, 녹색을 사용하면 220 V 시스템이 된다. 다만 원형의 매몰형 소켓을 사용하여 220 V임을 나타내며 접지는 소켓 원주의 위, 아래 부분에 금속에 연결되어 있으나 이러한 접지가 없는 소켓도 있다. 역시 소켓에는 접지가 있으나 실제로 접지선이 있는지는 확인해 봐야 알 수 있으며 역시 땅과 제대로 접지되어 있는지는 측정하거나 시공자 또는 건물관리자에게 문의해야 한다. 220 V시스템에서는 감전될 경우 110 V시스템에 비해 2배의 전류가 흐르고 따라서 인명피해가 더 심각하기 때문에 접지에 특히 신중을 기해야 한다.

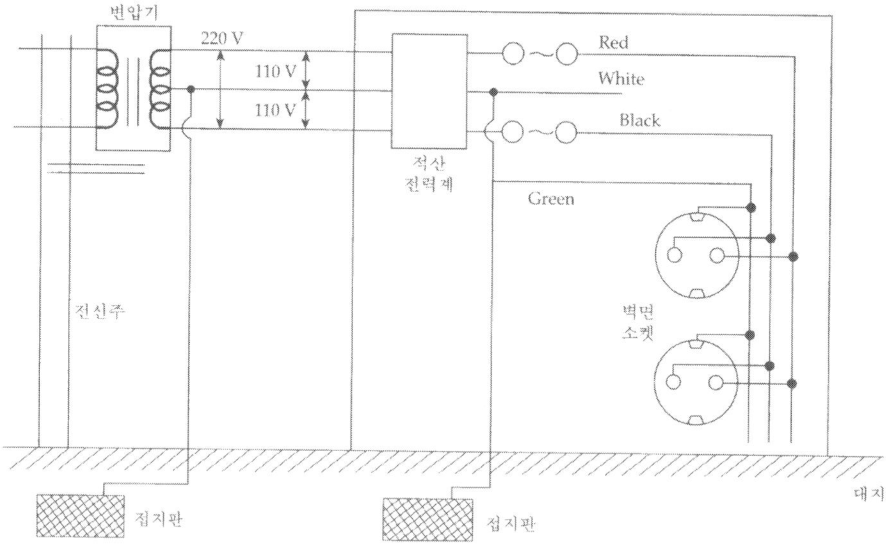

그림 7-8. 변압기와 건물내부의 교류전원선의 연결도(220V)

7.3 디지털 멀티미터, 직류전원, 함수발생기

7.3.1 목적

디지털 멀티미터(Digital Multimeter, DMM), 가변 전압안정 직류전원(Regulated DC Power Supply), 함수발생기(Function Generator)의 사용방법을 이해하고 사용할 때의 주의사항을 숙지한다.

7.3.2 이론

디지털 멀티미터(Digital Multimeter, DMM)

얼마 전까지만 해도 움직이는 바늘과 눈금이 있는 아날로그식 테스터가 사용되었으나 최근에는 측정치와 단위가 LCD표시창에 표시되는 디지털 멀티미터(DMM)가 많이 사용된다. 대부분의 DMM은 기본적으로 전압(V), 전류(A), 저항(Ω)을 측정할 수 있으며 기능스위치(버튼, 또는 다이얼)를 측정하고자하는 측정단위(Vdc, Vac, Aac, Adc, Ω)에 맞추어 놓고 측정한다. 전압과 저항을 측정할 때는 하나의 도입선(lead)은 (V, Ω, 또는 High)이 표시된 곳에 다른 하나의 도입선은 COM (common, 또는 Low)이라 표시된 곳에 연결하여 측정하며 전류를 측정할 때에는 COM은 그대로 두고 나머지 하나를 “A” 또는 “mA”라 표시된 곳에 연결하여 측정한다.

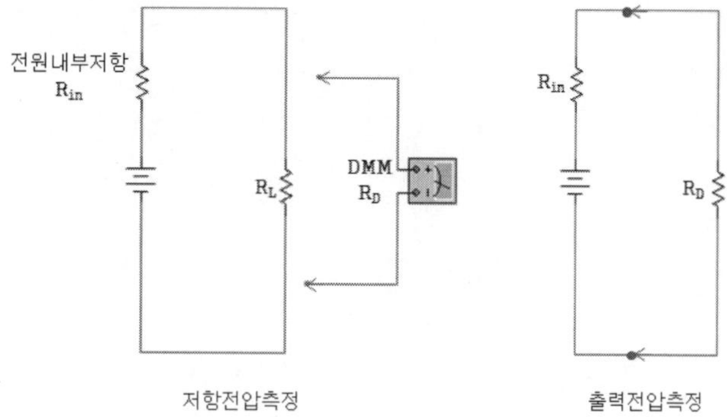

(a) DMM을 이용한 전압 측정

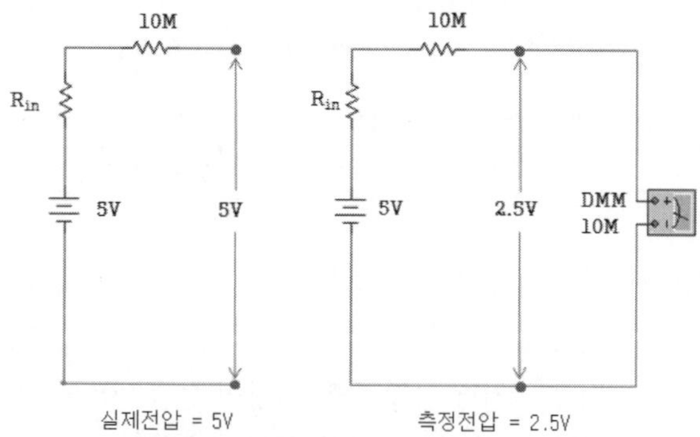

(b) 전압측정에서 실제 전압과 측정값이 다른 경우

그림 7-9. 전압측정

전압을 측정할 때는 그림 7-9(a) 처럼 DMM을 병렬로 연결하여 측정하며 측정하고자 하는 전압에 의해 DMM의 내부에 장치되어 있는 매우 큰 저항(일반적으로 수 MΩ)에 흐르는 전류를 측정하여 전압을 계산하고 그 값을 표시한다. 즉 측정대상 단자에 있는 저항에 비해 매우 큰 저항을 DMM의 내부에서 연결하여 전류가 흐르더라도 측정대상 단자에 있는 저항에서의 전압강하가 무시되도록 한 상태에서 전압을 측정하며 이 경우 DMM의 입력임피던스는 무한대로 볼 수 있다. 그러므로 그림 7-9(b)와 같이 전압을 측정하고자 하는 단자에 큰 저항이 연결되어 있을 경우에는 DMM을 연결했을 경우와 실제 전압이 다르므로 매우 주의해야 한다. 교류전압을 측정할 때 표시되는 값은 실효치(Root Means Square, rms) 값이며 어떤 저항에 그 교류전압을 인가했을 때 저항에서 한 주기동안 평균적으로 발생하는 열과 같은 열을 발생시키는 직류전압의 값을 의미한다. 교류전압이 시간에 대해 정현적(sine 또는 cosine)으로 변할 때 그 최대치는 실효치의 $\sqrt{2}$배이다.

어떤 회로에 흐르는 전류를 측정할 때에는 그림 7-10(a)와 같이 일단 회로를 끊은 후 그 사이에 DMM을 직렬로 연결하여 측정하며 측정하고자 하는 전류에 의해 DMM의 내부에 장치된 매우 작은 저항에 걸리는 전압을 측정하여 전류를 계산하고 그 값을 표시

한다. 즉 측정대상 단자에 있는 저항에 비해 매우 작은 저항을 DMM의 내부에서 연결하여

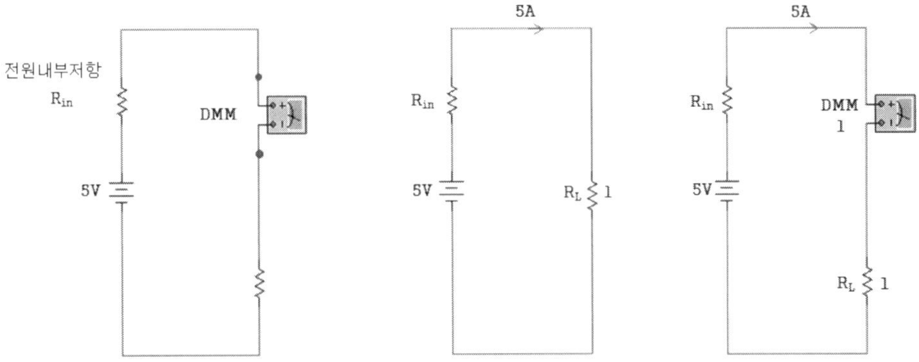

(a) DMM을 이용한 전류측정 (b) 전류측정에서 실제전류와 측정치가 다른 경우

그림 7-10. 전류측정 및 주의사항

측정하고자하는 전류가 거의 변하지 않도록 한 상태에서 전류를 측정하며 이 경우 DMM의 입력임피던스는 0으로 볼 수 있다. 그러므로 그림 7-10(b)와 같이 전류를 측정하고자 하는 단자에 아주 작은 저항이 연결되어 있을 경우에는 DMM을 연결했을 경우와 실제 전류가 다르므로 매우 주의해야 한다.

저항을 측정할 때에는 그림 7-11과 같이 저항의 양단에 DMM을 연결하며 DMM의 내부에 있는 고정전원에 의해 측정대상 저항에 흐르는 전류를 측정하여 저항을 계산하고 그 값을 표시한다. 저항이 회로에 연결되어 있으면 다른 경로로도 전류가 흐르므로 저항을 회로에서 분리하여 측정하여야 한다.

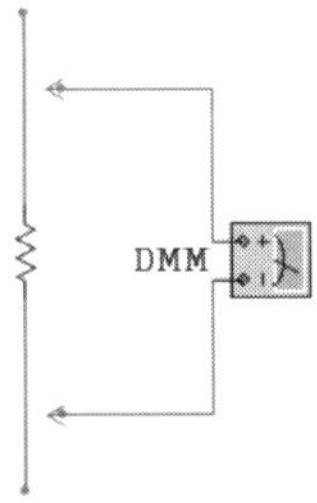

그림 7-11. DMM을 이용한 저항측정

이와 같이 DMM을 사용하여 측정할 때에는 DMM을 연결함으로써 전류가 흐를 수 있는 회로가 구성되어야 한다. 주의할 점은 측정단위(V, A, Ω)를 바꿀 때마다 DMM 내부의 연결 상태가 바뀌고 측정범위를 바꾸면 DMM내부에 연결된 소자의 값이 바뀌므로 DMM을 연결하기 전에 먼저 측정단위를 맞추어야 하며 측정범위는 최대범위에 맞

추어 놓고 범위를 낮추어가면서 측정치가 측정범위와 가장 잘 맞는 범위에서 표시된 값을 읽어야 한다. 특히 전류를 측정할 때에는 측정치가 측정범위를 벗어나면 DMM 내부의 저항이나 퓨즈가 타버리므로 각별히 주의해야한다.

고가의 DMM은 커패시턴스, 인덕턴스, 다이오드와 트랜지스터의 특성, 두 단자사이의 연결 유무 등을 측정할 수 있는 기능을 가지고 있으며 다이오드를 측정할 경우 표시되는 값은 문턱전압이다.

| 측정시의 주의사항 |

①회로에 DMM을 연결하기 전에 측정단위(V, V, A)를 먼저 맞출 것.

②측정치의 크기를 예상하고 측정하는 것이 가장 좋으며 그렇지 못할 때는 가장 높은 측정범위에 맞추어 놓고 작은 범위로 가면서 측정할 것.

③절대로 측정치가 측정범위보다 크지 않도록 할 것. 특히 전류 측정시 측정범위보다 높으면 항상 DMM이 타거나 퓨즈가 끊어지므로 각별히 주의할 것.

④절대로 전류측정의 상태에서 DMM의 도입선을 전원에 직접 연결하지 말것.

⑤전압, 전류를 측정할 때는 위에서 언급한 바와 같이 측정대상 회로의 연결상황을 고려하여 표시된 값의 신뢰도를 확인 할 것.

직류전원

직류전원은 두 단자사이에 직류전위차(전압)를 발생시키는 장치를 말하며 일반적으로 사용하는 직류전원에는 건전지(Cell, Battery), 전압안정 직류전원(Voltage Regulator)이 있다. 모든 전원장치는 그림 7-12에서 보는 바와 같이 저항값이 작은 내부저항(R_{in})을 포함하고 있다. 출력단자에 저항 등 부하가 연결되어 있을 경우 전류가 흐르게 되고 내부저항에 의한 전압강하 때문에 연결된 저항에 따라 식 7+14과 같이 출력단자에서 전압이 바뀌게 된다.

$$V_o = V_{in} - I \times R_{in} = V_{in} - \frac{V_{in}}{R_L + R_{in}} \times R_{in} = \frac{V_{in} \times R_L}{R_L + R_{in}} \qquad (\text{식 } 7\text{-}14)$$

즉 부하저항 R_L이 연결되면 무부하($R_L = \infty$)일 때의 출력전압보다 작은 전압이 R_L에 걸리게 되며 전원장치 내부에 별도의 보상회로가 없으면 이러한 현상은 피할 수 없다. 일반적으로 전원장치의 내부저항 R_{in}은 수 Ω정도로 작다.

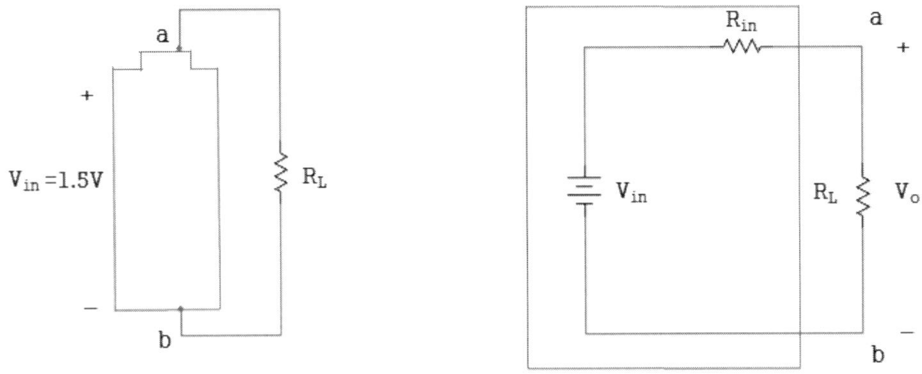

그림 7-12. 전원의 내부저항

건전지는 금속 또는 플라스틱으로 밀봉된 통의 내부에 들어있는 화학물질(전해액)의 화학작용에 의해 직류전압을 발생시키므로 외부에서 에너지를 공급하지 않더라도 전압을 발생시킨다. 그러므로 장시간 사용하거나 짧은 시간이라도 많은 전류를 공급하도록 하면 화학물질이 거의 소비되어 두 단자사이의 전압이 낮아진다. 출력전압은 사용된 전해액의 종류에 따라 다르며 대부분 1.25 V에서 1.5 V사이의 전압을 공급하고 건전지의 외형크기와 모양에 따라 C, D, AA, AAA 등으로 구분한다. 영어에서 Cell은 1.25 V 또는 1.5 V의 전압을 가진 하나의 단위를 뜻하며 Battery는 이들 Cell 몇 개를 직렬 또는 병렬로 연결한 것을 뜻하지만 구별하지 않고 혼용해서 많이 쓴다. 모든 건전지는 전해액을 가지고 있으므로 건전지(乾電池)는 엄밀한 의미로는 틀린 번역이라 할 수 있다. 새 건전지의 내부저항은 0.05 Ω정도이며 사용할수록 내부저항이 커지며 사용하지 않더라도 1년 정도 지나면 100 Ω이상으로 커진다. 건전지의 내부저항을 측정하려면 우선 무부하상태의 전압 Vin을 측정하고 10 Ω정도의 저항(*RL*)이 연결된 상태에서 저항에 걸리는 전압 *Vo*를 측정하여 식 7-14에 대입하여 Rin을 구해야 한다. 그러나 이 경우 많은 전류가 흘러 건전지의 내부저항이 커질 위험이 있으므로 pushbutton형(눌렀을 때에만 연결됨)의 switch를 사용하여 측정해야 한다.

전압안정 직류전원은 고정전원과 가변전원 두 가지로 나눌 수 있고 외부의 전원(110 Vac, 220 Vac, 12 Vdc 등)을 연결하면 출력단자사이에 고정전압 또는 가변전압을 발생시킨다. 전압안정 직류전원(Voltage Regulator, Regulated DC Power Supply)라 함은 전원이 공급하는 전류에 상관없이(R_L에 상관 없이) 일정한 전압을 유지하도록 제작된 전원장치를 말하는데 그 의미는 회로에 연결된 저항 즉 부하에 따라 출력전압이 바뀌지 않도록 Vin을 조정하여 출력전압 V_o가 항상 일정하도록 만들어졌다는 것이다. 일반적으로 Voltage Regulator는 IC Chip 형태로 된 직류전원을 의미하고 Regulated DC Power Supply는 상자모양으로 된 전원공급장치를 의미한다. 그러나 출력단자가 단락(short)된 경우($R_L = 0\ \Omega$), 전원장치가 공급하는 전류($I = V_{in}/R_i$)는 대단히 커지므로 건전지의 경우는 출력이 급격히 낮아져 사용할 수 없게 되고 Voltage Regulator의 경우에는 타버리게 된다. Regulated DC Power Supply는 이러한 현상을 방지하기 위해 전원이 공급할 수 있는 최대전류를 조절할 수 있도록 조절단자를 가지고 있으며 현재 공급하고 있는 전류를 읽을 수 있도록 계기가 붙어 있다. 예를 들어 최대전류가 1 A일 때 출력전압을 10 V로 하고 5 Ω의 저항을 연결하면 최대전류인 1 A 흐르게 되며 출력전압은 저항 연결전의 전압 10 V에서 급격히 감소하여 5 V가 되며 지시판(CC)에 빨간 불이 켜진다. 그러므로 이렇게 빨간 불이 켜지면 회로가 단락되었는지를 확인한 후 최대전류를 증가시켜야 10 V를 얻을 수 있다..

일반적으로 실험실 또는 연구 개발실에서 사용하는 Regulated DC Power Supply는 1~3개의 출력 단자쌍을 가지고 있으며 각각 독립적으로 출력전압과 최대공급전류를 조절할 수 있다. 각 단자에는 +, −로 표시되어 있고 이것들과 구분되어 접지(Ground, GND)단자를 가지고 있다. 접지 단자는 이 전원 장치를 구성하는 내부회로의 접지이며 일반적으로 전원장치의 외부 case에 연결되어 있고 가전제품에서 접지를 할 때 사용되는 접지단자라고 생각할 수 있다. 이 접지는 Ⓐ, Ⓑ의 −단자와는 아무런 관계가 없으며 내부적으로도 −단자들과 연결되어 있지 않다. 미국에서 만든 전원장치의 접지는 전원선(110 V)의 접지선과 연결되어 있으며 국산 전원장치의 접지는 그 장치의 전원선(110 V, 220 V)이 접지선을 가지고 있다면 그것과 연결되어 있다.

예를 들어 그림 7-13(a)와 같이 Ⓐ channel의 출력전압을 10 V로 조정하면 Ⓐ의 + 단자의 전압이 −단자의 전압보다 10V 높음을 의미하고 Ⓑ channel의 출력전압을 5 V로 조정하면 Ⓑ의 +단자의 전압이 −단자의 전압보다 5 V 높음을 의미한다. 각 channel의 단자쌍은 독립적으로 조정이 가능하고 −단자는 서로 연결되어 있지 않으므로 이와 같은 경우 Ⓐ, Ⓑ의 +단자사이의 전압은 기준이 다르므로 정의할 수 없다. 그러므로 Ⓐ, Ⓑ의 +단자사이의 전압을 5 V로 하려면 Ⓐ, Ⓑ의 −단자를 연결하여 기준이 같도록 해야한다. 또 Operational Amplifier(Op-Amp)와 같이 +, − 전압을 동시에 필요로 할 경우에는 그림 7-13(b)와 같이 연결한다. 즉 ③번 단자에 비해 ①번은 5 V 높아야 하고 ②번은 5 V 낮아야 하므로 Ⓐ, Ⓑ의 −와 +단자를 연결하고 이것을 ③번에 연결하여 기준으로 하면 Ⓐ의 +단자는 기준에 비해 5 V 높고 Ⓑ의 −단자는 기준에 비해 5 V 낮게 된다.

함수발생기(Function Generator)는 교류전압을 공급하는 장치이며 정현파(sinusoidal wave, $V(t) = A\cos(\omega t)$), 삼각파(saw tooth wave), 사각파(구형파, Square wave)를 공급할수 있다. 전압 최대값(Amplitude), 주파수를 조정할 수 있고 사각파의 경우 그 폭(Pulse width)을 조정할 수 있다. 그 외에도 여러 가지 기능을 가지고 있으나 제조회사 및 가격에 따라 다르므로 각 제품의 설명서를 참조하여 사용한다.

| 전원장치 사용시의 주의사항 |

① 절대로 출력단자를 단락(short)시키지 말 것.

② 두 개 이상의 전압을 사용할 경우 공통기준이 잘 되어 있는지 확인 할 것.

③ 회로에 연결할 때는 전원의 출력 조절단자가 최소의 위치에 있는지를 확인하고 OFF상태에서 연결할 것

④ 전원을 켠 후 계기판에 빨간불이 켜지지 않은 상태에서 출력전압을 서서히 목표전압까지 증가시킬 것

⑤ 빨간불이 켜지거나 목표전압을 얻을 수 없는 경우 회로의 단락이나 최대전류를 확인할 것.

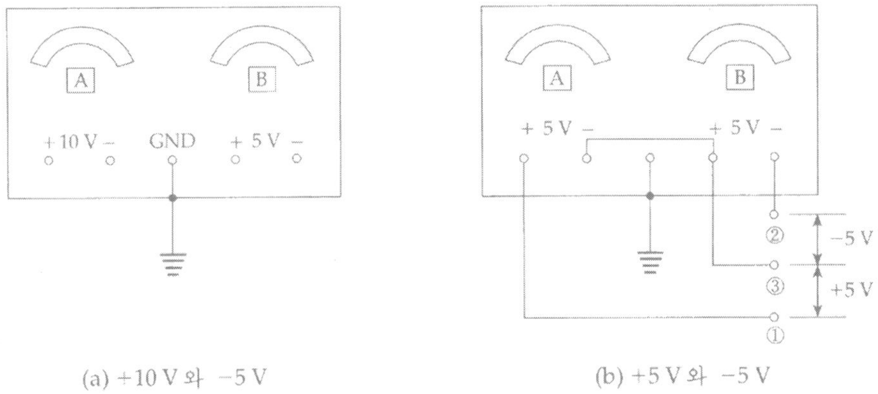

그림 7-13. 직류전원 사용법

7.4 분압기(Voltage Divider)

7.4.1 목적

고정된 전류전압원으로부터 그보다 낮은 전압을 얻는 분압기의 개념을 이해하고 분압기에 부하가 연결될 경우 그 영향을 이해하고 실용적인 분압기의 설계방법을 익힌다.

7.4.2 이론

분압기-무부하(Voltage divider-unloaded)

어떤 장비의 전원으로서 건전지나 고정 전압안정 직류전원(Voltage Regulator, 예: 7805, 7812)을 사용할 때 그 출력전압보다 낮은 전압이 필요할 경우가 현실적으로 많이 발생한다. 또는 고전압(수십 KV)을 측정 최대전압이 그보다 낮은 DMM으로 측정해야 할 경우가 있다. 위와 같은 경우, 원래의 전압을 그에 비례하는 낮은 전압으로 분압(divide)하여 주는 장치를 분압기라 하며 분압기 자체가 소비하는 전력, 즉 분압기전

류는 전원이 공급하는 전류에 비해 작을수록 좋으며 현실적으로 10% 이하가 되도록 설계한다.

전력전달을 위해 교류 고전압을 분압할 때(22000 V를 220 V로, 220 V를 12 V로)에는 변압기(Transformer)를 사용하며 단순히 측정만 할 때에는 커패시터(Capacitor) 또는 저항을 사용한다. 그러나 대부분의 상용 전기제품에서처럼 낮은 직류전압을 분압할 때에는 저항을 사용한 분압기를 사용한다.

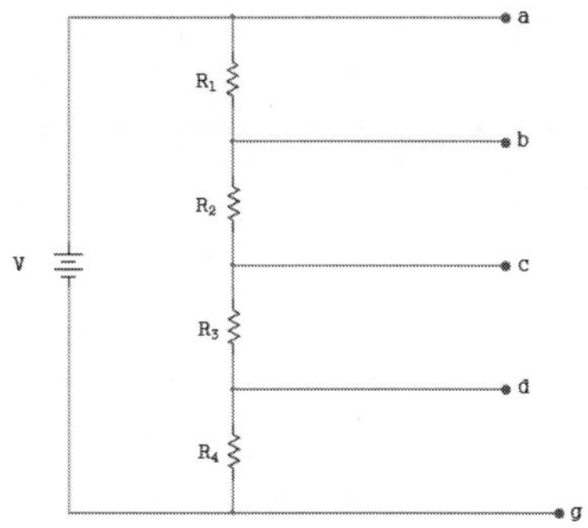

그림 7-14. 분압기(무부하)

그림 7-14에 무부하 즉 A, B, C, D 단자를 통해 흐르는 전류가 0인 경우, 즉 각 단자에 부하가 연결되지 않은 경우 사용되는 분압기를 도시하였다. 직류전원을 통하여 흐르는 전류는

$$I = \frac{V}{R_1 + R_2 + R_3 + R_4} = \frac{V}{R_T} \quad \text{(식 7-15)}$$

이며 각 저항에 걸리는 전압은

$$V_{AB} = \frac{R_1}{R_T}V,\ V_{BC} = \frac{R_2}{R_T},\ V_{CD} = \frac{R_3}{R_T}V,\ V_{DG} = \frac{R_4}{R_T} \quad \text{(식 7-16)}$$

가 되어 분압이 되었다고 할 수 있다.

그런데 이러한 연결상태에서 단자 DG사이에 부하로서 R_5가 연결되면 식 7-15, 7-16에서 R_4대신 R_4와 R_5의 병렬저항인

$$\frac{R_4 \times R_5}{R_4 + R_5}$$

를 대입해야하며 그 결과 부하 연결전후의 각 단자의 전압이 모두 달라지므로 이러한 분압기는 현실적으로 사용할 수 없다.

분압기-유부하(Voltage Divider-Loaded)

실제적인 부하는 정격전압과 정격전류로 그 크기를 정의한다. 정격입력전압으로서 25 V를 필요로 하고 정격전류가 0.04 A인 부하(부하1)와 정격입력전압으로서 30 V를 필요로 하고 정격전류가 0.05 A인 부하(부하2)가 있다고 하자. 이 두 부하에 30 V의 직류 전원 한 대로 전력을 공급하기 위한 회로를 설계해 보자. 부하2는 30 V 전원에 직접 연결하면 되고 부하1은 그림 7-14를 이용하면 2개의 저항을 사용한 분압기에 연결하면 될 것이므로 그 회로는 그림 7-15와 같이 된다.

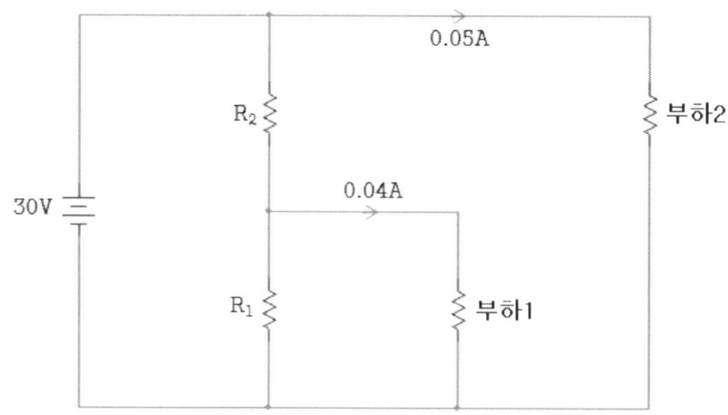

그림 7-15. 분압기(유부하)

위의 회로에서 R_1을 통하여 흐르는 전류는 단순히 분압을 하기 위해 흐르는 전류, 즉 분압기전류이고 부하에는 흐르지 않는 전류이다. 그러므로 이러한 분압기전류는 작을수록 전체의 효율이 좋아지므로 일반적으로 전원이 공급하는 총 전류의 10%정도가 되도록 설계한다. 그러나 너무 작게 설계하면 R_1이 커지고 이 경우 부하1의 저항이 조금만 변하더라도 부하1의 전압, 전류가 크게 변하여 실용적이지 못하게 된다. 위의 예에서 부하전류가 0.05 A, 0.04 A이므로 분압기전류를 0.01 A로하면 총 전류의 10 %가 된다.

이제 각 저항값을 구해보자. 부하1과 R_1에는 같은 전압(25 V)이 걸리므로

$$R_1 = \frac{25}{0.01} = 2.5\ \text{k}\Omega$$

이며 R_2에는 분압기전류와 부하1 전류의 합(0.04 + 0.01 = 0.05 A)이 흐르고 부하1에 25 V가 걸리기 위해서는 5 V의 전압이 걸려야 하므로

$$R_2 = \frac{5}{0.05} = 100\ \Omega$$

이 된다. R_2에서 소비되는 전력은 P = IV 이므로

$$P = 0.05 \times 5 = 0.25\ W = \frac{1}{4} W$$

가 되어 1/4 W급 이상의 저항을 사용해야 하고 만일 전력을 고려하지 않고 1/8 W 저항을 사용하면 저항에서 과도한 열이 발생되어 타버리며 화재의 원인이 될 수 있다.

7.5 Thevenin 및 Norton의 정리

7.5.1 목적

테브냉(Thevenin)과 노튼(Norton)의 정리를 이해하고 이를 이용하여 등가회로(equivalent circuit)를 설계하는 방법을 익힌다.

7.5.2 이론

테브냉(Thevenin)과 노튼(Norton)의 정리는 전원을 포함한 선형소자들이 직병렬로 복잡하게 연결된 회로망이 있고 이 회로망의 출력단자에 부하를 연결했을 때 부하에 걸리는 전압과 전류를 이론적으로 또는 실험적으로 쉽게 구할 때 매우 유용하게 적용된다. 그림 7-16(a)에서 회로망 A가 하나 이상의 전원을 포함한 선형소자들이 직병렬로 복잡하게 연결된 회로망이고 그 출력 단자를 a, b라 하자. a, b 사이에 저항 R이 연결될 때 저항에 걸리는 전압과 저항에 흐르는 전류는 KVL 및 KCL을 이용하여 계산할 수 있다. 그런데 다른 저항 R′를 연결할 때의 전압, 전류를 구하기 위해서는 복잡한 위의 과정을 되풀이해야 한다.

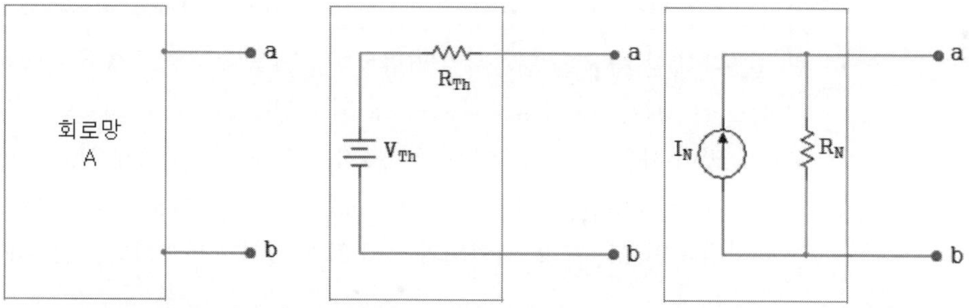

(a) 임의의 회로망 (b) Thevenin 등가회로 (c) Norton 등가회로

그림 7-16. 등가회로

그런데 만일 회로망 A가 그림 7-16(b)와 같이 전압원 한대와 저항 한개로 연결된 회로(Thevenin 등가회로)와 동일하게 작동한다면 그 계산은 암산으로도 할 수 있다. 또는

회로망 A가 그림 7-16(c)와 같이 전류원 하나와 저항 한개로 연결된 회로(Norton 등가회로)와 동일하게 작동한다면 쉽게 계산할 수 있다. 이와 같은 등가회로를 구성하는 것이 이론적으로 가능함을 증명한 것을 각각 Thevenin과 Norton의 정리라 한다.

실험적으로 Thevenin 등가회로를 구할 때에는 우선 a, b 단자 사이에 아무 것도 연결되어 있지 않을 때 a, b 단자 사이의 전압을 전압계(내부저항이 매우 크다)로 측정한다. 이 전압이 바로 그림 7-16(b)의 V_{Th}이다. 그 다음 회로망 A에 있는 전원을 떼어 내고 그 자리에 전선을 대신 삽입하고 즉 전원을 단락(short)하고 a, b 사이에 DMM을 사용하여 저항을 측정하면 그것이 바로 그림 7-16(b)의 R_{Th}이다. 이렇게 실험적으로 Thevenin 등가회로를 구해 놓으면 a, b 사이에 어떤 저항을 연결하여도 전압, 전류를 암산으로 계산할 수 있다.

실험적으로 Norton 등가회로를 구할 때에는 우선 a, b 단자 사이에 전류계(내부저항이 매우 작다)를 연결하여 전류를 측정한다. 이 전류가 바로 그림 7-16(c)의 I_{N}이다. 그 다음 회로망 A에 있는 전원을 떼어 내고 그 자리에 전선을 대신 삽입하고 즉 전원을 단락(short)하고 a, b 사이에 DMM을 연결하여 저항을 측정하면 그것이 바로 그림 7-16(c)의 R_{N}이다. 즉 R_{Th}와 R_{N}은 정확히 같다. 이렇게 실험적으로 Norton 등가회로를 구해 놓으면 a, b 사이에 어떤 저항을 연결하여도 전압, 전류를 쉽게 계산할 수 있다.

이제 이론적으로 등가회로를 구하는 방법을 알아보자.

Thevenin의 정리

그림 7-17(a)의 회로에서 부하인 R_5에 걸리는 전압과 전류를 계산하려면 KV_L 및 KCL을 사용해야 하며 이는 쉬운 작업이 아님을 한 눈에 느낄 수 있다. 이러한 형태의 회로를 브리지회로(Bridge circuit)라 하며 $R_1:R_4 = R_2:R_3$일 때 a와 b점의 저항이 정확히 같아져서 R_5를 통해 전류가 전혀 흐르지 않는다. 이러한 상태를 평형상태라고 부르며 R_2만 모른다고 할 때 R_3를 변화시켜 평형상태를 만들어 미지의 R_2를 측정하기 위해 현실적으로 많이 사용되는 회로이다. 또는 R_5의 전압을 측정하여 미지의 R_2를 측정하기 위해서도 많이 사용된다. 이제이런 브리지회로를 해석하기 위해 Thevenin의 정리를 적용해 보자. R_5의 양끝을 a, b라하고 Thevenin의 정리를 이용하여 V_{Th}를 구하기 위해 R_5를 떼어내면 회로는 그림 7-17(b)와 같이 된다. 단자 a, b 사이의 전압은 $V_{\mathrm{ag}} - V_{\mathrm{bg}}$이며

$$V_{ag} = \frac{V \times R_4}{R_1 + R_4},\ V_{bg} = \frac{V \times R_3}{R_2 + R_3} \quad \text{(식 7-17)}$$

$$R_{Th} = V_{ag} - V_{bg} = 8\ V \quad \text{(식 7-18)}$$

가 된다. R_{Th}를 구하기 위해 전압원을 떼어내고 그 자리를 선으로 잇고 a, b 사이의 저

항을 계산하기 위해 심사숙고하여 정리하면 그림 7-17(c)와 같이 된다. 즉

$$R_{ab} = R_{Th} = \frac{R_1 R_4}{R_1 + R_4} + \frac{R_2 R_3}{R_2 + R_3} = 72\ \Omega \qquad \text{(식 7-19)}$$

이 된다. 그러므로 Thevenin 등가 회로는 그림 7-17(d)와 같이 되고 R_5에 걸이는 전압, 전류는

$$V_{R5} = \frac{V_{Th} R_5}{R_{Th} + R_5} = 4.65\ \Omega \qquad \text{(식 7-20)}$$

$$I = \frac{V_{Th}}{R_{Th} + R_5} = 0.0465\ \Omega \qquad \text{(식 7-21)}$$

로 쉽게 구할 수 있다.

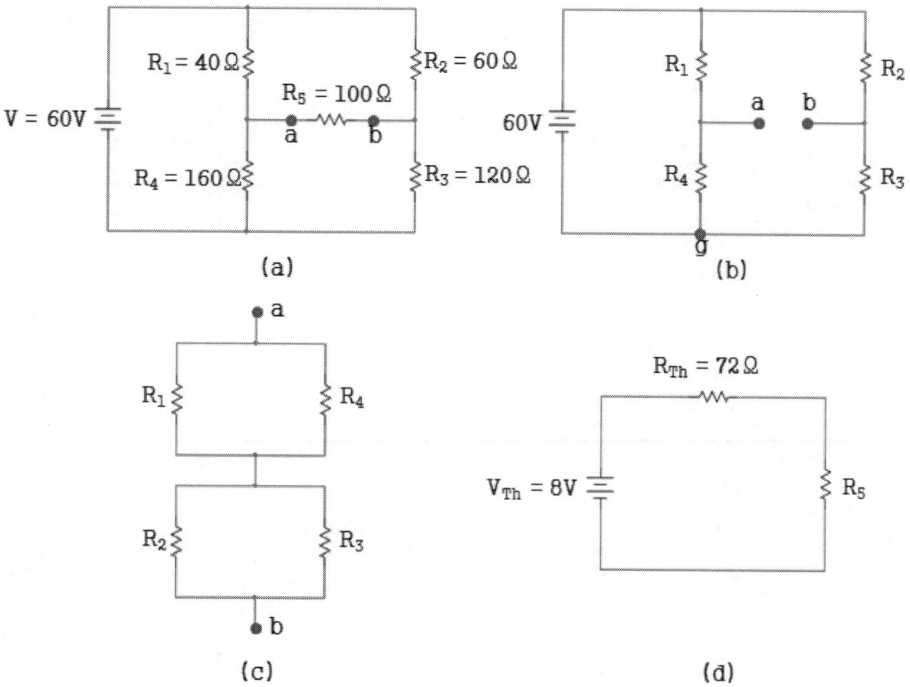

그림 7-17. Thevenin의 정리의 적용

Norton의 정리

Norton의 정리는 Thevenin의 정리와는 달리 전압원이 아닌 전류원을 등가회로에 사용한다. 그림 7-18(a)에서 R_L을 떼어내고 그 자리에 전류계를 연결하면(전류계의 내부저항은 거의 zero이므로) R_3로는 전류가 거의 흐르지 않으므로 그림 7-18(b)와 같이 되

고 이 때 흐르는 전류가 바로 Norton 등가회로의 I_N이며

$$I_N = \frac{V}{R_1 + R_2} = 0.1\ \text{A} \tag{식 7-22}$$

이 된다. 그 다음 R_N을 구하기 위해 전압원을 떼어내고 그 자리를 선으로 잇고 a, b 사이의 저항을 계산하기 위해 정리하면 그림 7-18(c)와 같이 된다. 즉

$$R_N = \frac{(R_1 + R_2) \times R_3}{R_1 + R_2 + R_3} = 100\ \Omega \tag{식 7-23}$$

으로 되고 Norton 등가 회로는 그림 7-18(d)와 같이 그려지고 부하의 전압, 전류는

$$I_L = \frac{I_N R_N}{R_L + R_N} = 0.022\ \text{A} \tag{식 7-24}$$

$$V_L = I_L R_N = 7.7\ V \tag{식 7-25}$$

로 쉽게 계산할 수 있다.

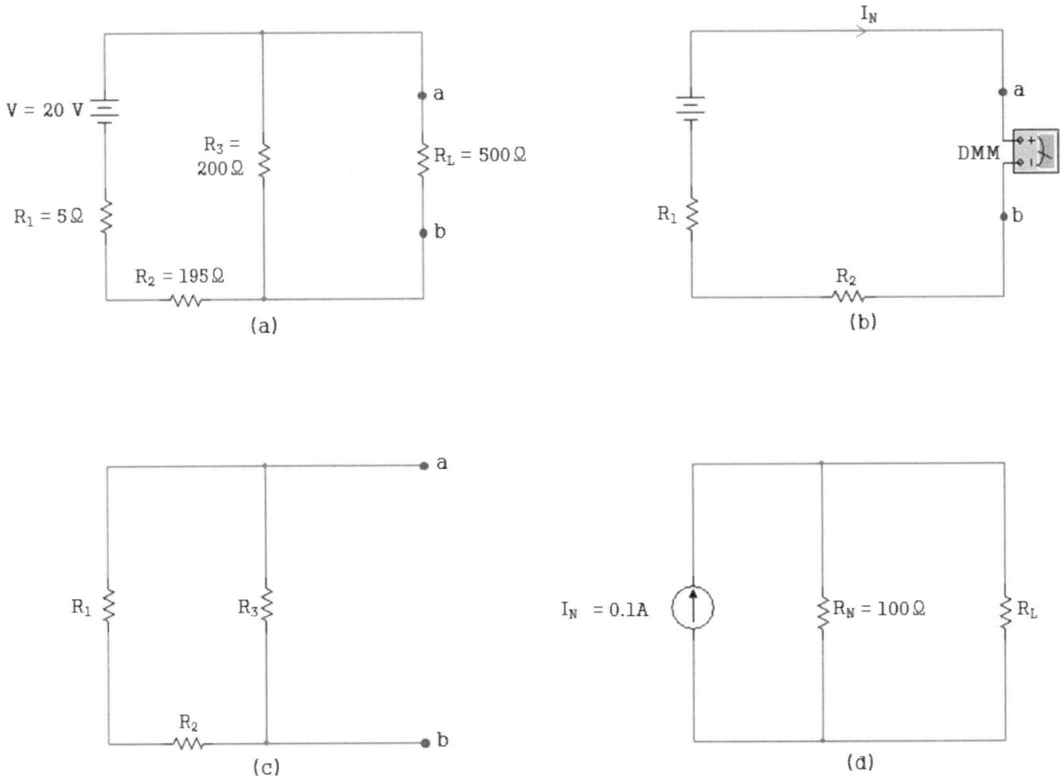

그림 7-18. Norton의 정리의 적용

7.6 Oscilloscope

7.6.1 목적

Oscilloscope (또는 단순히 scope)의 작동방법을 익히고 신호의 크기와 주파수를 측정하는 방법을 익힌다.

7.6.2 이론

Oscilloscope는 기본적으로 전압신호의 파형을 화면에 시간의 함수로 나타내는 장비이며 전기전자공학 분야에서 가장 많이 쓰이는 측정장비이므로 가장 중요한 장비이다. Oscilloscope를 잘 사용하는 것은 모든 전기전자 관련 기술자에게 필수적이며, 이 장비를 언제, 어떻게 사용하는가를 잘 이해하고 있어야 한다.

Oscilloscope는 analog로 자동되는 것과 digital로 작동되는 것, 두 가지로 나눌 수 있으나 그 기본적인 원리는 거의 같으므로 여기서는 구별 없이 기본적인 기능 및 사용법에 대해 설명할 것이다. digital scope는 저장기능, 산술기능(두 신호의 합, 차, 곱 등), 평균기능, 주파수 분석기능 등 다양한 분석기능을 갖추고 있는데 제조회사 마다 그 조작방법이 조금씩 다르므로 여기에서 설명하는 기본기능 및 사용법을 숙지한 후 제조회사에서 제공하는 manual (설명서)를 잘 읽고 사용해야한다.

Oscilloscope는 두 가지 기본적인 기능을 가지고 있는데 그 첫째는 전압신호의 크기를 눈금이 그려져 있는 CRT(Cathode Ray Tube, CRT- TV 화면과 같은 기능)에 시간의 함수로 표시하는 기능(일반 mode)이며 이 경우 Horizontal axis(수평축)는 시간축이며 Vertical axis(수직축)는 전압(V)을 나타내는 축이다. 이 기능은 일반적으로 가장 많이 사용되는 기능인데 시간축에 대한 신호를 외부에서 입력하지 않아도 oscilloscope 내부에서 시간에 대한 신호를 발생하므로 vertical axis에 관찰하고자 하는 신호(전압)만 입력하면 그 파형이 CRT에 나타난다. 둘째는 두 신호사이의 상관관계를 화면에 표시하는 기능이다. 이 경우 Horizontal axis는 x축 Vertical axis는 y축이 되고 둘 다 전압(V)을 나타내는 축이다. 예를 들어 x축에 A sinωt (V), y축에 B sinωt (V)가 입력되면 CRT에는 x축 최대값은 A (V), y축 최대값은 B (V)이며 기울기가 B/A인 직선이 나타난다. 만일 x축에 Asinωt (V), y축에 Acosωt (V)가 입력되면 $x^2 + y^2 = A^2$이므로 CRT에는 반지름이 A인 원이 나타난다. 이러한 동작상태를 일반적으로 X-Y mode라고 하며 X-Y mode에서 CRT에 나타나는 모양을 Lissajous(리싸주) pattern이라 부른다. X-Y mode로 전환하는 스위치는 제조회사에 따라 다른데 따로 구분된 X-Y mode switch가 있거나 horizontal axis (수평축 = 시간축) 조절단자에 같이 붙어 있다.

동작원리

Oscilloscope는 CRT, horizontal amplifier, vertical amplifier, sweep generator(시간축 신호발생기), trigger circuit(시작점 조절회로) 등으로 구성된다(그림 7-19). Digital 방식은 sampling회로, digitizing 회로 등이 추가되어 있다.

CRT는 TV브라운관과 거의 비슷한 구조를 가지고 있는데 내부의 전자총은 전자를 연속적으로 발사하며 발사된 전자들이 고전압에 의해 가속되어 화면 안쪽면에 증착되어 있는 형광막(Fluorescent screen)에 충돌하면 그 부분이 밝은 점으로 나타난다. 이렇게 전자들이 연속적으로 발사될 때 전자의 경로 좌우에 전극(수평편향전극)을 설치하여 전압을 가하면 전압의 극성에 따라 전자의 진행방향이 좌우로 편향된다. 전압이 짧은 시간에 바뀌면 좌에서 우로 이동하는 속도가 빠르며 그 결과 밝은 점들은 연속된 선으로 보이고 전압이 긴 시간에 천천히 바뀌면 밝은 점이 천천히 좌에서 우로 움직이는 것으로 보인다. 이렇게 전자들이 좌에서 우로 움직이고 있는 상태에서 전자의 경로 상하에 수직편향전극을 설치하여 전압을 가하면 전자들은 좌에서 우로 움직이면서 동시에 상하로 움직여 화면의 밝은 점(시간이 빠를 때에는 밝은 선)은 시간에 따른 상하전압의 크기, 즉 시간적 파형을 나타내게 된다. 이러한 상하전압은 우리가 측정하고자 하는 전압신호에 비례하여 vertical amplifier에서 증폭되어 만들어진다. 그런데 전자들이 좌에서 우로 한번만 움직인다면 연속된 선, 예를 들어 sine곡선이 화면에 한번만 나타날 것이며 자세한 관측이 대단히 어렵게 될 것이므로 전자들이 화면의 우측 끝에 도달하면 다시 좌측 처음으로 돌아가 다시 출발하도록 하는 전압신호가 필요해진다. 이 전압, 즉 좌에서 우까지 움직이는데 걸리는 시간을 조절하며 좌에서 다시 시작하도록 하는 기본 전압신호를 발생하는 장치가 sweep generator이며 이 신호가 horizontal amplifier에서 증폭되어 수평편향전극에 가해진다. 그런데 sine곡선의 경우 좌측에서 다시 시작할 때마다 sine곡선의 같은 위치에서 시작해야 화면에서 고정된 sine곡선을 관측할 수 있으므로 화면의 좌측에서 전자가 처음 출발하는 수직위치, 즉 시작전압을 조절하는 회로가 그림 7-19의 trigger circuit이다.

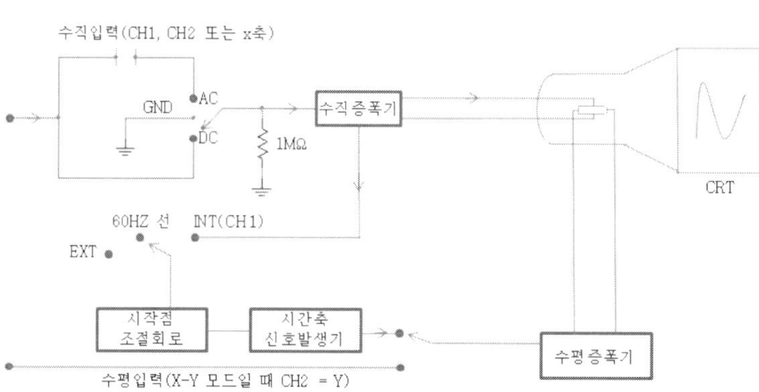

그림 7-19. Oscilloscope의 내부회로

측정하고자 하는 전압신호는 oscilloscope의 전면 아래 부분에 장착되어 있는 BNC female connector에 가해진다. BNC connector는 coaxial cable(동축선)을 연결할 수 있는 connector로서 가운데 부분이 신호선이고 그 주위를 둘러싸고 있는 금속부는 접지선으로 되어 있으며(접지에 대해서는 7.2절을 참조하라) CH1과 CH2 BNC의 외부 금속부(접지)는 연결되어 있다. 신호가 전달되는 coaxial cable의 끝 부분에는 BNC male connector가 부착되어 있고 female과 male을 연결할 때에는 male의 홈을 female에 맞추어 밀어 넣고 시계 반대방향으로 끝까지 돌린다. 분리할 때에는 male을 시계방향으로 끝까지 돌린 후 잡아 뺀다. Oscilloscope는 전압신호의 파형을 화면에 나타내므로 BNC connector에 인가된 전압에 의해 oscilloscope의 내부저항(그림 7-19)에 걸리는 전압이 화면에 나타난다. 내부저항은 보통 1 MΩ이 많이 사용되고 고가의 고속 oscilloscope는 1 MΩ 뿐만 아니라 50 Ω의 내부저항을 가지고 있다. 정확한 측정을 위해서는 이러한 내부저항을 고려해야 한다.

이제 oscilloscope의 조절단자에 대해 설명한다. Oscilloscope의 단자들은 보통 화면조정단자 그룹, vertical (Volts/div)조정단자 그룹, horizontal (Time/div)조정단자 그룹, trigger조정단자 그룹 등으로 나눌 수 있으며 oscilloscope 전면에는 이들 그룹이 box 또는 색깔로 구분되어 있고 위와 같은 제목 또는 같은 의미의 제목이 붙어 있다. Analog 방식은 단자를 돌리거나 눌러서 조정을 하도록 되어있고 digital 방식은 단자를 누르면 화면에 menu가 뜨고 그 menu중 하나를 선택하면 조정이 된다.

화면 조정단자

① intensity: CRT상에 나타나는 점 또는 선의 밝기를 조절한다. 처음 조절할 때는 가운데 정도에 놓는 것이 좋으며 너무 밝은 상태로 오래 사용하면 CRT의 내부 인광성 피막이 손상을 입어 수명이 짧아지므로 적당한 밝기에서 사용해야 한다.

② focus: CRT내부의 전자빔의 초점을 조정하는 기능이며 CRT상에서 선, 또는 점의 선명도를 조절한다. 가장 얇은 선이 보이도록 조절해야하며 너무 어두워지면 위의 intensity를 조절하여 밝고 선명하게 보이도록 조절한다.

③ trace rotation: CRT에서 수평선의 기울기를 조절한다. 예를 들어 입력이 5 V dc일 때 전압의 크기는 시간에 대해 변화지 않으므로 수평선이 되어야 한다. 조절이 잘못되어 기울어져 있을 때 이 trace rotation 단자를 조정하여 수평으로 만들어서 파형을 관찰해야 한다.

④ scale illumination: CRT의 눈금만 밝게 빛나도록 조절하는 단자이다. 카메라로 CRT상의 파형을 사진 찍을 때 눈금도 보이게 할 경우 사용되며 digital 방식 scope는 저장기능이 있고 PC로 파형을 인쇄할 수 있으므로 이 단자가 없는 경우가 많다.

Vertical(Volts/div)조정단자

① position(또는 offset): 수평선, 또는 파형을 상하로 평행 이동시킨다.

② Volts/Div: 화면 수직눈금 한 칸(사각형의 세로변) 당 전압을 조절한다. 큰 단자와 작은 단자가 동축으로 되어 있는 경우 작은 단자(VARIABLE)는 단자 주위에 쓰여 있는 단위 외의 임의의 단위(예: 2.5 V/Div, 3.148 V/Div)로 연속적으로 바꿀 경우 사용되며 사용하지 않을 때에는 항상 시계방향으로 끝까지 돌려놓아야 정확한 측정을 할 수 있다.

③ Vertical mode, Vertical menu

- CH1: CH1이라고 쓰여있는 BNC connector로 들어간 신호만 화면에 나타낸다.
- CH2: CH2라고 쓰여있는 BNC connector로 들어간 신호만 화면에 나타낸다.
- BOTH 또는 DUAL: 위의 두 신호를 동시에 화면에 나타낸다.
- ADD: CH1, CH2 신호를 더한 신호를 화면에 나타낸다.
- ALT, CHOP: 이 단자가 없는 oscilloscope도 있으며 CH1, CH2 신호를 번갈아 화면에 나타내며 ALT는 0.2 ms/DIV 이하, CHOP은 0.5 ms/DIV 이상에서 사용한다.
- Invert: 입력된 신호에(−1)을 곱한 파형을 화면에 나타낸다. 즉 0 V선을 기준으로 대칭된 파형이 나타나며 주로 CH2에만 이 기능이 있다. CH1의 파형에서 CH2의 파형을 뺄 때, 즉 두 신호의 차를 볼 때 사용한다.

④ Coupling: 수직편향전극에 가해지는 입력신호를 선택 또는 조절한다. Vertical mode 또는 menu에 포함되어 있는 oscilloscope도 있다..

- DC: 입력신호를 있는 그대로 수직편향전극에 가해준다. 그림 1의 DC위치에 연결된다.
- AC: 입력신호의 DC성분을 제거하고 AC성분만을 가해준다. 그림1의 AC위치.
- GND: 입력신호를 제거하고 수직편향전극을 접지(0 V)한다. 화면에서 0 V의 위치 즉 기준을 나타낸다. 그림 1의 GND 위치.
- DC50: 입력신호를 50 Ω의 내부저항에 연결하고 50 Ω에 걸리는 전압을 수직편향전극에 가해준다. 그림 1의 DC50위치에 연결된다. 고주파신호(40 MHz이상) 또는 고주파성분을 가지고 있는 신호를 관측할 때 사용된다.

Horizontal(TIME/DIV)조정단자

① position(또는 delay): 수평선, 또는 파형을 좌우로 평행 이동시킨다.

② TIME/DIV: 화면 수직눈금 한 칸(사각형의 가로변) 당 시간을 조절한다. 큰 단자와 작은 단자가 동축으로 되어 있는 경우 작은 단자(VARIABLE)는 단자 주위에 쓰여 있는 단위 외의 임의의 단위(예: 2.5 ms/Div, 3.148 ms/Div)로 연속적으로 바꿀 경우 사용되며 사용하지 않을 때에는 항상 시계방향으로 끝까지 돌려놓아야 정확한 측정을 할 수 있다.

③ X-Y 선택단자: 리싸주 패턴을 보는 모드로 전환한다. 주로 CH2로 입력된 신호가 Y축이 되며 CH2 BNC connector 근처에 Y라 쓰여 있다. 제조회사에 따라 따로 구분된 X-Y mode switch가 있거나 horizontal axis (수평축 = 시간축) 조절단자에 같이 붙어 있는 것도 있다. X-Y mode에서 수평이동은 CH1의 position단자가 아니라 horizontal의 position (delay)단자를 사용하여 조절한다.

Trigger 조정단자

Analog방식은 아래의 단자들이 전면에 부착되어 있으나 digital방식은 trigger menu 단자를 누르면 다음 항목을 포함한 다양한 trigger방식이 나타난다. trigger를 잘 이해하고 작동을 숙달해야 oscilloscope를 잘 사용할 수 있다. 다음 항목에 없는 것은 manual을 참조하여 사용하라.

① Trigger mode

- AUTO: 동작원리에서 설명한 trigger 전압 즉 화면 좌측에서 처음 시작하는 전압을 자동적으로 입력신호에서 추출하여 화면에 파형을 보이게 한다. 가장 쉽게 파형을 관찰할 때 사용되나 파형이 복잡하거나 trigger의 설정이 부정확할 경우 파형이 좌 또는 우로 흐르게 된다.

- NORM: trigger가 정확히 설정되었을 때에만 화면에 파형이 나타난다. 이 norm 모드에서 Digital방식은 trigger가 정확하지 않을 때 그 전 파형이 고정되어 나타나며 화면에 trigger가 부정확하다는 message가 나타난다.

- TV V, H: TV의 화면을 만드는 전기신호는 복잡하여 화면에 안정된 파형을 잡기가 대단히 어렵기 때문에 TV신호를 관측할 때만 사용한다. TV 생산공장에서는 이 복잡한 파형을 관찰해야 하므로 저가의 scope도 이 기능을 가지고 있다.

② Trigger source

- INT(ernal) 또는 CH1: trigger 전압 즉 화면 좌측에서 처음 시작하는 전압을 CH1 신호와 비교하여 추출한다. 그림 7-19에서 INT의 위치이다.

- CH2: trigger 전압을 CH2 신호와 비교하여 추출한다.
- LINE: trigger 전압을 110 V 또는 220 V 전원신호와 비교하여 추출한다. 전동기나 전열기 등 전원을 직접 제어하는 회로에서 기준을 전원(110 V, 220 V, 60 Hz) 신호로 설정하여 파형을 관찰할 때 사용한다. Line trigger를 사용할 때에는 scope에 trigger용 신호를 별도로 넣지 않아도 scope내부의 전원으로부터 trigger를 추출한다.
- EXT: trigger 전압을 EXT라 쓰여 있는 BNC connector에 입력되는 신호로부터 추출하며 이 신호는 화면에 나타나지 않는다. External trigger는 관측하려는 신호의 크기가 많이 변하여 일정한 trigger를 잡을 수 없을 때 크기(amplitude)가 변하지 않는 기준신호로부터 trigger를 추출할 때 쓰인다.

③ TRIGGER LEVEL: trigger 전압 즉 화면 좌측에서 처음 시작하는 전압을 조절한다. trigger source가 CH2로 설정된 경우 trigger level 전압과 CH2 입력전압이 같은 점에서 파형이 나타나기 시작한다. 그림 7-20(a)와 같은 경우에 AUTO mode이면 sine 곡선이 좌우로 심하게 흔들리며 NORM mode이면 화면에 아무 것도 나타나지 않는다(analog 방식). digital 방식은 위의 “NORM” 참조.

④ SLOPE: trigger source가 CH2로 설정되어 있고 CH2의 신호가 sine 곡선일 경우 trigger level 전압과 CH2 입력전압이 같은 시작점이 2개 생긴다. 두 개의 점을 구분하기 위해 slope를 (+)로 설정하면 그림 7-20(b)와 같이 기울기가 (+)인 점, (-)로 설정하면 그림 7-20(c)와 같이 기울기가 (-)인 점에서 파형이 출발한다.

CAL단자(probe com 단자)

Volts/DIV단자를 보정(calibration)하기 위한 기준파를 출력하는 단자이며 사각파(구형파)를 연속적으로 출력한다. “CAL”이란 글자 옆에 쓰여있는 숫자(5 V, 0.5 V) 크기의 사각파를 출력하므로 이 출력을 CH1과 CH2의 BNC connector에 인가하고 각각의 Volts/DIV 단자를 조정하여 화면에서 그 크기가 5 V가 되고 정확한 사각파가 보이게 한 후 사용해야한다.

기타

Vertical, horizontal에 ×5 MAG가 있는 scope도 있다. 설정된 scale을 5배 확장하는 단자이며 예를 들어 5 ms/DIV에서 ×5를 선택하면 1 ms/DIV가 된다. 필요한 경우 외에는 off상태에서 사용하는 것이 좋다.

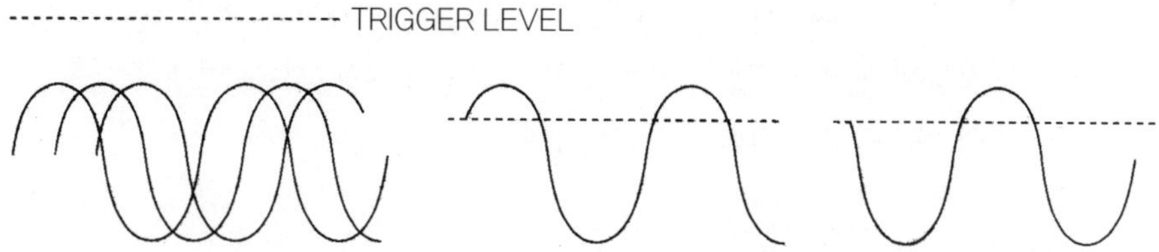

(a) TRIGGER LEVEL이 너무 높을 때 (b) (+) SLOPE (c) (−) SLOPE

그림 7-20. TRIGGER LEVEL

7.7 접지(Ground), 교류(AC)신호와 함수(신호)발생기(Function, Signal generator), 데시벨(dB)

7.7.1 목적

실험장비의 접지상태, 전원의 접지상태를 잘 이해하고 교류신호의 특성과 측정방법, 함수발생기의 사용법을 이해한다.

7.7.2 이론

교류신호

직류(direct current, dc)신호는 시간에 대해 크기가 변하지 않는 신호를 의미하며 건전지의 전압이 그 예이다. 교류(alternating current, ac)신호는 시간에 대해 그 크기가 변하며 그 크기가 +, −의 값을 갖는 신호를 의미한다. dc(direct current), ac(alternating current)에서의 current는 전류가 아니라 "흐름"을 의미한다. 전압은 항상 두 개 이상의 전극사이의 전위차를 의미하므로 교류전압은 한 전극을 0 V(접지전극)로 정하고 나머지 한 전극의 전위가 양에서 음으로 또는 그 역으로 변하는 것으로 정의한다.

교류신호중에서 기본이 되는 신호는 시간에 대해 sine 또는 cosine함수인 신호이며 그 크기는 최대값 또는 실효치(effective value, Root-Mean-Square(rms))로 표현한다. 다음 교류전압을 예로 들자.

$$v = V_m \sin\omega t \text{ (V)} \qquad \text{(식 7-26)}$$

최대값은 당연히 V_m V이다. 평균값은 0 V이나 만일 이 전압을 저항(R Ω)에 인가하면 전류(I)가 흐르고 열이 날 것이므로 power를 계산할 때 평균값을 사용하면 0 (V) × I = 0 W라 할 수 없어 평균값은 아무런 의미가 없다. 그러므로 실제적인 열(실제 효과)

을 정의할 수 있는 새로운 값 즉 실효값이 필요하게 된다. 어떤 교류전압 또는 전류를 저항에 인가하였을 때와 동일한 시간당 열(에너지)을 발생하는 직류값을 그 교류신호의 실효치라 정의하고 다음과 같이 구할 수 있다.

$$\frac{(\text{실효전압})^2}{R} = \frac{1}{T}\int_0^T \frac{(V_m \sin\omega t\,)^2}{R} dt \qquad (\text{식 } 7\text{-}27)$$

$$\text{실효전압} = \sqrt{\frac{1}{T}\int_0^T (V_m \sin\omega t)^2 dt} \qquad (\text{식 } 7\text{-}28)$$

로 구할 수 있으며 위 식에서 T는 주기이다. 영어로는 위 식을 순서대로 읽어 Root-Mean- Square(rms)라고 한다. 위의 예와 같이 신호가 sine곡선의 파형을 가지고 있을 때 최대값과 rms값의 관계는

$$V_{rms} = \frac{V_m}{\sqrt{2}} \qquad (\text{식 } 7\text{-}29)$$

이며 DMM으로 교류를 측정하면 이 rms값을 나타낸다.

$$v = A_1 + A_o \sin\omega t \qquad (\text{식 } 7\text{-}30)$$

의 경우의 실효치는

$$\sqrt{A_1^2 + \frac{A_0^2}{2}}$$

이 된다. 그러나 DMM이나 analog tester를 DC mode에 놓고 측정하면 A_1의 값이 측정되고 AC mode에 놓고 측정하면

$$\frac{A_0}{\sqrt{2}}$$

의 값이 측정됨을 명심해야 한다.

함수(신호) 발생기(Function Generator)

교류신호의 대표적인 예는 110 V, 220 V 60 Hz의 전압이다 이 전압을 그대로 실험실에서 사용하는 것은 위험하며 주파수를 바꿀 수 없다. 또한 대부분의 전기전자 제품은 제품내부의 변압기를 사용하여 낮은 전압으로 바꾼 후 직류로 변환하여 사용한다. 전원전압을 변압기 없이 그대로 사용하는 제품은 전동기를 사용하는 제품과 전열기 등 극 소수에 불과하다.

실험실에서 oscilloscope 다음으로 많이 사용하는 장비가 전압, 주파수, 파형을 바꾸어 출력하는 함수발생기(function generator)이다. 일반적으로 sine파형, 삼각파, 사각파를 출력하며 Offset을 조정하면 식 7-30의 DC성분의 크기를 조절할 수 있고 사각파의 경우에는 주파수는 고정시킨 상태에서 그 폭을 조절할 수 있다. 사각파에서 주기에 대한 pulse의 폭을 duty cycle이라 정의하며 %로 표시한다. 예를 들어 6 μs 동안 0 V이고 4 μs 동안 5 V인 사각파가 연속적으로 출력되는 경우 주파수는 100 kHz이며 duty cycle은 40 %이다. 출력조절단자를 조정하면 sine파형, 삼각파, 사각파의 크기를 연속적으로 조정할 수 있고 ATTENUATION단자를 조절하면 큰 폭으로 출력을 조절할 수 있으며 그 감쇠율은 dB로 표현된다. 출력은 대부분 BNC connector에서 출력되며 출력측에서 본 내부저항(출력 impedance)은 대부분 50 Ω이다.

데시벨(Decibel, dB)

공학에서 다루는 모든 신호의 크기는 power(Watts)로 표현하는 것이 가장 정확하다. 물론 에너지가 중요하다고 할 수도 있으나 연속적인 신호가 아니라 펄스로 신호가 나올 경우 같은 에너지가 긴 시간에 걸쳐 방출될 때와 짧은 시간에 방출될 때 그 효과는 크게 다르므로 단위시간 당 방출되는 에너지 즉 power가 그 신호의 크기를 표현하기에 더 적합하다. 그러므로 에너지는 power를 시간에 대해 적분한 것이다.

전기전자분야에서 신호의 크기를 전압이나 전류로 표현하는 것보다 power로 표현하는 것이 더 정확한 이유는 다음과 같다. 전동기의 회전력은 입력전압이 아니라 입력전압과 입력전류의 곱(power)에 비례하며 스피커에 나오는 소리의 크기도 전압이 아니라 스피커의 입력전압과 입력전류의 곱(power)에 비례한다. TV나 LCD화면의 밝기도 입력전압과 입력전류의 곱(power)에 비례한다. 또한 전열기의 발열량도 V나 Ampere가 아니라 그 곱인 power(Watts)에 비례한다.

증폭기(Amplifier)나 감쇠기(Attenuator)의 성능을 표현할 때에는 그 출력의 크기(power)보다는 입력에 대한 출력의 비율을 표현하는 것이 더 정확하며 단순한 비율보다는 그 power의 비율을 로그로 표현하는 decibel을 많이 사용하며 그 정의는 다음과 같다.

$$dB = 10 \log_{10} \frac{P_O}{P_i} \qquad \text{(식 7-31)}$$

위 식에서 P_o, P_i는 각각 출력, 입력 power를 의미한다. decibel이란 단어는 10을 뜻하는 “deci”와 전화기를 발명한 Alexander Graham Bell의 이름에서 따온 “bel”을 합성한 것이다.인간의 귀나 눈의 인식도(sensitivity)는 power에 비례하지 않고 로그함수로 인식하므로 전화기를 발명한 Bell의 이름을 사용한 것을 충분히 이해할 수 있을 것이다.

dB는 입출력의 비율뿐만 아니라 power의 크기를 표현하는 단위로도 쓰이는데 가장 많이 쓰이는 단위가 dBm이며 이것은 1 mW에 대한 크기를 표현하며 다음과 같이 정의한다.

$$dBm = 10 \log_{10} \frac{P_0}{1mW} \qquad (식\ 7\text{-}32)$$

그러므로 어떤 기기의 출력이 1 mW이면 0 dBm이며 10 mW이면 10 dBm, 100 mW이면 20 dBm이 된다. 또한 어떤 기기의 출력 impedance(내부저항)가 50 Ω이고 출력 전압이 10 V이면 출력 power는

$$P = \frac{V^2}{R} = \frac{100}{50} = 2\ (\text{Watts}) \qquad (식\ 7\text{-}33)$$

이므로

$$10 \log_{10} \frac{2\text{W}}{1mW} = 33\ dBm \qquad (식\ 7\text{-}34)$$

이 된다. 그러므로 출력 impedance가 같은 경우 전압으로 증폭률을 표현할 경우

$$10 \log_{10} \frac{\frac{V_o^2}{R}}{\frac{V_i^2}{R}} = 20 \log_{10} \frac{V_o}{V_i} \qquad (식\ 7\text{-}35)$$

가 됨을 명심해야한다.

또한 공학에서는 ±3 dB를 기준으로 하는 경우가 많은데 그 이유는

$$10 \log_{10} \frac{P_o}{P_i} = \pm\ 3\ dB \qquad (식\ 7\text{-}36)$$

$$P_o = P_i \times 10^{\pm 0.3} = 2\ P_i(+),\ 또는\ \frac{P_i}{2}(-) \qquad (식\ 7\text{-}37)$$

이므로 출력 power가 입력 power의 두 배 또는 $\frac{1}{2}$배로 되어 눈이나 귀로 그 변화를 확실히 알 수 있기 때문이다. 전압이 3dB 줄었다면 식 7-35에 의해

$$20 \log_{10} \frac{V_o}{V_i} = -3dB \qquad (식\ 7\text{-}38)$$

$$V_o = V_i \times 10^{\frac{-0.3}{2}} = \frac{V_i}{\sqrt{2}} \qquad (식\ 7\text{-}39)$$

이므로 출력전압이 입력전압의 0.707배로 줄었다는 것을 의미한다.

▌접지(Ground)

접지에 관해서는 7.2절에서 설명하였으나 여기서는 여러 대의 장비 특히 Oscilloscope와 function generator를 사용할 경우 조심해야하는 접지상태에 대하여 설명한다(7.2절을 꼭 참조할 것).

교류전원선(110 V)이 그림 7-21(a)와 같이 연결되어 있으므로 별도의 연결선이 없어도 scope와 FG의 접지는 연결되어 있다. 그리고 oscilloscope와 function generator의 BNC connector의 외측 단자는 접지선과 연결되어 있으므로 그림 7-21(b)에서는 연결되어 있지 않으나 실제로는

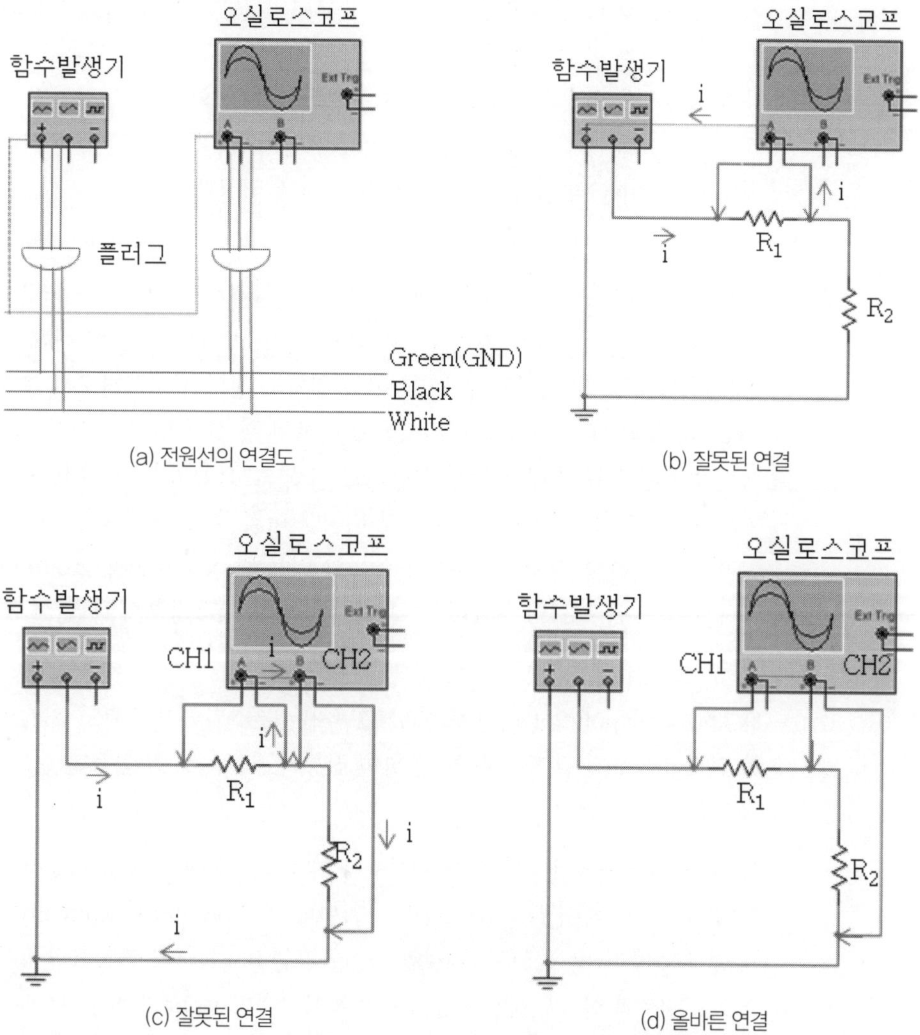

(a) 전원선의 연결도
(b) 잘못된 연결
(c) 잘못된 연결
(d) 올바른 연결

그림 7-21. 오실로스코프의 접지

소켓의 접지선을 통하여 연결된 상태이다. 그러므로 R_1에 걸리는 전압을 측정할 때 그림 7-21(b)와 같이 연결하면 R_2로 전류가 흐르지 않고 그림과 같이 FG의 (+)단자 → R_1 → scope의 접지 → 전원선의 접지선 → function generator의 접지를 통하여 흐르므로 scope를 연결하지 않았을 때의 R_1의 전압과 크게 달라지며 특히 R_1이 작을 때에는 매우 큰 전류가 흐르고 scope의 단자가 녹아버리는 경우가 있으므로 이런 상황을 매우 조심해야한다.

Scope의 3전극플러그를 2전극(접지선 없는)플러그로 바꾸어주는 플러그변환기를 사용하거나 접지선이 없는 extension 소켓을 사용하여 두 장비의 접지를 분리하면 큰 전류가 흐를 염려는 없으나 두 장비의 접지(이 경우에는 기준)가 달라 그림 7-21(b)와 같이 연결하면 파형이 심하게 왜곡된다. DMM의 경우에는 접지로 사용되는 COMM단자가 접지선과 연결되어 있지 않으므로 그림 7-21(b)와 같이 연결하여도 아무런 문제가 없다. 두 장비의 접지를 분리하여도 그림 7-21(c)와 같이 연결하면 R_2로 전류가 흐르지 않고 그림과 같이 흘러 R_2에 걸리는 전압이 0 V가 되므로 절대 피하여야 한다. 결국 scope의 BNC의 접지는 회로의 ground에만 연결해야 한다.

그러므로 R_1에 걸리는 전압파형을 oscilloscope로 측정하려면 R_1과 R_2의 위치를 서로 바꾸어 놓고 측정하거나 그림 7-21(d)와 같이 연결하고 CH2의 coupling을 INVERT($=\times(-1)$)로 한 다음 두 파형을 ADD해야한다. ADD를 사용할 때에는 두 channel의 Volts/DIV를 같게 조정해야하고 0 V의 위치도 정확히 일치하도록 조정해야 한다(즉 coupling을 GND에 놓고 position을 조정하여 두 선을 일치시킨다). 실제 산업현장에서는 완성된 회로에 대한 측정을 하므로 그림 7-21(d)처럼 INVERT를 사용하는 것이 좋으며 제작단계에서와 같이 소자의 위치를 바꿀 수 있을 때에는 위치를 바꾸어서 하는 것이 간편하다. 그림 7-21(d)에서 CH1 BNC의 접지는 굳이 ground에 연결할 필요가 없는데 이는 CH1, CH2의 접지단자는 scope내부에서 연결되어 있기 때문이다.

DC power supply의 (−)단자와 GND단자는 분리되어 있으므로 GND단자와 (-)단자를 연결하면 위와 같이 GND를 통하여 전류가 흐르므로 꼭 필요한 경우가 아니면 연결하지 않는 것이 좋다.

특히 oscilloscope를 이용하여 110 V나 220 V를 절대로 직접 측정하지 말아야 한다. 7.2절에서 언급하였듯이 우리 나라의 벽면 소켓에 hot line과 white line이 구별되어 있지 않은 경우가 많으므로 scope의 접지단자를 hot line에 연결하면 대단히 큰 전류가 흐르고 굉음과 함께 scope의 접지선이 녹아버리며 scope가 파손되므로 대단히 조심해야 한다.

7.8 커패시터(Capacitor), RC회로의 과도응답(Transient Response)

7.8.1 목적

커패시터의 원리를 이해하고 저항-커패시터회로의 과도응답을 이해한다.

7.8.2 이론

커패시터(capacitor)와 커패시턴스(capacitance)

두 개의 금속이 거리를 두고 떨어져 있거나 유전체(dielectrics)가 두 금속사이에 삽입되어 있으면 커패시터가 되며 두 금속사이의 전위차가 V가 되도록 전압을 가하면 두 금속에는 각각 +Q와 −Q의 전하가 전원으로부터 유입된다. 이 때 인가전압 V와 유입전하 Q는 서로 비례하며 그 비례상수를 커패시턴스 C라 하고 다음과 같이 표현한다.

$$Q = C \times V(\text{coulomb}) \qquad (식\ 7\text{-}40)$$

커패시턴스의 단위는 Farad이며 줄여서 F라 쓰는데 1 F은 현실적으로 거의 쓰이지 않는 대단히 큰 용량이므로 μF, nF, pF 등을 많이 사용한다. 커패시터에 전압이 걸려 있으면 두 금속은 서로 이끌리어 붙으려 하며 커패시터에 저장된 에너지는 다음과 같이 표현된다.

$$E = \frac{1}{2} C\, V^2(\text{Joule}) \qquad (식\ 7\text{-}41)$$

즉 커패시터는 에너지를 저장하거나 저장된 에너지를 방출하는 역할을 하는데 위 식이 스프링에 저장된 탄성에너지 $E = (1/2)k\,x^2$과 같은 형태를 가진 것을 주목하라.

실제적인 커패시터는 얇은 두 개의 금속사이에 유전체를 넣어 제작하며 유효숫자로서 1, 1.5, 2.2, 3.3, 4.7의 값을 갖는 커패시터만 제작된다. 즉 1.4 μF 커패시터는 구매할 수 없다. 커패시터는 사용된 유전체에 따라 여러 가지로 구분할 수 있고 그 종류와 모양, 특성, 용도를 그림 7-22에 기술하였다. 종류에 따라 극성이 있는 것도 있음을 주의해야 한다. 극성이 있는 커패시터의 경우 일반적으로 긴 선이 (+)이다. 실험실에서 가장 많이 쓰이는 것은 ceramic disc 커패시터이며 그 용량이 표면에 104 등과 같이 쓰여 있다. 단위는 pF을 사용하며 앞의 두 자리 10이 유효숫자이고 마지막 4는 104을 의미한다. 따라서 용량은 $10 \times 10^4 \times 10^{-12}$ F $= 10^{-7}$ F $= 0.1$ μF이다. 커패시터의 용량 커패시턴스는 주로 RLC meter로 측정할 수 있고 최근의 DMM 중에는 커패시턴스를 측정할 수 있는 것도 있다. 모든 커패시터는 최대전압이 규정되어 있고 그 이상의 전압을 가하면 폭탄과 같이 폭발하므로 대단히 주의해야 한다.

두 개의 커패시터 C_1, C_2가 직렬로 연결되어 있을 때 총 커패시턴스는

$$C = \frac{C_1 C_2}{C_1 + C_2}$$

이며 병렬로 연결되어 있을 때는 $C = C_1 + C_2$이다.

RC회로의 과도응답(Transient Response)

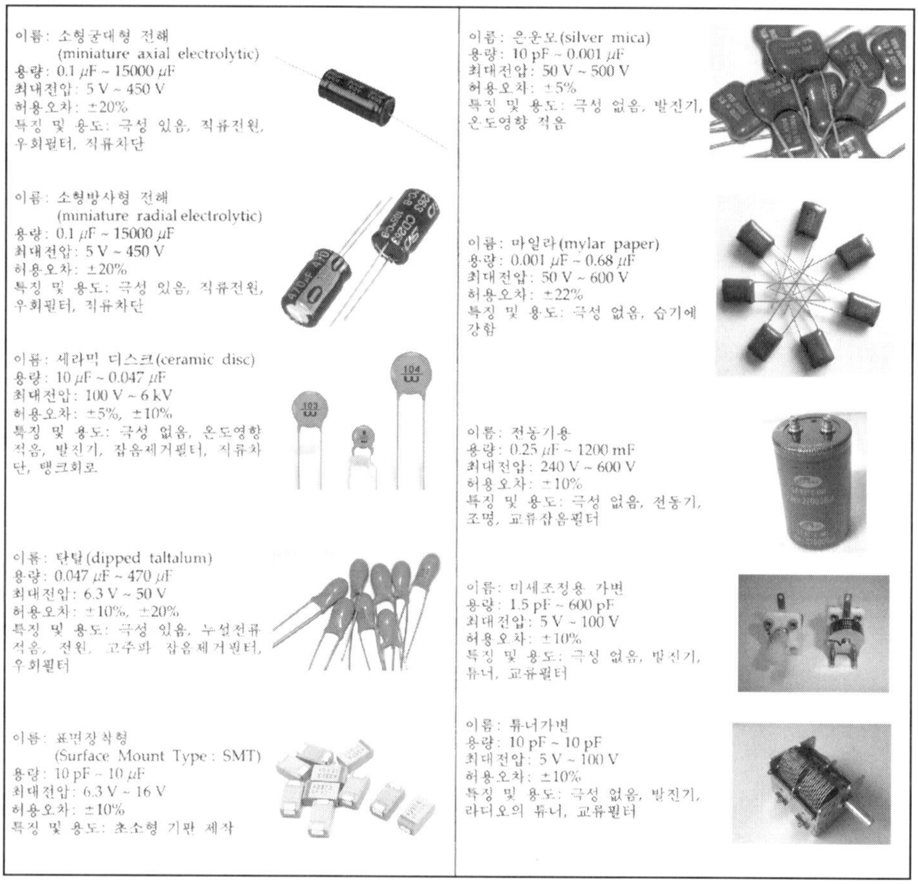

그림 7-22. 커패시터의 종류와 특성

그림 7-23의 회로에서 커패시터에 전하가 전혀 없는 상태, 즉 커패시터의 +극과 −극 사이의 전위차가 0 V인 상태에서 스위치를 1에 연결한다고 하고 연결되는 순간의 시간을 $t = 0$이라 하자. 스위치가 1에 연결되는 순간 커패시터에는 전하가 전혀 없으므

로 전압은 0 V이며 저항에 걸리는 전압은 KVL에 의해 전원전압 V_o가 된다. 그러므로 $t = 0$인 순간 흐르는 전류는

$$I = \frac{V_o}{R}\,(\mathrm{A})\ (t = 0) \qquad (식\ 7\text{-}42)$$

이 된다. 이 결과는 이 회로에 전원이 연결되는 순간, 즉 전압이 갑자기 인가되는 순간 커패시터는 없는 같은, 즉 그 부분이 short된 것과 같다는 것을 보여준다. 이제 전류가 흘러 커패시터에 전하가 쌓이면 즉 충전(charge)이 되기 시작하면 $V = Q/C$에 의해 전압이 올라가고 그 결과 저항에 걸리는 전압은 감소하므로 흐르는 전류도 점점 작아진다.

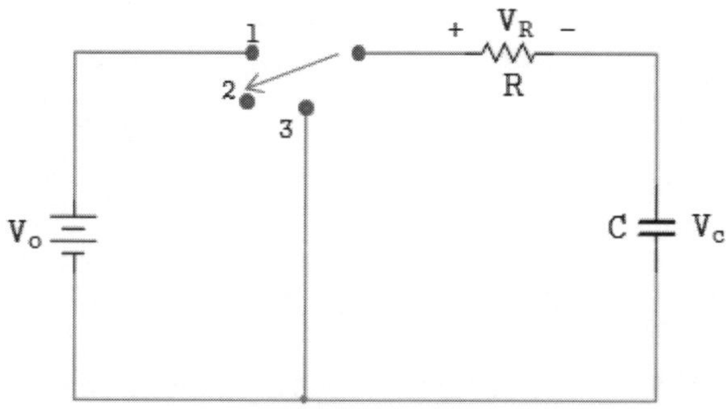

그림 7-23. RC회로

시간이 더 흐르면 커패시터의 전압은 계속 증가하여 전원전압에 근접하게 되나 그럴수록 전류는 더욱 작아져 0 A에 근접하게 되므로 커패시터의 전압은 영원히 전원전압과 정확하게 같은 전압이 될 수는 없으며 전원전압과 커패시터전압에 차이가 있는 한 저항에는 전압이 걸려 미소하나마 전류는 흐르게 된다. 즉 전류는 $t = 0$에서 V_o/R이며 시간에 대한 감소함수이고 시간이 증가할수록 0에 근접하는 함수이다. 또 저항 R이 작으면 전류가 커지므로 커패시터의 전압이 빨리 증가하고 결과적으로 전류는 급격히 감소한다. 또한 커패시턴스 C가 작으면 $V = Q/C$에 의해 적은 전하에도 전압이 빨리 증가하고 결과적으로 전류는 급격히 감소한다. 이런 함수는 RC/t, 또는 $e^{-t/RC}$의 형태이나 RC/t의 경우 $t = 0$에서 그 값이 무한대가 되어 적당치 않으므로 전류는

$$I = \frac{V_o}{R} e^{-\frac{t}{RC}}\,(\mathrm{A}) \qquad (식\ 7\text{-}43)$$

로 표현된다. 이 전류가 저항을 통해 흐르면 I^2R의 열이 저항에서 발생하며 이 에너지는 전원이 공급한다. 전류에 저항을 곱하면 저항에 걸리는 전압이 되고 커패시터에 걸리는 전압은 KVL에 의해 전원전압과 저항전압의 차이므로

$$V_c = V_o - V_o e^{-\frac{t}{RC}}$$
$$= V_o (1 - e^{-\frac{t}{RC}}) \text{ (V)} \quad \text{(식 7-44)}$$

로 표현된다. $t = RC$인 순간 커패시터전압은 $V_c = 0.632\ V_o$까지 증가하며 이 시간 즉 RC를 회로의 시정수(time constant, τ)라 정의한다.

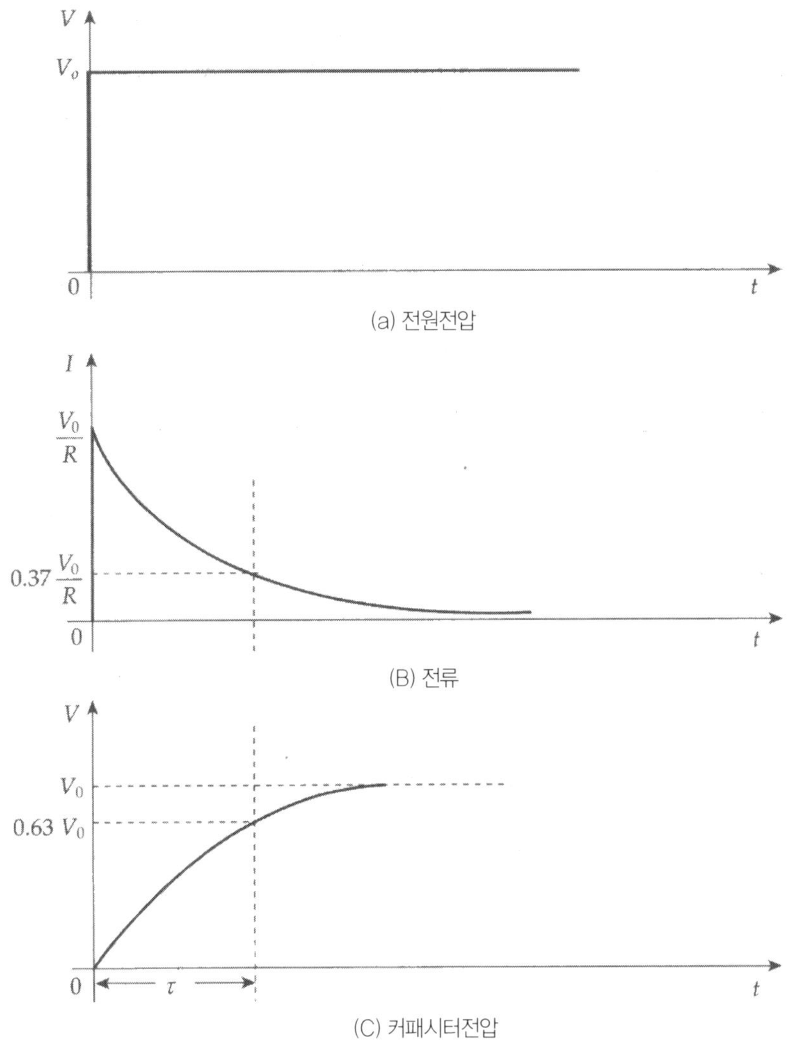

그림 7-24. RC회로의 과도응답

전원전압, 전류, 저항전압, 커패시터전압을 그림 7-24에 도시하였다. 또한 위 두 식을 잘 보면 커패시터전압을 미분하고 C로 나누면 전류가 됨을 알 수 있으므로 다음 두 식이 성립한다.

$$V_c = \frac{1}{C}\int Idt \qquad \text{(식 7-45)}$$

$$I = C\frac{dV_c}{dt} \qquad \text{(식 7-46)}$$

위 두식이 성립하는 이유는 식 7-45에서 전류는 전하의 시간적 변화량(I = dQ/dt)이므로 전류를 시간에 대해 적분하면 그 시간동안 커패시터에 쌓인 전하가 되고 식 7-40에 의해 당연히 식 7-45가 성립하기 때문이다. 식 7-46은 식 7-45를 미분하면 유도된다. 또 식 7-45, 7-46을 이용하면 식 7-43, 7-44와 같이 exponential 함수가 됨을 다음과 같이 유도할 수 있다. RC 직렬회로에 *KVL*을 적용하면

$$V_c = IR + V_c = IR + \frac{1}{C}\int Idt \qquad \text{(식 7-47)}$$

이 되고 이 식을 시간에 대해 미분하면

$$0 = R\frac{dI}{dt} + \frac{1}{C}I \qquad \text{(식 7-48)}$$

가 되므로 다음과 같이 쓸 수 있다.

$$\frac{dI}{dt} = -\frac{1}{RC}(t) = -\frac{1}{\tau}I(t) \qquad \text{(식 7-49)}$$

식 10과 같은 미분방정식을 만족하는 I(t)는

$$I(t) = I_o e^{-\frac{t}{RC}} \qquad \text{(식 7-50)}$$

이며 I_o는 $t = 0$일 때의 값 즉 V_o/R이다.

그림 7-24에서 알 수 있듯이 이와 같은 회로에서 커패시터전압은 순간적으로 V_o로 증가하지 못하고 지수함수적으로 천천히 증가하며 이는 $E = (1/2)C\,V^2$과 $E = (1/2)kx^2$의 유사성을 이용하여 다음과 같이 개념적으로 설명할 수도 있다. 스프링의 변위(변화된 길이)를 0 cm에서 60 cm까지 갑자기 늘릴 수 없음을 우리는 경험적으로 알고 있으며 변위 x가 시간적으로 변하지 않고 고정되어 있더라도 탄성에너지 $E = (1/2)kx^2$는 변위 x에 내재되어 있기 때문인 것으로 해석할 수 있다. 즉 에너지를 내포하고 있는 물리적 양은 증가하는데 시간이 걸린다. 마찬가지로 커패시터의 경우 전압(전위) V가 시간적으로 변하지 않고 고정되어 있더라도 $E = (1/2)C\,V^2$에서 전기에너지는 전압에 내재하고 있으므로 증가하는데 시간이 걸린다.

오랜 시간, 즉 시정수에 비해 5배 이상의 긴 시간이 지나면 커패시터전압은 거의 V_o가 되고 저항 양단간의 전위차가 거의 없으므로 전류는 거의 0이 될 것이다. 그러므로 직류전압이 커패시터에 인가되어 오랜 시간이 지나면 커패시터는 그 부분이 끊어진 것(open) 같이 작동한다. 이제 그림 2에서 스위치가 2의 위치에 연결되면 커패시터에 충전된 전하가 빠져 나올 수 있는 전선이 없으므로 전류가 흐르지 않고 V_o를 유지하고 있게 된다. 즉 커패시터는 에너지를 저장하고 있다. 그러므로 전원이 연결되어 있지 않더라도 커패시터에 에너지가 저장되어 있는 경우가 많으며 두 손으로 (+), (−)의 두 전극을 잡으면 도체인 몸을 통하여 전류가 흐르게 되고 커패시턴스가 매우 크거나 전압이 높을 경우 대단히 위험한 감전사고가 발생한다. 이러한 유형의 감전사고는 변전소나 공장 등 대전력을 사용하는 산업현장에서 자주 발생하며 이는 커패시터에 대한 이해의 부족이 그 원인이다. 그러므로 용량이 큰 커패시터는 사용하기 전에 커패시터의 두 단자사이에 저항을 연결하여 저장에너지가 저항을 통해 열로 발산되게 한 후 손으로 만지거나 사용해야한다.

그림 7-23에서 스위치가 3의 위치에 연결된 순간을 $t = 0$ 이라 하고 그 결과를 고찰해 보자. 이러한 상태는 스위치가 1에 연결된 상태에서 전원전압이 급격히 0 V로 되는 것과 같은 상태인데 전원전압이 0 V가 된다는 것은 전원이 끊어진 것을 의미하는 것이 아니라 외부저항 R에 비해 무시할 만큼 작은 내부저항만 있는 것을 의미하며 0 V의 전원을 통해 전류가 흐를 수 있으므로 스위치가 3에 연결된 것과 같은 회로가 된다.

$t = 0$에서 회로에 있어서 유일한 전압은 커패시터전압 V_o이므로 저항에 걸리는 전압은 V_o이며 전류의 크기는 $I = V_o/R$이나 그 방향은 앞의 경우와는 반대로 커패시터의 +에서 저항을 통하여 흐르는 방향이 된다. 전류가 흐르게 되면 커패시터의 +, −Q가 만나 없어지게 되고 즉 방전(discharge)이 되고 전하의 양은 감소하므로 커패시터전압은 감소하며 전류의 크기도 감소하게 된다. 전류와 커패시터 전압은 다음 식과 같이 표현된다.

$$I = -\frac{V_o}{R}e^{-\frac{t}{RC}}\ \text{(A)} \qquad \text{(식 7-51)}$$

$$V_c = V_o e^{-\frac{t}{RC}}\ \text{(V)} \qquad \text{(식 7-52)}$$

$t = RC$인 순간 $V_c = 0.368$ V까지 감소하며 마찬가지로 이 시간은 회로의 time constant RC이다. 저항을 통하여 전류가 흐르면 앞의 경우와 마찬가지로 저항에서 열이 발생하며 결과적으로 커패시터에 저장되었던 모든 전기에너지는 이 열에너지로 바뀌어 방출된다. 이 경우의 전원전압, 전류, 저항전압, 커패시터전압을 그림 7-25에 도시하였다. 역시 전압, 전류는 식 7-51, 7-52을 만족함을 알 수 있다.

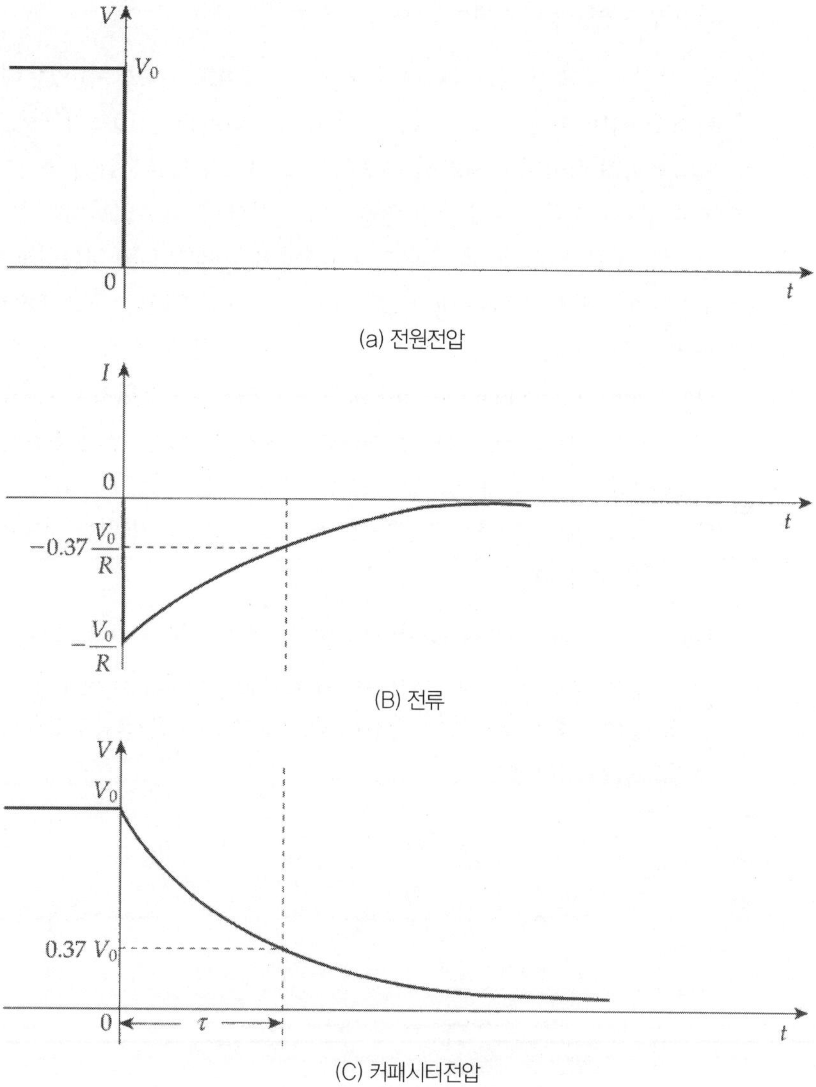

그림 7-25. RC회로의 과도응답

식 7-51, 7-52는 다른 방법으로도 유도될 수 있다. 입력전압이 Vo인 상태로 오랜 시간이 지나 전류가 0 (A), 커패시터전압이 Vo인 때에 입력이 0 (V)가 된다는 것은 그 순간에 −Vo가 입력되었다는 것과 동일하다. 그러므로 전류는 식 4, 즉 Vo가 입력일 때의 전류에 (−)를 곱한 것과 같으므로 식 12가 되고 커패시터 전압은 −Vo가 입력되기 직전의 전압 Vo에 식 7-44에 (−)를 곱한 전압을 더하면 되므로

$$V_c = V_o - V_o\,(1 - e^{-\frac{t}{RC}}) = V_o e^{-\frac{t}{RC}}\ (\mathrm{V}) \qquad (식\ 7\text{-}53)$$

로 되어 식 7-52와 같이 된다. 그러므로 입력전압이 Vo에서 −Vo로 되는 경우에는 그

순간에 −2Vo가 입력된다고 하여 계산한다.

충, 방전되는 과정은 DMM과 시계를 사용하여도 측정할 수 있는데 예를 들어 커패시턴스가 1 μF, 저항이 10 MΩ인 경우 time constant는 10초이므로 전압이 초기전압의 36.8 %까지 떨어지는 시간이 10초이다. 그러므로 직류전압의 출력이 10 V인 상태에서 커패시터를 직류전원에 직접 연결하여 충전한 후 직류전원에서 분리하여 커패시터만의 전압을 DMM으로 측정하면 DMM의 내부저항이 10 MΩ정도이므로 전압이 3.68 V까지 떨어지는 시간이 바로 RC time constant가 된다. DMM을 커패시터에 연결할 때 손으로 전선을 연결할 수도 있으나 손의 떨림으로 접촉이 불안정하므로 SPDT(Single pole Double Throw, 그림 7-26 참조) 스위치를 이용하여 회로를 꾸미는 것이 바람직하다. 또한 정확한 측정을 위해서는 2τ, 3τ 후의 전압을 미리 계산하여 놓고 그 전압까지 떨어지는 시간을 측정하여 평균을 내는 것이 좋다. 그림 7-26에서 R_1은 C를 충전할 때 너무 높은 전류가 흐르는 것을 방지하기 위한 것이며 R_2는 DMM의 내부저항을 나타낸다.

Function generator와 scope를 사용하면 쉽게 시정수(τ)를 측정할 수 있다. 사각파를 RC 직렬회로에 인가하고 커패시터의 전압을 scope로 관측하면 충, 방전과정을 볼 수 있다. 사각파 주기의 반동안 완전히 충,방전이 되려면 그림 7-27과 같이 10τ정도를 반주기로 잡는 것이 좋다.

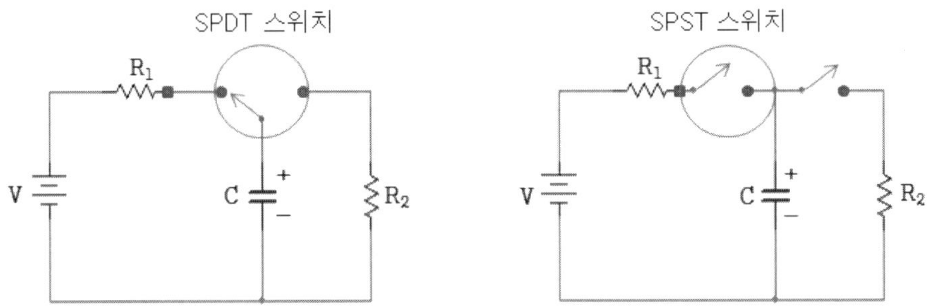

그림 7-26. 시계를 이용한 시정수(time constant) 측정회로

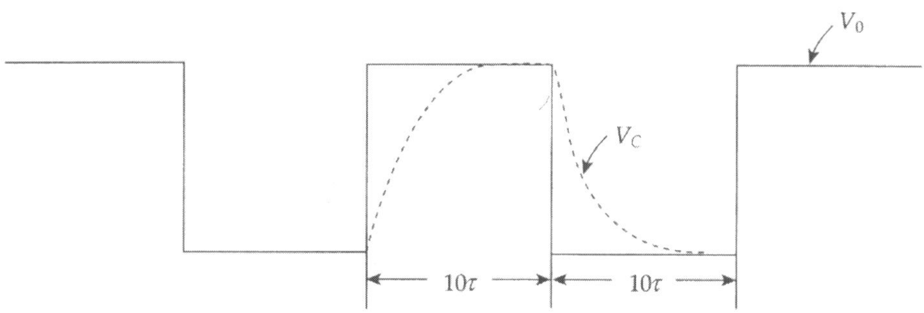

그림 7-27. 사각파를 이용한 time constant 측정

7.9 인덕터(Inductor), RL회로의 과도응답(Transient Response)

7.9.1 목적

인덕터의 원리를 이해하고 저항-인덕터회로의 과도응답을 이해한다.

7.9.2 이론

인덕터(Inductor)와 인덕턴스(Inductance)

어떤 폐회로에 전류가 흐르면 그 폐회로가 만드는 면을 뚫으면서 통과하는 자기장(자력선)이 발생하며 근처에 나침반이나 작은 자석이 있으면 움직이게 된다. 그 폐회로가 만드는 면을 뚫으면서 통과하는 자력선의 총합(Φ)은 흐르는 전류 I에 비례하며 그 비례상수를 다음과 같이 인덕턴스(Inductance) L이라 정의한다.

$$\Phi = LI \qquad \text{(식 7-54)}$$

L의 단위는 Henry 이며 약자로 H라 쓴다. 원통에 전선을 N번 감으면 Φ는 N배로 되고 인덕턴스는 1번 감았을 때의 N배로 된다. 이렇게 원통에 전선을 여러 번 감거나 도너스 모양에 전선을 여러번 감아 놓은 소자를 인덕터(Inductor)라 한다.

전선에 전류 I가 흐를 때 인덕터에 저장된 자기장에너지(magnetic field energy)는

$$E = \frac{1}{2}LI^2 \text{ (Joule)} \qquad \text{(식 7-55)}$$

이며 그러므로 인덕터는 에너지를 저장하거나 저장된 에너지를 방출하는 역할을 한다. 식 7-55는 운동에너지 $E = (1/2)m\,v^2$과 대단히 유사한데 앞장의 탄성에너지에 비유하지 않는 이유는 다음과 같다. 움직이는 물체가 없어도 변위(x)만 있으면 탄성에너지는 존재하나 운동에너지는 어떤 속도(v)로 움직이는 물체가 있어야만 존재한다. 그런데 커패시터에 저장된 전기에너지는 전류(움직이는 전자, I)가 없더라도 전압(전위, V)만 있어도 존재하며 인덕터에 저장된 자기에너지는 전류(움직이는 전자, I)가 있어야 존재한다.

실제적인 인덕터는 그림 7-28과 같이 여러 가지 모양으로 제작되며 그 인덕턴스의 값은 표면에 102 등과 같이 쓰여 있다. 단위는 커패시터와는 달리 μH를 사용하며 앞의 두 자리 10이 유효숫자이고 마지막 2는 10^2을 의미한다. 따라서 용량은 $10 \times 10^2 \times 10^{-6}$ F = 10^{-3} F = 1 mH이다. 0.1 μH부터 수 H의 인덕터가 제작, 판매되며 필요할 경우 직접 만들어 쓰기도 한다. 인덕턴스는 RLC meter로 측정할 수 있다. 그러나 인덕터는 가는 전선을 여러 번 감아서 만들기 때문에 작지만 무시할 수 없는 저항을 가지고 있으므로 실

험치를 계산치와 비교할 때에는 꼭 저항을 측정하여 계산하여야 한다. 또한 전류가 흐를 수 있는 모든 회로는 인덕턴스를 가지고 있으므로 인덕터가 회로에 포함되어 있지 않더라도 그 영향이 나타나는 수가 많으며 특히 고주파회로에서는 그 영향이 매우 크다.

RL회로의 과도응답(Transient Effect)

$E = (1/2)LI^2$으로부터 자기장에너지가 전류의 함수라는 것을 알 수 있으며 이것은 전류가 급격히 증가할 수 없음을, 더 넓은 의미로는 급격히 변화할 수 없음을 의미한다. 이 식이 커패시터에 저장되는 에너지 $(1/2)CV^2$과 형태가 같다는 사실로부터 전류의 시간적 변화는 RC회로에서 커패시터전압의 시간적 변화와 같이 exponential 함수라고 결론지을 수 있다.

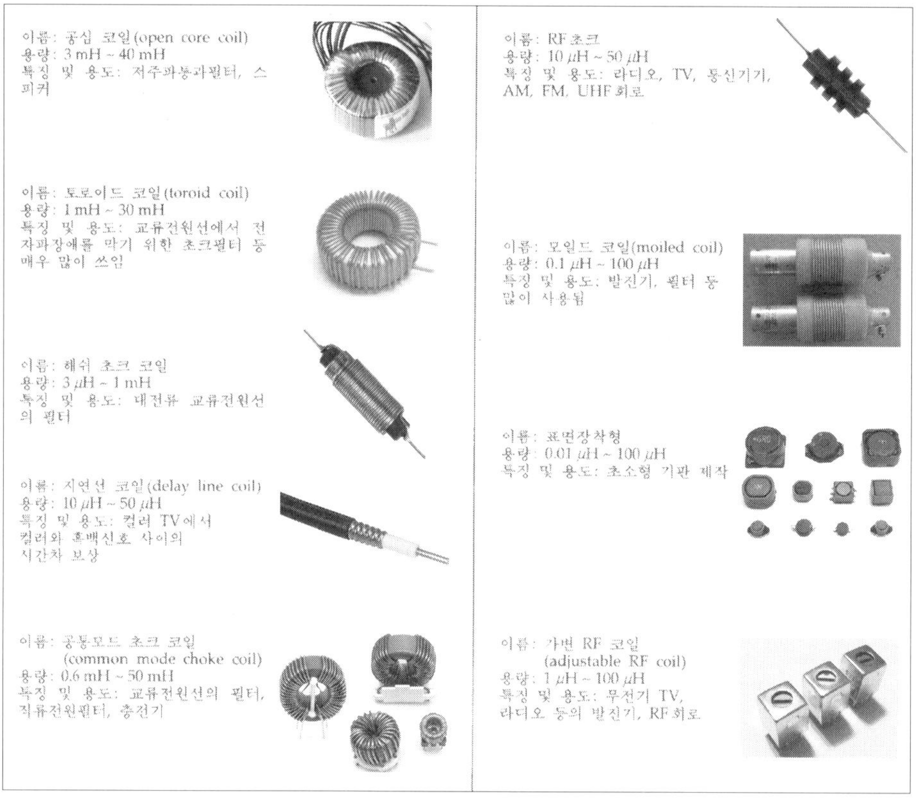

그림 7-28. 인덕터의 종류와 특성

그림 7-29의 회로에서 스위치를 1에 연결하는 순간의 시간을 $t = 0$이라 하자. $t = 0$에서 전류가 급격히 증가할 수 없고 0 A부터 시작하므로 저항에는 전류가 흐르지 않고 저항에 걸리는 전압은 0 V이다. 그러므로 KVL에 의해 $t = 0$에 인덕터에 걸리는 전압은 전원전압과 같은 V_o V이다. 전압이 갑자기 인가되는 순간 인덕터는 그 부분이 끊어진

것(open) 같이 작동한다. 이제 전류가 서서히 증가하면 저항에 걸리는 전압은 증가하며 인덕터전압은 감소한다. 전류가 계속 증가하면 저항전압도 계속 증가하여 인덕터전압이 거의 0 V가 되면 모든 전압이 저항에 걸리고 결과적으로 이 때 흐르는 전류는 V_o/R이 된다. 그러므로 직류전압이 인덕터에 인가되어 오랜 시간이 지나면 인덕터는 그 부분에 아무것도 없는(short) 것 같이 작동한다. 또한 L이 크면 많은 에너지가 저장되어야 하므로 전류가 천천히 증가하고 R이 크면 최종 전류 V_o/R이 작으므로 적은 에너지를 전달하기는 쉬워 빨리 증가하게 된다. 인덕터전압과 회로에 흐르는 전류는 다음 식으로 표현된다.

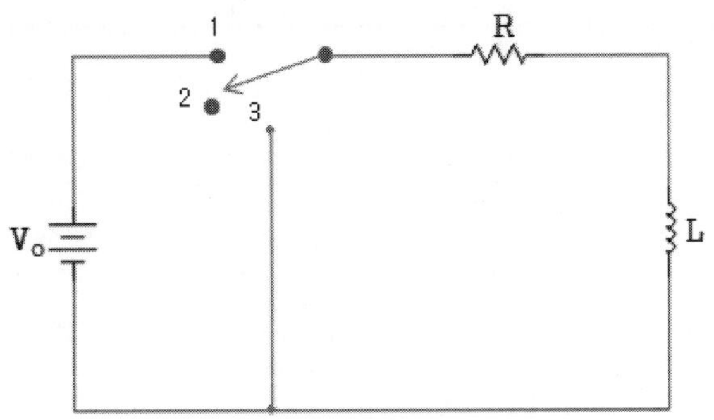

그림 7-29. RL회로

$$V_L = V_o e^{-\frac{R}{L}t}\ (\mathrm{V}) \qquad \text{(식 7-56)}$$

$$I = \frac{V_o}{R}(1 - e^{-\frac{R}{L}t})\ (\mathrm{A}) \qquad \text{(식 7-57)}$$

커패시터의 경우와 마찬가지로 $t = L/R$인 순간에 V_L은 초기치의 0.368배로 감소하며 전류는 최대치의 0.632배에 이른다. 이 시간 즉 L/R을 RL회로의 time constant τ라 정의한다. FG의 출력, 전류, 인덕터전압의 파형을 그림 7-30에 도시하였다. 또한 위 두 식을 잘 보면 전류를 미분하고 L을 곱하면 전압이 됨을 알 수 있으므로 다음 두 식이 성립한다.

$$V_L = L\frac{dI}{dt} \qquad \text{(식 7-58)}$$

$$I = \frac{1}{L}\int V_L\, dt \qquad \text{(식 7-59)}$$

5τ이상의 긴 시간이 흘러 전류가 거의 V_o/R이 되면 자기장 에너지는 $(1/2)\mathrm{L}(V_o/\mathrm{R})^2$이 된다. 스위치를 2의 위치에 연결하면 전류는 갑자기 0이 되어야 하는데 만일 갑자기 전류가 0이 된다면 인덕터의 에너지가 갑자기 사라진다는 것을 의미하며 이는 명백히 에

너지보존법칙에 위배된다. 전류가 0이 되는 것은 확실한데 에너지는 어디로 갔는가? 실제로 이와 같은 회로를 만든다면 무슨 일이 벌어질까?

대부분의 스위치는 두 선이 접촉, 또는 비접촉되면서 동작한다. 그러므로 접촉에서 비접촉으로 바뀔 때 접촉부분의 압력이 점점 작아지면서 두 부분이 분리된다. 즉 저항이 점점 커지게 되며 이 접촉저항을 통해 전류가 흐르면서 열에너지로 발산된다. 저장된 에너지가 많으면 스위치의 연결을 바꿀 때 스위치에서 불꽃이 튀는 것을 볼 수 있으며 인덕터를 포함하고 있는 회로의 경우 스위치 보호회로가 없으면 스위치가 금방 고장난다. 스위치를 사용하지 않고 손으로 연결을 바꿀 때 scope로 인덕터 전압을 관측하면 파형이 격심하게 변하는 것을 볼 수 있다.

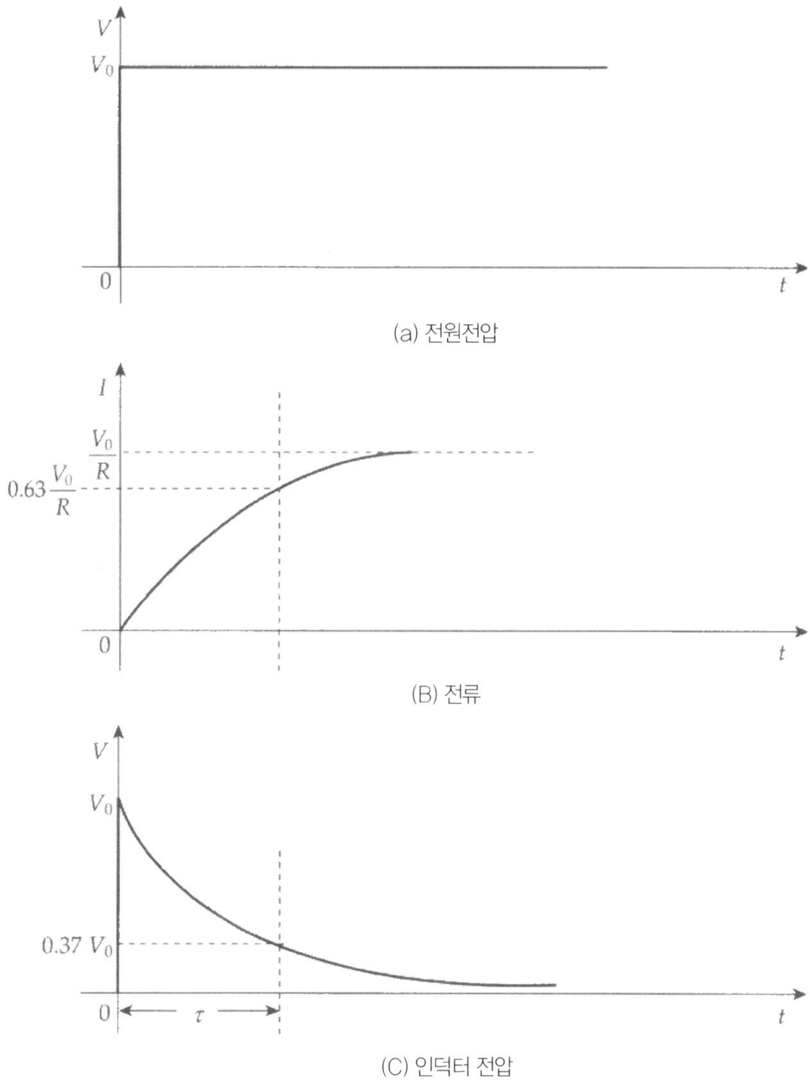

그림 7-30. RL회로의 과도응답

5τ이상의 긴 시간이 흘러 전류가 거의 V_o/R이 되고 인덕터전압이 거의 0이 될 때($t = 0$) 전원전압이 갑자기 0이 되면 즉 전원이 short되고 무시할 수 있을 정도의 내부저항만 남으면 전원을 통해 전류가 흐를 수 있다. 이런 상태는 FG의 출력을 사각파로 하면 만들 수 있으므로 scope로 쉽게 인덕터전압을 관측할 수 있다.

(a) 전원전압

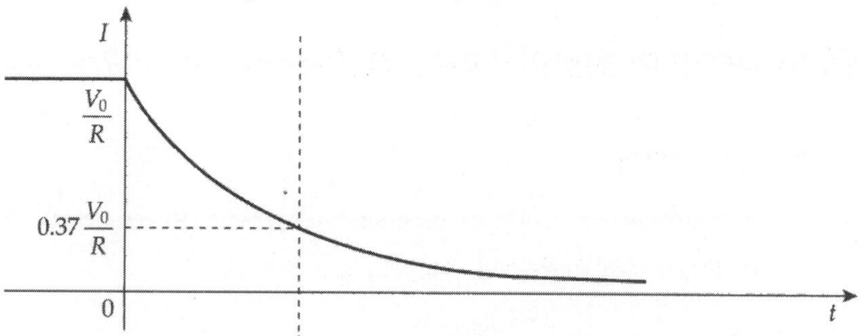

(B) 전류

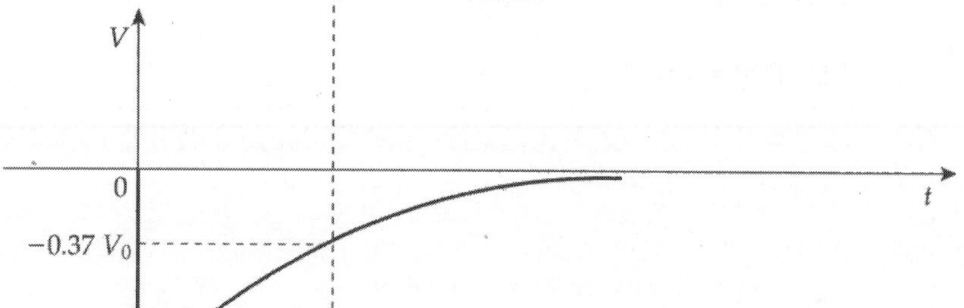

(C) 인덕터 전압

그림 7-31. RL회로의 과도응답

인덕터를 통해 흐르고 있던 전류는 갑자기 바뀔 수 없으므로 V_o/R이 계속 같은 방향으로 흐르려고 하며 이 때 저항에서는 열의 형태로 에너지가 발산된다. 회로에서 에너지를 공급할 수 있는 것은 오직 인덕터이므로 인덕터의 자기장에너지는 감소해야 하고 전류는 감소한다. 저항전압은 전류와 저항의 곱이므로 전류와 같은 모양으로 감소한다. 그런데 이 회로에는 전원이 없으므로 저항전압과 인덕터전압의 합은 KVL에 의해 0 V가 되어야 하므로 인덕터전압은 저항전압에 (−1)을 곱한, 즉 극성이 뒤바뀐 모양이 되어야 한다. 전류, 인덕터전압의 수식은 다음과 같다.

$$I = \frac{V_o}{R}e^{-\frac{R}{L}t}\ (\text{A}) \qquad \text{(식 7-60)}$$

$$V_L = -V_o e^{-\frac{R}{L}t}\ (\text{V}) \qquad \text{(식 7-61)}$$

FG의 출력, 전류, 인덕터전압의 파형을 그림 4에 도시하였다. 역시 전압, 전류는 식 7-58, 7-59을 만족함을 알 수 있다.

7.10 RC 및 RL회로의 주파수 응답(Frequency Response)

7.10.1 목적

페이저(Phasor), 임피던스(Impedance), 리액턴스(Reactance)의 개념을 익히고 RC 및 RL회로의 주파수 응답 및 필터에의 응용을 이해한다.

7.10.1 이론

| 페이저(Phasor)

주파수가 f이고 크기가 V_1 (V)인 정현적(sinusoidal)전압 v_1은 다음과 같이 수학적으로 표현 할 수 있다.

$$v_1 = V_1\cos(2\pi ft) = V_1\cos(\omega t) \qquad \text{(식 7-61)}$$

위 식에서 ω는 각주파수(angular frequency)이며 ωt는 위상(Phase)이다. 이 신호에 대해 위상이 45°($\frac{\pi}{4}$) 빠른 신호 v^2는 다음과 같이 표현된다.

$$v_2 = V_2\cos(\omega t + \frac{\pi}{4}) \qquad \text{(식 7-62)}$$

식 2를 복소수를 사용하여 표시하면

$$v_2 = \mathrm{Re}[\mathrm{V}_2\cos(\omega t + \frac{\pi}{4}) + jV_2\sin(\omega t + \frac{\pi}{4})]$$
$$= \mathrm{Re}[\mathrm{V}_2 e^{j(\omega t + \frac{\pi}{4})}]$$
$$= \mathrm{Re}[\mathrm{V}_2 e^{j\frac{\pi}{4}} e^{j\omega t}]$$
$$= \mathrm{Re}[\mathbf{V_2} e^{j\omega t}] \qquad \text{(식 7-63)}$$

이 된다. 위 식에서 굵은 문자는 복소수를 의미한다. 하나의 회로에서 입력신호의 주파수가 고정되면 회로내의 모든 전압, 전류는 같은 주파수를 가지므로 반복적으로 사용되는 $e^{j\omega t}$를 생략하여 v_2를 표현할 때 $\mathbf{V_2}$만 사용하여도 그 안에 크기와 위상에 대한 정보를 포함하고 있어 충분하다. 즉

$$\mathbf{V_2} = \mathrm{V}_2 e^{j\phi}$$
$$= \mathrm{V}_2 \angle \phi \qquad \text{(식 7-64)}$$

은 v_2에 대한 모든 정보를 포함하고 있어 $\mathbf{V_2}$를 v_2의 페이저(phasor)라고 부르며 복소수로서 실수부와 허수부로 나눌 수 있다.

임피던스(Impedance)와 리액턴스(Reactance)

7.8장, 7.9절에서 커패시터와 인덕터의 전류, 전압은 다음과 같은 관계가 있다는 것을 설명하였다.

$$i = C\frac{dv}{dt} \qquad \text{(식 7-65)}$$

$$v = L\frac{di}{dt} \qquad \text{(식 7-66)}$$

커패시터의 경우 식 7-65에 식 7-63을 대입하면

$$i = C\frac{dv}{dt}\mathrm{Re}[Ve^{j\omega t}]$$
$$= j\omega \mathrm{C} \cdot \mathrm{Re}[Ve^{j\omega t}] \qquad \text{(식 7-67)}$$

로 된다. 식 7-67에 i를 $i = \mathrm{Re}[Ve^{j\omega t}]$로 표시하고 페이저로만 식 7-67을 다시 쓰면

$$I = j\omega \mathrm{CV} \qquad \text{(식 7-68)}$$

가 되므로 Ohm의 법칙의 형태로 쓰면

$$V = \frac{1}{j\omega C} I$$

$$= -j\frac{1}{\omega C} I \qquad \text{(식 7-69)}$$

로 된다. 그러므로 회로에서 커패시터는 $j(-1/\omega C)$의 크기를 갖는 저항으로 해석할 수 있고 $X = (-1/\omega C)$을 용량성 리액턴스(capacitive reactance)라 부른다. 이렇게 저항의 관점으로 커패시터를 보면 커패시터는 매우 낮은 주파수에서는 무한대의 저항, 즉 끊어진 것(open)처럼 보이며 매우 높은 주파수에서는 0인 저항, 즉 단락(short)된 것처럼 보인다. 식 7-67에서 j는 $e^{j\frac{\pi}{2}}$이므로 식 7-67에 대입하면

$$i = \omega C \cdot \mathrm{Re}[Ve^{j(\omega t + \frac{\pi}{2})}] \qquad \text{(식 7-70)}$$

으로 쓸 수 있으므로 전류는 커패시터전압에 비해 90° 빠른 위상을 가진다.

인덕터의 경우 식 6에 $i = \mathrm{Re}[Ie^{j\omega t}]$을 대입하면

$$v = L\frac{d}{dt}(\mathrm{Re}[Ie^{j\omega t}])$$

$$= j\omega L(\mathrm{Re}[Ie^{j\omega t}]) \qquad \text{(식 7-71)}$$

으로 된다. 페이저로만 식 7-71을 다시 쓰면

$$V = j\omega LI \qquad \text{(식 7-72)}$$

으로 된다. 그러므로 회로에서 인덕터는 $j\omega L$의 크기를 갖는 저항으로 해석할 수 있고 $X = \omega L$을 유도성 리액턴스(inductive reactance)라 부른다. 이렇게 저항의 관점으로 인덕터를 보면 매우 낮은 주파수에서는 0인 저항, 즉 아무 것도 없는 전선처럼 보이며 매우 높은 주파수에서는 무한대의 저항, 즉 끊어진 것처럼 보인다. 식 7-71에서 j는 e^{j90}이므로 식 7-71에 대입하면

$$v = \omega C \cdot Re[Ie^{j(\omega t + \frac{\pi}{2})}] \qquad \text{(식 7-73)}$$

으로 쓸 수 있으므로 전압이 전류에 비해 90° 빠른 위상을 가진다.

회로가 저항, 커패시터, 인덕터를 포함하고 있을 때 총 저항은 실수부와 허수부의 합으로 나타낼 수 있으므로 이 복소수 저항성분을 임피던스(impedance)라 하고 다음과 같이 쓴다.

$$Z = R + jX \qquad \text{(식 7-74)}$$

임피던스는 복소수이므로

$$Z = |Z|e^{j\phi} \quad \text{(식 7-75)}$$

로 쓸 수 있고 이 때

$$|Z| = \sqrt{R^2 + X^2} \quad \text{(식 7-76)}$$

$$\phi = \tan^{-1}\left(\frac{X}{R}\right) \quad \text{(식 7-77)}$$

가 된다.

RC회로의 주파수 응답

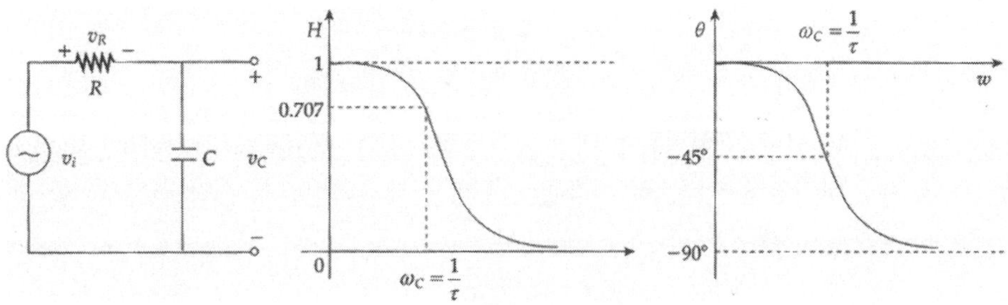

(a) 회로 (b) H (c) 위상

그림 7-32. RC lowpass filter 회로와 주파수 특성

그림 7-32(a)와 같은 회로에서 전원전압이 $v_{in} = V_i\cos(\omega t)$이면 페이저로 $\mathbf{V_{in}} = V_i e^{j0}$라 쓸 수 있고

$$\begin{aligned} Z &= R + jX \\ &= R + j\left(-\frac{1}{\omega C}\right) \\ &= |Z|e^{j\phi} \end{aligned} \quad \text{(식 7-78)}$$

이므로($\phi = \tan^{-1}(-1/\omega RC) < 0$) 회로에 흐르는 전류는

$$\begin{aligned} I &= \frac{V_{in}}{Z} \\ &= \frac{V_i}{\sqrt{R^2 + \left(\frac{1}{\omega C}\right)^2}} e^{-j\phi} \end{aligned} \quad \text{(식 7-79)}$$

로 된다. 저항과 커패시터에 걸리는 전압 V_R, V_C는 각각

$$V_R = \frac{V_i R}{\sqrt{R^2 + \left(\frac{1}{\omega C}\right)^2}} e^{-j\phi} \tag{식 7-80}$$

$$V_C = \frac{V_i}{\sqrt{R^2 + \left(\frac{1}{\omega C}\right)^2}} e^{-j\phi} \cdot \frac{1}{j\omega C}$$

$$= \frac{\frac{V_i}{\sqrt{R^2 + \left(\frac{1}{\omega C}\right)^2}}}{\omega C} e^{-j\phi} \cdot e^{-j\frac{\pi}{2}}$$

$$= \frac{V_{in}}{\sqrt{(\omega RC)^2 + 1}} e^{j(-\phi-\frac{\pi}{2})} \tag{식 7-81}$$

이 된다. 입력전압에 대한 출력전압의 비를 전달함수(Transfer Function) H라하며 저항전압을 출력으로 사용할 경우와 커패시터전압을 출력으로 사용할 경우의 전달함수는 각각

$$H_R = V_R/V_{in} = \frac{1}{\sqrt{1 + \left(\frac{1}{\omega RC}\right)^2}} e^{-j\phi} = |H_R| \angle\theta \tag{식 7-82}$$

$$H_C = V_C/V_{in} = \frac{1}{\sqrt{1 + (\omega RC)^2}} e^{j(-\phi-\frac{\pi}{2})} = |H_R| \angle\theta_c \tag{식 7-83}$$

으로 표현된다.

그림 7-32(a)와 같이 커패시터전압을 출력으로 할 경우 ω가 0 Hz에 가까워지거나 DC일 때 커패시터는 끊어진 것처럼 작동하고 식 7-83에서 분모가 1에 가까워지므로 출력은 입력전압과 거의 같은 값이 된다. 주파수가 높아질수록 출력은 점점 작아지며 주파수가 매우 높아지면 커패시터는 단락된 것처럼 작동하고 식 7-83에서 분모가 무한대로 되므로 출력은 입력에 비해 아주 작아진다. 그러므로 커패시터전압을 출력으로 할 경우 저주파에서는 입력전압의 크기가 그대로 출력으로 나오고 고주파에서는 출력이 거의 0이 되는, 저주파 통과 여파기(Low Pass Filter)로 작동한다. LPF의 주파수에 대한 전달함수의 크기 및 위상 특성을 그림 7-32(b), 7-32(c)에 도시하였다.

그림 7-32(a)에서 저항과 커패시터의 위치를 서로 바꾸고 저항전압을 출력으로 할 경우 ω가 0 Hz에 가까워지거나 DC일 때 커패시터는 역시 끊어진 것처럼 작동하고 식 7-82에서는 분모가 무한대로 되므로 출력은 입력에 비해 아주 작게된다. 주파수가 높아질수록 출력은 점점 커지며 주파수가 매우 높아지면 커패시터는 단락된 것처럼 작동하고 식 7-82에서 분모가 1에 가까워지므로 출력은 입력전압과 거의 같은 값이 된다. 그러므로 저항전압을 출력으로 할 경우 저주파에서는 출력이 작고 고주파에서는 출력이 입력과 같은 고주파 통과 여파기(High Pass Filter)가 된다.

신호의 크기를 비교할 때 전압보다 power(Watts, V^2/R)로 비교하는 것이 실용적이므로 입력신호의 power보다 출력power가 3 dB(1/2)작아질 때를 기준으로 하여 크기를 비교한다. Power가 1/2이 된다는 것은 전압이 최대값의 $1/\sqrt{2} = 0.707$ 배로 된다는 것이므로 식 7-82를 제곱하여

$$\frac{1}{2} = \frac{R}{\sqrt{R^2 + \left(\frac{1}{\omega C}\right)^2}} \qquad (식\ 7\text{-}84)$$

라 놓고 이 식을 만족하는 ω를 구하면

$$\omega_C = 2\pi f_c = \frac{1}{RC} = \frac{1}{\tau} \qquad (식\ 7\text{-}85)$$

가 되며 f_c를 cutoff frequency 또는 반전력 주파수라한다. 이때 입력과 출력의 위상차는 $\pi/4$가 된다.

결과적으로 RC 회로에서 저항에 걸리는 전압은 전원전압에 비해 $-\phi(>0)$만큼 위상이 빠르며 커패시터전압에 비해 90° 빠르게 된다. 또한 커패시터전압은 전원전압에 비해 $-\phi-90°$의 위상차를 갖는다. 예를 들어 10 kHz에서 $-45°$의 위상차를 갖는다면 주기(360°)는 100 μs이므로 $100\times45/360 = 12.5$ μs만큼 커패시터전압이 전원전압보다 늦게 된다. 이러한 경우의 scope의 파형을 그림 7-33에 도시하였다.

RL회로

그림 7-34(a)와 같은 회로에서 전원전압이 $v_{in} = V_i\cos(\omega t)$ 이면 페이저로 $\mathbf{V}_{in} = V_i e^{j0}$ 라 쓸 수 있고

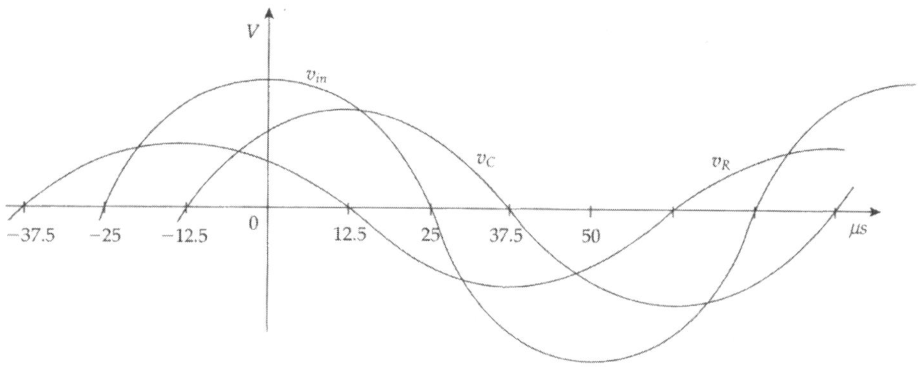

그림 7-33. RC회로의 전원전압, 커패시터전압, 저항전압

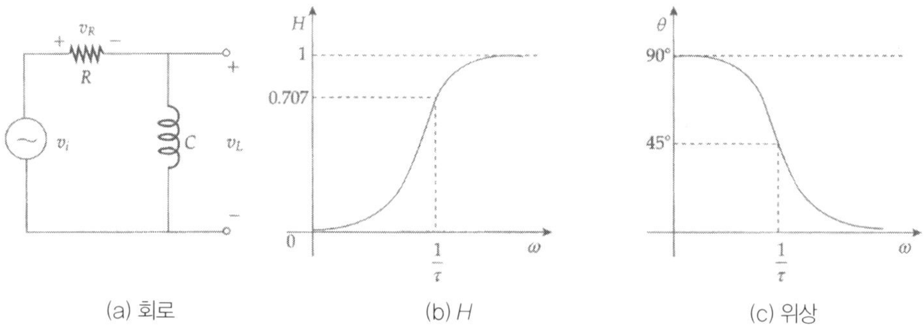

그림 7-34. RL highpass filter회로와 주파수 특성

$$\begin{aligned} Z &= R + jX \\ &= R + j\omega L \\ &= |Z|e^{j\phi} \end{aligned} \tag{식 7-86}$$

이므로($\phi = \tan^{-1}(\omega L/R) > 0$) 회로에 흐르는 전류는

$$\begin{aligned} I &= V_{in}/Z \\ &= \frac{V_i}{\sqrt{R^2 + (\omega L)^2}} e^{-j\phi} \end{aligned} \tag{식 7-87}$$

로 된다. 저항과 인덕터에 걸리는 전압 V_R, V_L은 각각

$$\begin{aligned} V_R &= \frac{V_i R}{\sqrt{R^2 + (\omega L)^2}} e^{-j\phi} \\ &= \frac{V_i}{\sqrt{1 + \left(\frac{\omega L}{R}\right)^2}} e^{-j\phi} \end{aligned} \tag{식 7-88}$$

$$\begin{aligned} V_L &= \frac{V_i}{\sqrt{R^2 + (\omega L)^2}} e^{-j\phi} \cdot j\omega L \\ &= \frac{V_i \omega L}{\sqrt{R^2 + (\omega L)^2}} e^{-j\phi} \cdot e^{j\frac{\pi}{2}} \\ &= \frac{V_i}{\sqrt{1 + \left(\frac{R}{\omega L}\right)^2}} e^{j(-\phi + \frac{\pi}{2})} \end{aligned} \tag{식 7-89}$$

이 된다.

그림 7-34(a)와 같이 인덕터전압을 출력으로 할 경우 ω가 0 Hz에 가까워지거나 DC일 때 인덕터는 단락(short)된 것처럼 작동하고 식 7-90에서 분모가 무한대가 되므로 출력은 매우 작아진다. 주파수가 높아질수록 출력은 점점 커지며 주파수가 매우 높아지면 인덕터는 끊어진 것(open)처럼 작동하고 식 7-90에서 분모가 1로 되므로 출력은 입력과 거의 같아진다. 그러므로 인덕터전압을 출력으로 할 경우 저주파에서는 출력이 거의 0이 되고, 고주파에서는 출력의 크기가 입력과 거의 같아지는 고주파 통과 여파기(High Pass Filter)로 작동한다. 이 경우의 전달함수와 cutoff frequency는

$$H = V_L/V_{in} = \frac{1}{\sqrt{1 + \left(\frac{\omega L}{R}\right)^2}} e^{j(-\phi + \frac{\pi}{2})} \tag{식 7-90}$$

$$\omega_C = 2\pi f_c = \frac{R}{L} = \frac{1}{\tau} \tag{식 7-91}$$

이 되며 주파수에 대한 전달함수의 크기 및 위상 특성을 그림 7-34(b), 7-34(c)에 도시하였다.

그림 7-34(a)에서 저항과 인덕터의 위치를 서로 바꾸고 저항전압을 출력으로 할 경우 ω가 0 Hz에 가까워지거나 DC일 때 인덕터는 역시 단락(short) 것처럼 작동하고 식 7-89에서 분모가 1로 되므로 출력의 크기는 입력과 거의 같아진다. 주파수가 높아질수록 출력은 점점 작아지며 주파수가 매우 높아지면 인덕터는 끊어진 것(open)처럼 작동하고 식 29에서 분모가 되므로 출력은 거의 0이 된다. 그러므로 저항전압을 출력으로 할 경우 저주파에서는 출력의 크기가 입력과 거의 같고 고주파에서는 출력이 0이 되는 저주파 통과 여파기(Low Pass Filter)가 된다. 이 경우의 전달함수와 cutoff frequency는

$$H = V_R/V_{in} = \frac{1}{\sqrt{1 + \left(\frac{\omega L}{R}\right)^2}} e^{j-\phi} \tag{식 7-92}$$

$$\omega_C = 2\pi f_c = \frac{R}{L} = \frac{1}{\tau} \quad (식\ 7\text{-}93)$$

이 된다.

결과적으로 R_L회로에서 저항에 걸리는 전압은 전류와 위상이 같고 전원전압에 비해 $-\phi$만큼 위상이 늦으며 인덕터전압에 비해 90° 늦게 된다. 또한 인덕터전압은 전원전압에 비해 $-\phi+\frac{\pi}{2}$의 위상차를 갖는다. 예를 들어 10 kHz에서 45°의 위상차를 갖는다면 주기(360°)는 100 μs이므로 100×45/360 = 12.5 μs만큼 인덕터전압이 전원전압보다 빠르게 된다. 이러한 경우의 scope의 파형을 그림 7-35에 도시하였다.

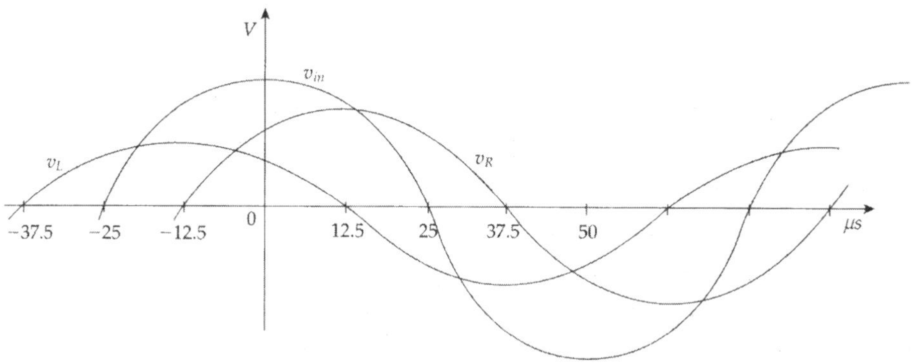

그림 7-35. RL회로의 전원전압, 인덕터전압, 저항전압

7.11 RLC 회로의 과도응답 및 정상상태응답

7.11.1 목적

저항, 인덕터, 커패시터로 구성된 회로의 과도응답 및 정상상태응답을 이해한다.

7.11.2 이론

RLC회로의 과도응답

그림 7-36(a)의 회로에서 function generator의 출력이 사각파일 때 회로에 흐르는 전류 및 R, L, C에 걸리는 전압에 대해 고찰해 보자. t = 0에서 전원전압이 0 V에서 갑자기 V_0로 되면 앞에서 설명한 것과 같이 L은 끊어진 것 같이, C는 없는 것과 같이 작동된다. 그러므로 전원전압 V_0가 모두 L에 걸리게 된다. L을 통과하는 전류는 RL회로에서와 같이 R이 작으면 전류의 크기는 크지만 서서히 증가하며 R이 크면 전류의 크기는

작지만 급격히 증가한다. 또 L이 크면 서서히, 작으면 빠르게 증가한다. 즉 RL회로의 τ의 역수인 R/L에 비례한다. C에 걸리는 전압은 전류를 시간에 대해 적분한 값(유입된 총 전하의 양)을 C로 나눈 값이 되므로 R이 크면 유입된 전하가 적어 천천히 증가하며 R이 작으면 빠르게 증가한다. 또 C가 크면 서서히, 작으면 빨리 증가한다. 그러므로 전류의 증가율은 L과 C의 곱과 R/L의 값 중 어느 것이 큰가에 따라 달라진다. 회로해석을 위한 미분방정식을 풀면 전류의 증가율은 R/2L과 $1/\sqrt{(LC)}$의 상대적 크기에 따라 달라지며 $\omega_0 = 1/\sqrt{(LC)}$를 공진주파수(Resonant Frequency), $\alpha = R/2L$을 감쇠상수(Damping Constant)라 부른다.

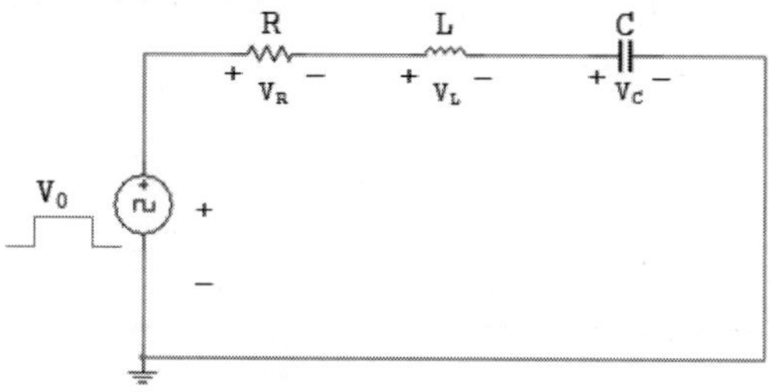

(a) 전기회로

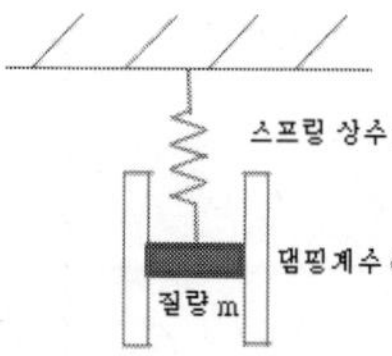

(b) 기계시스템

그림 7-36. RLC 직렬회로와 기계시스템의 비교

이러한 전기회로를 기계시스템으로 비유하면 그림 7-36(b)와 같은데 $E = (1/2)C\,V^2$과 $E = (1/2)k\,x^2$의 유사성, 그리고 $E = (1/2)L\,I^2$과 $E = (1/2)m\,v^2$의 유사성으로부터 커패시터는 스프링으로, 인덕터는 질량으로 비유할 수 있고 열이 발생한다는 공통점으로부터 저항은 마찰로 비유할 수 있다. 스프링의 변위가 0인 지점에서 질량을 잡고 있다가 갑자기 놓으면 중력에 의해 질량이 밑으로 떨어질 것이며 스프링상수 k, 마찰계수 η, 그리고 질량 m의 대소에 따라 천천히 밑으로 처지거나 진동하다가 멈출 것이며 아니면 진동할 듯 말 듯한 상태로 처질 것이다. 이러한 상태는 다음에 설명되는 RLC회로의 과감쇠, 저감쇠, 그리고 임계감쇠상태와 대단히 유사하며 진동은 탄성에너지와 운동에너지가 서로 교환되면서 발생한다.

(1) 과감쇠(over-damped) 응답

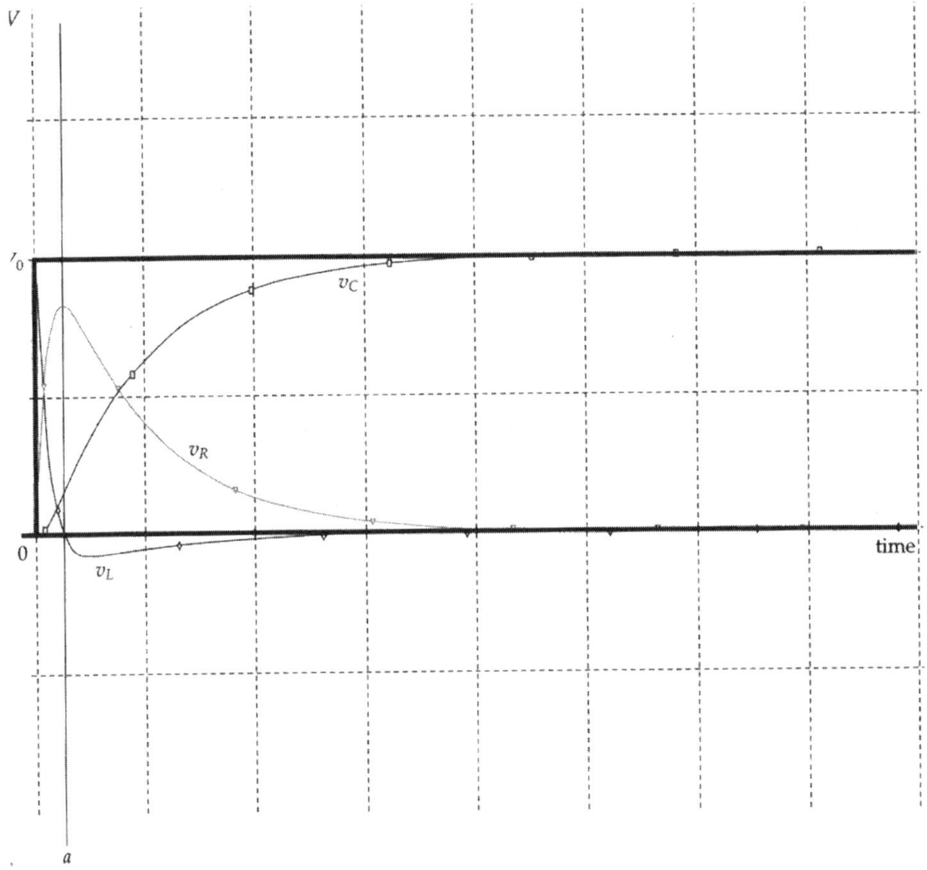

그림 7-37. 과감쇠 응답

$0 < \omega_0 < \alpha$인 경우, 즉 R/2L이 큰 경우에 전류는 빠르게 증가한다. 그러나 R이 크므로 전류는 작아서 C에 충전되는 전하가 작으므로 C에 걸리는 전압은 서서히 증가한다(그림 7-37 참조). R과 C에 걸리는 전압이 증가하므로 L에 걸리는 전압은 계속 작아져야 하며 어느 순간 0 (V)가 된다. 이 순간까지 $v_L = L(di/dt) > 0$이므로 전류는 계속 증가하다가 v_L이 (−)전압이 되는 순간 $L(di/dt) < 0$이므로 감소하기 시작할 것이다. 전류가 같은 방향으로 흐르므로 C에는 계속 전하가 충전되어 v_C는 계속 증가하여 오랜 시간이 흐르면 v_C는 전원전압 V_o과 같아진다. 결론적으로 과감쇠(Over Damped)의 경우 먼저 L에 자기장에너지($LI^2/2$)가 저장된 후 긴 시간동안 그 에너지를 C에 전달하여 전기장에너지($CV^2/2$)로 저장되며 전류는 빠르게 증가한 후 서서히 감소하고 v_C는 서서히 증가하여 V_0과 같아진다. v_L은 V_o에서 점점 감소하여 음의 전압이 되었다가 0 V로 접근한다. R, L, C에 걸리는 전압파형을 그림 7-37에 도시하였다.

(2) 저감쇠(Under-Damped) 응답

$t = 0$에서 전원은 L에는 자기장에너지($Li^2/2$)를 전류로, C에는 전기장에너지($Cv^2/2$)를 전하(전압)의 형태로 에너지를 공급하기 시작한다. 그런데 $0 < \alpha < \omega_0$인 경우, 즉 R/2L이 작은 경우에는 R이 작으므로 전류에 비례하는 저항전압(= iR)은 천천히 증가한다(R이 작다는 것은 상대적으로 L이 크다는 것이며 $Li^2/2$와 운동에너지 $mv^2/2$의 유사성으로부터 L이 크면 i의 증가율이 작다는 것을 알 수 있다). 그러나 R이 작으므로 전류는 커서 C에 충전되는 전하가 많으므로 C에 걸리는 전압은 빨리 증가한다. 그림 7-37과 7-38에서 v_C를 비교하라. v_C가 빨리 증가하여 $v_R + v_C$가 V_o로 될 때까지 전류는 증가하며 v_L은 계속 감소한다. 이 시간동안 전원이 L과 C에 에너지를 공급한다(그림 7-38의 0-a 구간). $v_R + v_C$가 V_o와 같아지는 순간(a 순간), v_L은 KVL에 의해 0 V가 되며 $v_L = L\,di/dt = 0$이므로 전류와 v_R, $Li^2/2$이 최대로 된다. 그 후(a-c 구간), 전류가 감소하므로 $Li^2/2$도 감소하며 v_L은 (−)전압이지만 전류가 계속 같은 방향으로 흐르고자 하므로 v_C에는 전하가 계속 유입되어 v_C는 V_o보다 큰 값으로 계속 증가한다. 이 시간동안 전류가 (+)이므로 전원과 L이 C에 에너지를 공급한다 L을 통과하는 전류의 방향이 갑자기 바뀔 수 없어 C로 계속 전하가 유입되기 때문에 저감쇠상태에서는 v_C가 입력전압보다 커질 수 있다는 것이 RLC회로의 큰 특징임을 명심해야 한다.

이제 b의 순간에 다다르면 v_C는 거의 증가하지 않고 v_R은 계속 감소하므로 b의 순간에 vL은 (−)로 최대 값이 되었다가 그 후 KVL을 만족하기 위해 증가하기 시작한다(b-c 구간). 전류가 계속 감소하여 0 A가 되면(c 순간), 즉 L에 저장되었던 에너지가 모두 C로 전달되는 순간($Li^2/2 = 0$), v_C는 최대($C_{VC}{}^2/2$, $v_C > V_o$)로 되며 커패시터에는 $CV_o^2/2$보다 큰 에너지(L이 전달한 에너지 + 전원이 전달한 에너지)가 저장된다. 이 순간부터 C가 방전을 시작하여 전류가 거꾸로 흐르며, 즉 (−)전류가 되며 이 전류에 의해 v_R은 극성이 (−)전압이 되고 C가 전원과 L에 에너지를 전달하기 시작한다(c-d 구간). 자기장에너지가 커질수록 전류의 감소율은 작아져서 전류가 (−)로 최대가 되는 d의 순간, $v_L = L\,di/dt$이므로 v_L은 0 V가 된다. V_o가 (+)임에도 전류는 (−)이며 L, C의 에너지가 모두 작아지므로 이 순간부터(d-f 구간) L, C는 전원으로 에너지를 돌려주게 된다. b와 같은 이유로 인해 e에서 v_L이 최대로 된다음 (−)로 흐르던 전류가 0 A로 되며(f 순간) 그 이후 전원이 처음과 같이 L, C에 에너지를 공급하게 된다. C는 전원으로부터 에너지를 공급받으므로 완전히 방전을 하지 못하여 f의 순간부터 C의 에너지(전압)은 다시 증가한다.

이와 같이 전원과 L, C가 서로 에너지를 주고 받는 과정이 반복적으로 일어나므로 회로에 흐르는 전류는 +, −로 진동하며 전류가 흐르면서 저항에서는 계속 열의 형태로 에너지가 소비되므로 진동의 크기는 계속 작아진다. 이때의 진동주파수를 감쇠고유주파수라고하며 다음식과 같다.

$$\omega_d = \sqrt{\omega_o^2 - \alpha^2} \quad \text{(식 7-94)}$$

직류전압입력의 경우 긴 시간이 지나면 C는 끊어진 것 같이 작동하므로 전류는 0 A가 되고($Li^2/2 = 0$), 전원전압 V_o가 모두 C에 걸리고 $CV_o^2/2$의 에너지가 C에 충전된다.

위와 같은 과도현상이 거의 사라져 v_C가 V_o로 안정되었을 때 전원전압이 0 V로 갑자기 떨어지는 상황을 고찰해 보자. 전원전압이 0 V로 갑자기 떨어진다는 것은 전원전압이 V_o인 상태에서 $-V_o$가 갑자기 입력된다는 것을 의미하므로 t = 0에서 $-V_o$에 대한 출력, 즉 위에서 설명한 파형에 (−)를 곱한 파형을 0 V가 되기 직전의 출력상태에 더한 파형이 출력 파형이 된다.

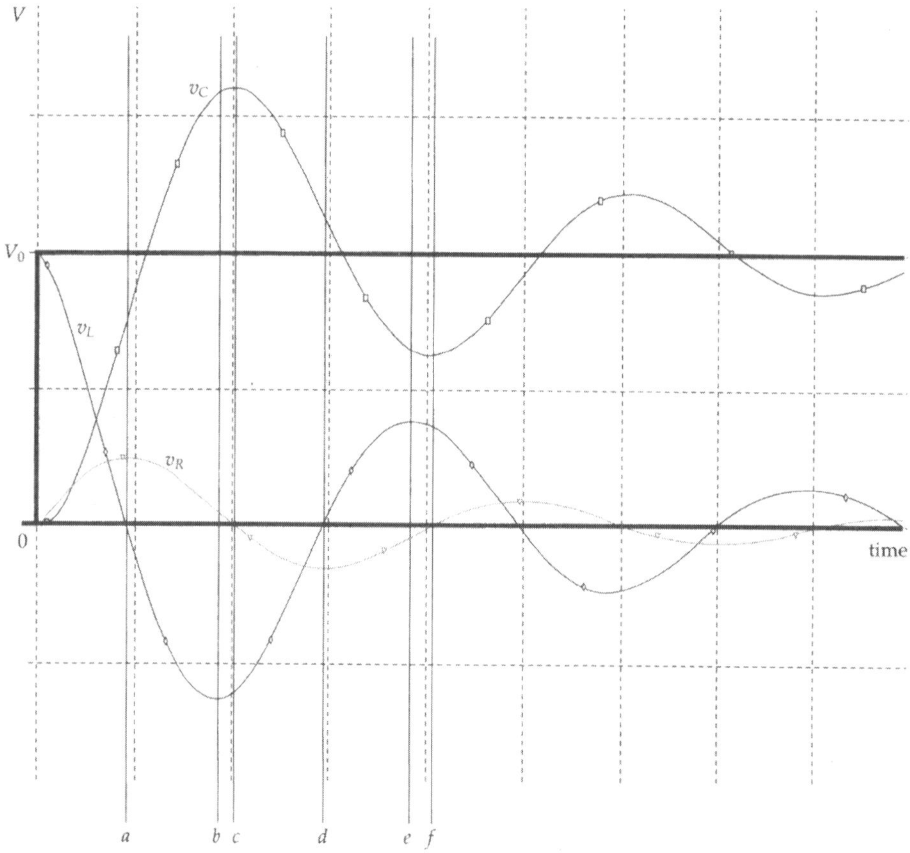

그림 7-38. 저감쇠응답

(3) 임계감쇠(Critically Damped) 응답

저감쇠의 경우에 $\alpha = R/2L$의 값을 점점 키우면 감쇠진동주파수 $\omega_d = \sqrt{\omega_o^2 - \alpha^2}$는 점점 작아지는데 $\alpha = \omega_o$가 되면 진동할 듯 말 듯한 임계상황이 된다.

(4) 무손실(Lossless) 응답

저감쇠의 경우에 저항의 값을 점점 작게 하면 감쇠진동주파수 $\omega_d = \sqrt{\omega_o^2 - \alpha^2}$는 점점 공진주파수 ω_o에 가까워지며 저항이 0 Ω이 되면 주파수는 ω_o가 되고 열에 의한 손실이 없어 진동의 크기도 일정하여 영원히 계속 진동하게 된다. 이러한 경우를 공진(resonate)한다고 말하며 이론적으로는 그림 7-38에서 진동의 크기가 줄지 않는 상태를 말한다. 그러나 실제의 경우 모든 인덕터는 저항을 가지고 있으므로 v_C를 측정해 보면 진동의 크기가 감소하는 것을 관찰 할 수 있다.

저항이 없고 L, C가 직렬로 연결되어 있을 때 FG의 사각파 주파수(ω_s)를 변화시키면 v_C의 크기는 어떻게 변화할까? 결론적으로 말하면 $\omega_s = \omega_o$일 때 진동의 크기는 최대로 된다. 그 이유는 그네를 미는 상황과 비교하면 쉽게 설명된다. 그네를 밀 때 같은 힘으로 밀어도 (V_o는 고정) 그네의 진동수와 같은 주파수로 진동이 가장 큰 순간(진동의 위상에 맞추어)에 밀면 그네를 가장 높이 밀 수 있다. 주파수가 맞지 않으면 그네를 효율적으로 밀 수 없다. 그네를 밀지 않으면 마찰에 의해(마찰하면 열이 발생한다) 진동의 크기가 작아지듯이 전원이 0 (V)로 오래 계속되면 인덕터의 내부저항에서 에너지가 열로 발산되므로 진동의 크기가 작아진다. 그러므로 사각파 즉 FG는 공진의 저항에서 발산되는 에너지를 계속 공급하고 있는 것이다.

실제 실험에서는 공진상황에서 전원전압인 FG의 사각파가 심하게 찌그러지는 것을 관찰할 수 있는데 이는 회로에 저항이 너무 작으므로 전류는 대단히 커지는 반면 FG가 공급할 수 있는 전류(즉 power = VI)가 제한되어 있어 전압이 떨어지기 때문이다. 또한 v_L을 관측해 보면 불연속점을 발견할 수 있는데 이는 L을 통과하는 전류는 급격히 변할 수 없고 전압은 급격히 변할 수 있기 때문이다

RLC회로의 주파수 응답

주파수 응답에 대한 해석은 페이저를 이용하면 쉽게 할 수 있다. 그림 7-36의 회로에서 R = 10 Ω, L = 100 mH, C = 100 μF이고 전원전압 $v = 20\cos(2\pi 60\ t)$일 때

$$X_L = \omega L = 377(\text{rad/s}) \times 0.1(\text{H}) = 37.7\ \Omega$$

$$X_C = \frac{1}{\omega C} = \frac{1}{377 \times 100\mu\text{F}} = 26.53\ \Omega$$

$$\begin{aligned} Z_T &= 10\angle 0 + 37.7\angle 90 + 26.53\angle -90 \\ &= 10 + \text{j}37.7 - \text{j}26.53 \\ &= 15\angle 48.16\ \Omega \end{aligned}$$

이 된다.

그러므로 회로에 흐르는 전류는

$$I = V/Z_T = 20\angle 0/15\angle 48.16$$
$$= 1.33\angle -48.16$$

이 되며 전압은

$$V_R = IZ_R = 1.33\angle -48.16 \times 10\angle 0 = 13.3\angle -48.16$$
$$V_L = IZ_L = 1.33\angle -48.16 \times 37.7\angle 90 = 50.14\angle 41.84$$
$$V_C = IZ_C = 1.33\angle -48.16 \times 26.53\angle -90 = 35.28\angle -138.16$$

이 된다. 그러므로 전원전압을 기준으로 할 때 전류와 저항전압은 48.16° 늦고 인덕터 전압은 41.84° 빠르며 커패시터전압은 −138.16° 늦다. 또한 인덕터전압은 전류에 비해 90° 빠르며 커패시터전압에 비해 180° 빠르다. 48.16° 늦다는 것은 전원의 주파수가 60 Hz일 때 주기는 1/60 sec이므로 (1/60) × (48.16/360) = 2.23 ms 늦다는 것이며 scope로 측정할 때 0.5 ms/DIV에서 2.23/0.5 = 4.46 칸이 된다.

라디오나 TV 등 주파수가 다른 여러 개의 신호를 다루는 회로를 해석할 때에는 주파수에 대한 응답을 고려해야 하므로 주파수를 ω로 놓고 일반적인 수식을 구하는 것이 편리하다. 그림 7-36과 같은 회로에서 RLC에 의한 임피던스는

$$\begin{aligned} Z_T &= R + j\omega L - j\frac{1}{\omega C} \\ &= R + j\omega L\left(1 - \frac{\omega^2}{\omega_o^2}\right) \\ &= |Z_T|\angle\phi \end{aligned} \quad \text{(식 7-95)}$$

$$|Z_T| = \sqrt{R^2 + \omega^2 L^2\left(1 - \frac{\omega_o^2}{\omega^2}\right)^2} \quad \text{(식 7-96)}$$

$$\phi = \tan^{-1}\left(\frac{\omega^2 - \omega_o^2}{2\alpha\omega}\right) \quad \text{(식 7-97)}$$

이다. 그러므로 전류 및 R, L, C에 걸리는 전압은

$$I = V/Z_T \quad \text{(식 7-98)}$$

$$V_R = IZ_R = RV/Z_T \quad \text{(식 7-99)}$$

$$V_L = IZ_L = j\omega LV/Z_T \quad \text{(식 7-100)}$$

$$V_C = IZ_C = -jV/(Z_T\omega C) \quad \text{(식 7-101)}$$

이 된다.

7.12 직렬 및 병렬 공진회로(Resonant Circuits) 및 여파기(Filter)

7.12.1 목적

RLC 직렬공진 회로 및 병렬회로의 주파수응답을 이해하고 필터에의 응용을 이해한다.

7.12.2 이론

직렬 및 병렬 공진회로는 발진기(Oscillator), 라디오나 TV의 channel선택기(Tuner)의 제작에 많이 쓰이는 중요한 회로이다. 공진회로의 특성은 channel선택기의 성능에 지대한 영향을 미치므로 이에 대한 이해는 전기전자공학에서 대단히 중요하다.

직렬공진회로

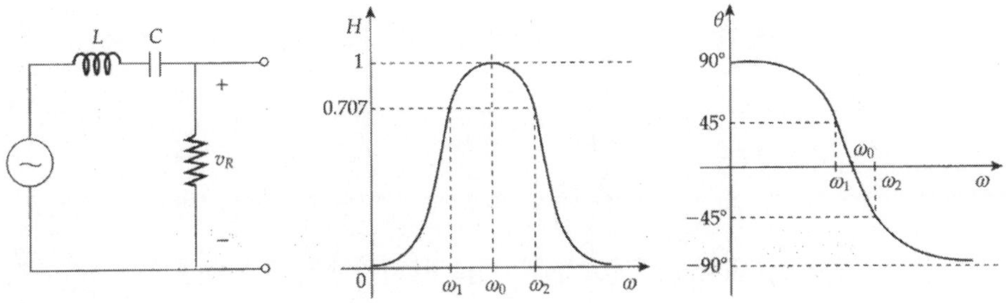

(a) RLC 직렬공진회로 (b) H (c) 위상

그림 7-39. 직렬공진회로와 주파수특성

그림 7-39(a)의 RLC 직렬회로에서 저항에 걸리는 전압을 출력이라 할 때 7.10절의 결과를 이용하면 저항에 걸리는 전압은

$$V_R = IZ_R = RV/Z_T \quad (식\ 7\text{-}102)$$

$$= \frac{RV}{\sqrt{R^2 + \omega^2 L^2\left(1 - \frac{\omega_o^2}{\omega^2}\right)^2}} \angle -\phi$$

$$= \frac{\frac{RV}{L}}{\sqrt{4\alpha^2 + \left(\omega - \frac{\omega_o^2}{\omega}\right)^2}} \angle -\phi$$

$$= \frac{2\alpha V}{\sqrt{4\alpha^2 + \left(\omega - \frac{\omega_o^2}{\omega}\right)^2}} \angle -\phi$$

$$= \frac{V}{\sqrt{1 + \frac{\left(\omega - \frac{\omega_o^2}{\omega}\right)^2}{4\alpha^2}}} \angle -\phi$$

$$= \frac{V}{\sqrt{1 + Q^2\left(\frac{\omega}{\omega_o} - \frac{\omega_o}{\omega}\right)^2}} \angle -\phi \qquad \text{(식 7-103)}$$

$$\phi = \tan^{-1}\left(Q\left(\frac{\omega}{\omega_o} - \frac{\omega_o}{\omega}\right)\right)$$

가 된다. 단 Q는 회로의 Q-지수(Quality Factor)를 의미하며

$$Q = \frac{\omega_o}{2\alpha} = \frac{\omega_o L}{R} = \frac{1}{R}\sqrt{\frac{L}{C}} \qquad \text{(식 7-104)}$$

로 정의 된다. 식 7-103을 입력신호의 크기에 대한 출력신호의 크기의 비로 나타내면

$$|V_R/V| = \mathrm{H} = \frac{1}{\sqrt{1 + Q^2\left(\frac{\omega}{\omega_o} - \frac{\omega_o}{\omega}\right)^2}} \qquad \text{(식 7-105)}$$

이 되며 H를 회로의 전달함수(Transfer function)이라 정의한다. 식 7-105에서 입력전압의 주파수가 회로의 공진주파수와 같으면, 즉 $\omega = \omega_o$이면 저항전압 V_R은 그 크기가 최대로 되어 입력전압 V와 같으며 위상도 같게 된다. 이 때 회로의 임피던스는

$$Z_T = R + j\omega_o L - j\frac{1}{\omega_o C}$$

$$= R + j\frac{L}{\sqrt{LC}} - j\frac{\sqrt{LC}}{C}$$

$$= R \qquad \text{(식 7-106)}$$

가 되어 마치 L, C가 없고 R만 있는 회로처럼 동작한다. 식 7-105에서 알 수 있듯이 입

력전압의 주파수가 공진 주파수로부터 멀어지면 저항에 걸리는 전압이 작아지므로 입력신호가 여러 개의 주파수(channel)을 가지고 있을 때에는 회로의 공진주파수와 같은 주파수의 신호가 출력에서 가장 크게 되어 주파수선택(channel 선택)이 가능해 진다. 그러므로 모든 tuner는 C를 변화시켜 공진주파수를 변화시킴으로써 주파수 선택을 하는데 L보다 C를 변화시키는 것이 제작상 쉽기 때문이다. 그런데 입력신호의 주파수가 공진주파수와 조금만 달라져도 출력의 크기가 많이 작아져야 많은 채널을 선택할 수 있고 채널간의 crosstalk가 적어진다. 신호의 크기는 전압보다 power(Watts, V^2/R)로 비교하는 것이 실용적이므로 공진 때의 출력 power보다 3 dB(1/2)작아질 때를 기준으로 하여 선택성을 표현한다. Power가 1/2이 된다는 것은 전압이 최대값의 $1/\sqrt{2} = 0.707$ 배로 된다는 것이므로 식 3에서

$$Q^2\left(\frac{\omega}{\omega_o} - \frac{\omega_o}{\omega}\right)^2 = 1 \qquad \text{(식 7-107)}$$

이라는 것을 의미하므로 이것을 풀면 반전력 주파수는

$$\omega_1 = -\frac{\omega_o}{2Q} + \omega_o\sqrt{1 + \left(\frac{1}{2Q}\right)^2} \qquad \text{(식 7-108)}$$

$$\omega_2 = \frac{\omega_o}{2Q} + \omega_o\sqrt{1 + \left(\frac{1}{2Q}\right)^2} \qquad \text{(식 7-109)}$$

을 구할 수 있다. 그러므로 RLC 직렬회로의 주파수 특성을 그래프로 그리면 그림 7-39(b), (c)와 같게 되며 이로부터 RLC 직렬회로가 일종의 대역통과필터(Bandpass Filter)인 것을 알 수 있다. 즉 입력신호의 주파수가 ω_o일 때 출력이 최대(최대전력 전달)로 되며 ω_1, ω_2에서 출력이 최대출력보다 3 dB(power는 1/2배, 전압은 $1/\sqrt{2} = 0.707$배) 작고, 대역폭 B가

$$B = \omega_1 - \omega_2 = \frac{\omega_o}{Q} \qquad \text{(식 7-110)}$$

인 대역통과필터의 일종이다. 식 7-110을 변형하면 $Q = \omega_o/B$가 되어 Q는 대역폭에 대한 중심주파수이며 Q가 높다는 것은 중심주파수에 비해 대역폭이 아주 좁다는 것을 의미한다. 이로부터 Q가 높은 공진회로를 사용하면 많은 채널을 선택할 수 있고 채널간의 간섭도 적은 우수한 tuner를 제작할 수 있어 Q-지수를 Quality Factor라 부른다. 일반적으로 인덕터의 저항성분이 적을수록 높은 Q를 얻을 수 있다.

병렬공진회로

그림 7-40(a)의 RLC 병렬회로에서 저항에 걸리는 전압을 출력이라 할 때 위와 같은 방법으로 계산하면 전달함수의 크기와 위상은

$$H = |V_R/V| = \frac{1}{\sqrt{1 + \frac{4}{Q^2\left(\frac{\omega}{\omega_o} - \frac{\omega_o}{\omega}\right)^2}}} \tag{식 7-111}$$

$$\varphi = -\tan^{-1}\frac{1}{Q\left(\frac{\omega}{\omega_o} - \frac{\omega_o}{\omega}\right)} \tag{식 7-112}$$

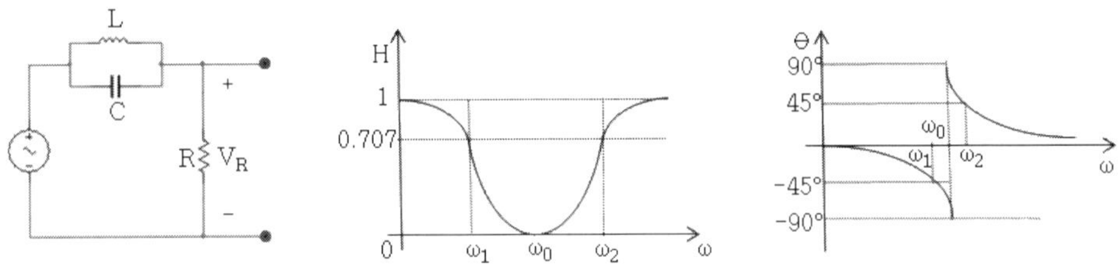

(a) RLC 병렬공진회로 (b) H (c) 위상

그림 7-40. RLC 병렬공진회로와 주파수특성

가 된다. 위 식에서

$$Q = \frac{\omega_o}{2\alpha} = \omega_o RC = R\sqrt{\frac{C}{L}},\ \alpha = \frac{1}{2RC} \tag{식 7-113}$$

이다. $\omega = \omega_o = 1/\sqrt{(LC)}$일 때, 즉 입력신호의 주파수가 회로의 공진주파수와 같으면 임피던스는 $j\omega_o L$과 $1/j\omega_o C$가 병렬이므로

$$Z_T = \frac{\frac{L}{C}}{j\omega_o L + \frac{1}{j\omega_o C}} + R$$

$$= \frac{1}{C}\cdot\frac{1}{j\omega_o - j\omega_o} + R$$

$$= \infty + R \tag{식 7-114}$$

가 되어 LC 병렬회로 부분은 무한대의 저항 즉, 끊어진 것처럼 동작한다. 그러므로 저

항에 전류가 공급되지 않고 저항전압 $|V_R|$은 0으로 된다. 식 7-111에서 알 수 있듯이 입력전압의 주파수가 공진 주파수로부터 멀어지면 저항에 걸리는 전압이 커지므로 입력신호가 여러 개의 주파수(channel)을 가지고 있을 때에는 회로의 공진주파수와 같은 주파수의 신호가 출력에서 사라지게 된다. 주파수가 아주 낮거나 ω_o보다 아주 높으면 저항전압은 입력전압과 같은 크기를 가지며 전달함수의 크기는 1이 된다. 출력전압이 최대값의 $1/\sqrt{2} = 0.707$ 배(3 dB)로 되는 주파수는 식 7-108, 109와 같으며 대역폭도 식 7-110과 같다. 그러므로 RLC 병렬회로의 주파수 특성을 그래프로 그리면 그림 7-40(b), (c)와 같게 되며 이로부터 RLC 병렬회로가 일종의 대역저지필터(Bandstop 또는 Notch Filter)인 것을 알 수 있다.

7.13 저항 커패시터, 인덕터의 등가회로와 주파수 응답

7.13.1 목적

실제 회로에서 사용되는 저항, 커패시터, 인덕터의 등가회로를 이해하고 이들 소자들이 넓은 주파수 영역에서 어떻게 동작하는지 이해한다.

7.13.2 이론

저항, 커패시터, 인덕터의 값들은 실제적으로는 온도, 주파수, 그리고 소자를 통과하여 흐르는 전류의 함수이다. 전기전자 장비에 전원이 연결되어 전류가 흐르기 시작하면 이 전류에 의해 열이 발생하여 온도가 올라가고, 공기의 대류를 통해 얼마 후에는 일정한 온도에 이르게 된다. 그러므로 모든 전기전자 장비가 안정적인 동작을 하기 위해서는 일정한 준비시간(warmup time)이 필요하다. 그런데 이러한 소자의 온도는 주변온도에 따라 변화한다. 따라서 정밀한 장비는 온도보상(temperature compensation) 회로를 가지고 있으며 동작가능한 온도범위가 명시되어 있다. 특히 군용장비나 비행기, 자동차 등 주변온도가 극심하게 변하는 옥외용 장비를 설계, 제작할 때에는 온도특성을 꼭 고려해야 한다. 온도뿐만 아니라 주파수에 대해서도 각 소자의 값이 변하는데, 특히 높은 주파수에서는 커패시터가 인덕터로 동작하는 것과 같은 이상한 현상이 발생한다. 이는 구조상 피할 수 없이 발생하는 여러 가지 효과 때문인데 7.12절에서는 이러한 주파수특성을 다룬다.

❙ 저항

지금까지는 저항값을 주파수와 무관한 상수로 가정하고 회로를 해석했으며 실험도 수십 kHz 까지만 행하였다. 그러나 실제의 저항은 그 구조상 원치 않는 커패시터와 인덕터 성분을 가지고 있으므로 고주파 영역에서는 그 영향이 나타난다. 커패시터성분(~0.2 pF)은 저항에 걸리는 전위차에 의해 발생되며 인덕터성분은 저항의 양쪽에 달려있는 전선에 의해 발생된다. 이렇게 구조상 피할 수 없게 부수적으로 발생하는 소자를 기생(parasitic)소자라 한다. 그러나 이러한 L, C의 크기는 매우 작으므로 저항이 작으면 수 MHz까지는 그 영향을 이 거의 나타나지 않는다. MHz대의 신호를 다루는 회로에서는 이러한 L, C 성분을 줄이기 위해 양쪽의 전선을 없애고 작은 직육면체 형태의 표면장착형(surface mounting type, 7장의 그림 7-3(a)의 후막저항) 저항을 사용한다.

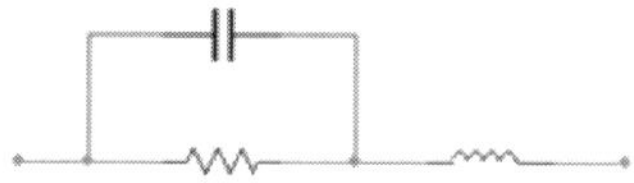

(a)

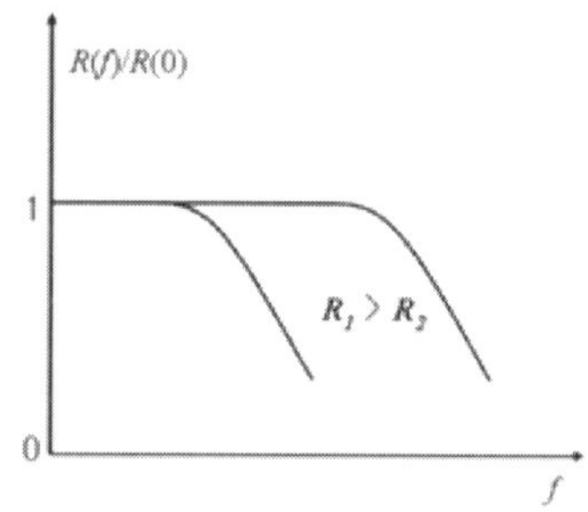

(b)

그림 7-41. 탄소저항의 (a) 등가회로와 (b) 주파수특성

실험실에서 가장 많이 사용하는 탄소저항의 등가회로를 그림 7-41(a)에, 주파수에 대한 저항값의 변화를 그림 7-41(b)에 도시하였다. 저항값이 커질수록 주파수가 높아짐에 따라 그 값이 더 크게 떨어지는데 이는 저항이 커질수록 저항을 통과하여 흐르는 전류보다 기생(parasitic) 커패시터를 통해 흐르는 전류가 더 커지기 때문이다. 즉, 저항도 주파수가 높아질수록 커패시터의 특성을 더 많이 나타낸다. 일반적으로 인덕터의 영향은 잘 나타나지 않는다. 그러나 권선저항과 가변저항의 인덕턴스는 클 경우가 있으므로 고주파에서는 주의하여 사용해야 한다.

인덕터

앞의 실험에서 확인하였듯이 모든 인덕터는 인덕터를 만들기 위해 사용한 전선의 저항성분(R_s)을 가지고 있다. 전선이 감겨져 있는 자성체에서도 손실[와전류 손실(eddy current loss)과 히스테리시스 손실(hysteresis loss)]이 열의 형태로 발생하므로 이 손실에 해당하는 저항성분(R_s)도 가지고 있다. 뿐만 아니라 코일을 형성하고 있는 전선 사이의 커패시턴스(C_p)도 가지고 있으므로, 실제적으로 인덕터는 그림 7-42(a)의 RLC 등가회로와 같이 동작주파수가 높아질수록 비례적으로 커져야 한다. 매우 작은 기생(parasitic) 커패시터는 주파수가 낮을 때에는 $(1/j\omega C_p)$가 매우 커져 끊어진 것처럼(없는 것처럼) 작동하지만 주파수가 높아지면 임피던스 $(1/j\omega C_p)$가 매우 작아지므로 C_p를 통과하여 흐르는 전류가 커지고 결과적으로 리액턴스는 어느 주파수에서부터는 감소하기 시작한다. 이 주파수는 L이 클수록 낮아지는데, μH급의 인덕터(가장 많이 쓰인다)는 100 kHz 근처에서 C_p의 효과가 나타나 이상적인 인덕터의 특성과 달라지기 시작하고 μH급의 인덕터는 1 MHz 근처에서 C_p의 효과가 나타나 이상적인 인덕터의 특성과 달라지기 시작하고, μH급의 인덕터는 1 MHz 근처에서부터 이런 현상이 나타난다. 그러므로 R_L 회로에서 v_R을 측정하면 그 크기와 위상이 이상적인 R_L 회로와는 크게 다르게 된다.

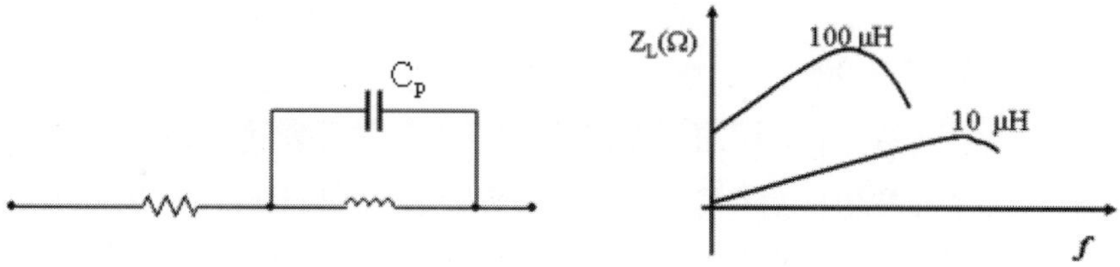

(a) (b)

그림 7-42. 인덕터의 (a) 등가회로와 (b) 주파수특성

커패시터

커패시터도 인덕터와 마찬가지로 저항과 인덕터의 성분을 가지고 있으며 그 등가회로는 그림 7-43(a)와 같다. 등가회로에서 R_s는 사용된 유전체 (= 절연체, dielectrics)의 저항성분($10^{12}\Omega$정도)을 의미하며, 이것 때문에 아주 작은 누설전류가 유전체를 통하여 흐른다. R_p는 유전체 손실(dielectric loss)을 의미하는데, 음식물을 전자레인지로 데울 때 생하는 열이 바로 유전체 손실이며 교류전기장에 의해 물질의 분자가 진동하면서 발생하는 마찰에 의해 생기는 것이다. L_s는 커패시터의 두 전선의 인덕턴스를 의미하며, 1cm당 0.05 μH 정도이므로 2cm 의 두 선이 있으면 0.2 μH 정도이다. 그림 7-43(b)에 2 cm 의 두 선이 달려있는 10 nF 커패시터의 주파수에 대한 리액턴스의 변화를 도시하였다. 4 MHz 이상의 주파수에서는 커패시터가 아니라 인덕터로 동작하는 현상이 나타남을 알 수 있다. 그러므로 고주파 영역에서 RC 회로의 v_R을 측정하면 그 크기와 위상이 이상적인 RC 회로와는 크게 다르게 된다.

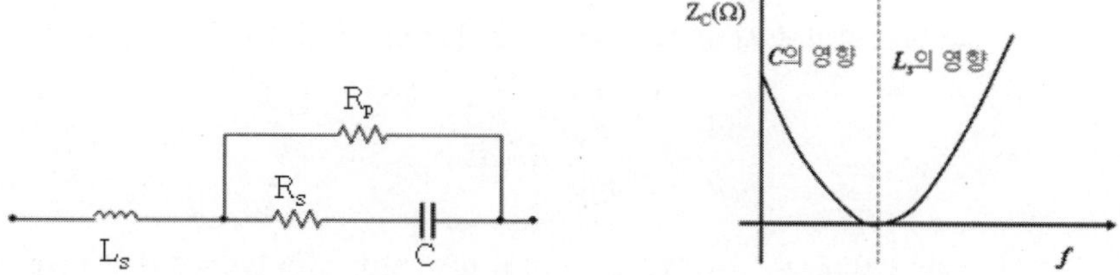

(a) (b)

그림 7-43. 커패시터의 (a) 등가회로와 (b) 주파수특성

7.14 Faraday's Law, 인덕터, 발전기(Generator), 변압기(Transformer)

7.14.1 목적

Faraday's Law를 이해하고 이를 통하여 발전기, 인덕터, 변압기를 이해한다. 변압기의 코일저항의 효과와 주파수응답을 이해한다.

7.14.2 이론

Faraday's Law는 전기전자공학에서 가장 중요한 법칙중의 하나이며 실생활과 밀접한 관계가 있는 법칙이다. 자그마한 부품인 인덕터부터 시작하여 안테나, 변압기, 발전기의 기본원리이며 세탁기, 선풍기 등에 사용되는 유도전동기의 기본원리이다.

Faraday's Law와 발전기

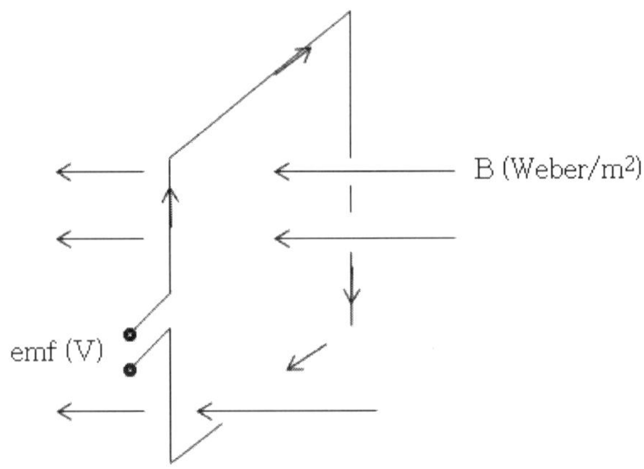

그림 7-44. 폐회로를 통과하는 자속

Faraday's Law는 "어떤 폐회로에 유기되는 기전력(Electromotive Force, emf)은 그 폐회를 통과하는 총 자속(magnetic flux)의 시간에 대한 증가율에 (−)를 곱한 값과 같다"는 법칙이며 수식으로는 다음과 같이 쓴다.

$$emf = -\frac{d\Phi}{dt} = -\frac{d}{dt}\int B \cdot dS \qquad \text{(식 7-115)}$$

그림 7-44에서는 폐회로로 그리지 않았지만 전압을 측정하기 위해 전압계를 연결하거나 저항을 연결하면 폐회로가 된다. 총 자속은 자속밀도(magnetic flux density) B를 면적에 대해 적분한 값이며 면적의 방향과 자속의 방향은 그림과 같이 정의된다. 즉 자속의 방향이 반대로 되면 적분값은 (−)로 된다. 또한 식 7-115에서 (−)는 Lentz's Law

에 의한 것이며 그 의미는 다음과 같다. "저항을 연결하면 전류가 흐르는데 그 전류의 방향은 전류에 의해 발생된 자속이 외부에서 가한 총 자속의 변화를 상쇄하는 방향이다."이 법칙은 물리학에서 관성의 법칙에 비유할 수 있는데 관성의 법칙이란 현재의 상태를 그대로 유지하려는 현상 즉 변화율을 작게 하려는 현상을 의미하므로 Lentz's Law와 유사하다고 할 수 있다. 그림 7-44에서 폐회로의 도선이 한번 더 감겨져 있으면 *emf*는 두 배로 되어 *emf*는 도선을 감은 수, 즉 turn수에 비례한다. 또 폐회로가 그림 7-44의 위치에서 90° 회전하면 폐회로를 통과하는 총 자속은 B가 시간의 함수라 할지라도 항상 0이므로 *emf*는 0 (V)가 된다. B가 시간에 대해 상수일 때 폐회로가 $\omega = 2\pi f$의 각속도로 회전하면 *emf*는 주파수가 f이고 시간에 대해 sine파형인 교류전압이 되며 이는 발전기의 원리가 된다. 폐회로를 회전시키는 힘이 수력이면 수력발전기, 석유나 석탄, 또는 핵분열에서 발생되는 열로 물을 끓여 증기의 압력으로 회전시키면 각각 화력, 원자력발전기가 된다. B가 시간에 대해 상수이고 폐회로가 회전할 때 폐회로의 단자에 저항을 연결하면 전류가 흐르며 이 전류는 총 자속의 변화율을 상쇄하는 방향이므로 식 7-115에서 *emf*가 작아지며 이는 변화율이 작아짐을 의미하여 회전수가 감소하게 된다. 회전수가 감소하면 주파수도 낮아지며 이를 방지하기 위해 떨어지는 물의 양을 증가시키거나 증기의 화력을 증가하여(입력에너지를 증가하여) 일정한 회전수를 유지해야 한다. 저항이 작아진다는 것은 발전기에 병렬(부하에 대해 전압은 일정해야 하므로)로 부하가 많이 걸린다는 것이며 이는 전기에너지의 소모가 많다는 것을 의미하여 발전기에 더 많은 기계적 에너지(수력, 화력, 원자력)를 공급해야함이 당연하다.

실제의 발전기는 많은 turn수의 coil을 감아서 제작하므로 부하저항이 작을 경우 즉 전류가 큰 경우 coil의 저항을 무시할 수 없게 된다. 그러므로 발전기도 출력전압이 v이고 내부저항으로 coil저항을 가진 교류전원이며 실제로 작은 부하저항을 연결하면 power supply와 마찬가지로 출력단자전압이 coil저항과 부하저항의 비에 따라 작아진다.

인덕터

그림 7-44에서 외부자속이 없는 경우(B = 0)에 폐회로의 양단에 교류전압을 가하면 전류가 흐르며 그 전류에 의해 Ampere의 법칙에 따라 자속이 발생한다. 전류가 시간에 따라 변하므로 식 7-115에 의해 *emf* (V)가 유기되며 이 *emf*의 방향은 Lentz' Law에 의해 처음 가해준 교류전압의 반대방향(180° 위상차)이 된다. 이러한 *emf*를 역기전력(Counter *emf*)이라 하며 이를 식으로 표현한 것이 바로 7.9절의 식 7-78인데 교류전류를 인덕터에 흘렸을 때 인덕터에 걸리는 전압이 된다.

$$v_L = L\frac{di}{dt} \qquad \text{(식 7-116)}$$

그러므로 L은 turn수에 비례하여 커진다.

변압기(Transformer)

그림 7-45와 같은 이상적(ideal)인 변압기에서 1차 측에 v_1을 가했을 때 흐르는 전류를 i_1라 하자. 이 전류에 의해 철심속에 발생된 총 자속을 Φ라 하면 Faraday's Law에 의해 v_1과 Φ의 관계는 다음과 같다. N_1, N_2는 turn수이다.

$$v_1 = N_1\frac{d\Phi}{dt} \qquad \text{(식 7-117)}$$

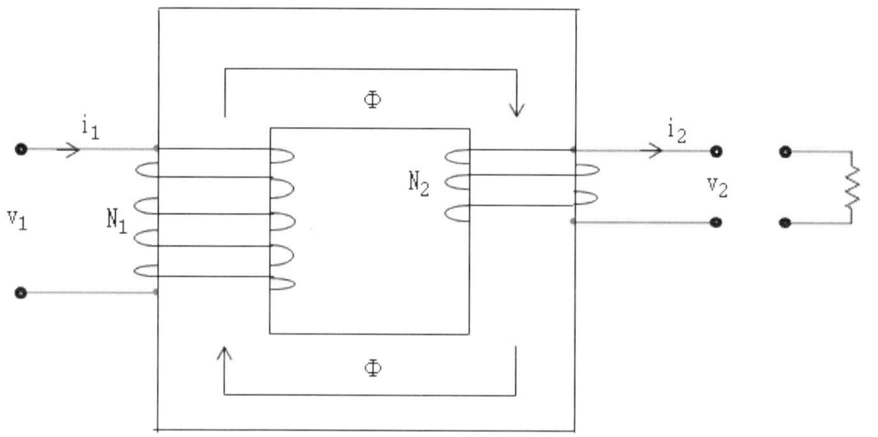

그림 7-45. 이상적인 변압기

2차 측에 유도되는 전압은 역시 Faraday's Law에 의해

$$v_2 = N_2\frac{d\Phi}{dt} \qquad \text{(식 7-118)}$$

가 되므로

$$\frac{v_1}{v_2} = \frac{N_1}{N_2} \qquad \text{(식 7-119)}$$

가 된다. 또한 총 자속 Φ는 전류와 turn수의 곱에 비례하므로

$$\Phi = N_1 i_1 = N_2 i_2 \qquad \text{(식 7-120)}$$

$$\frac{i_1}{i_2} = \frac{N_1}{N_2} \qquad \text{(식 7-121)}$$

이 된다. 2차 측에 부하로서 저항 R_L을 연결하였을 때 2차 측에 흐르는 전류 i2는

$$i_2 = \frac{v_2}{R_L} \qquad \text{(식 7-122)}$$

이므로 1차 측에서는 다음과 같이 변압기대신 R_{eff}가 부하로 연결된 것 같이 보인다.

$$R_{eff} = \frac{v_1}{i_1} = \left(\frac{N_1}{N_2}\right)^2 R_L \qquad \text{(식 7-123)}$$

$N_1 < N_2$인 경우 2차 측의 전압이 더 높아지며 반대로 전류는 1차 측의 전류가 2차 측보다 더 커지므로 1차 측에 더 굵은 전선을 사용한다. 이와 같이 변압기는 전압, 전류, 임피던스를 turn수의 비에 의해 다른 값으로 변환시키는 역할을 한다. 특히 임피던스 변환용 변압기는 고출력 스피커에 임피던스 정합용으로 많이 사용된다.

그런데 실제의 변압기에서 2차 측에 부하가 없는 경우, 즉 두 단자사이에 아무 것도 연결되어 있지 않은 경우($R_L = \infty$), $i_2 = i_1 = 0$ (A)이므로 전압이 시간에 대해 변하더라도 철심속의 총 자속은 $\Phi = 0$이며 *emf*는 항상 0 (V)가 되어 Faraday's Law가 틀린 것처럼 보인다. 그러나 이렇게 2차 측이 open일 경우 2차 측에 전류가 흐르지 않으므로 2차 측에 의해 자속이 발생하지 않고 결과적으로 2차측이 없는 것과 같으며 이 때 변압기는 커다란 인덕터가 된다. 즉 역기전력만 발생하는 인덕터이므로 식 7-117 ~ 119를 사용할 수 없다. 그러므로 한 쪽이 open상태에서 다른 한쪽은 인덕터이므로 직렬로 R을 연결하면 정확히 R_L회로처럼 동작하여 R의 값을 안다면 L값도 측정할 수 있다. 정확한 L 측정을 위해서는 권선의 저항도 측정해야함은 물론이다(이론 7.9절 참조).

실제 변압기에서도 이론적으로 이상한 점은 있다. 2차에 부하가 있으면 전류가 흐르고 그 전류에 의해 발생된 자속 Φ는 Lentz's Law를 따르면 1차 전류에 의한 자속을 상쇄하는 방향이 되므로 결과적으로 철심내의 자속은 0이 되어 2차 전압을 유도할 수 없게 된다. 무엇이 잘못 되었을까? - 실제로 2차 전류에 의한 자속은 식 7을 만족하는 1차 전류에 의한 자속을 상쇄한다. 그러나 1차 측에는 식 7을 만족하는 전류뿐만 아니라 위에서 설명한 인덕터전류가 흐르며 이 전류를 여자전류(Magnetization Current)라 부른다. 결과적으로 2차 측 부하에 의한 전류가 발생한 자속은 그 전류가 아무리 크더라도 식 7을 만족하는 1차측 전류의 자속에 의해 상쇄되고 철심속의 자속은 여자전류에 의한 자속으로 항상 일정하다. 그러나 여자전류는 일반적으로 부하에 의한 전류보다 대단히 작으므로 위 식들은 이 여자전류를 무시한 이상적인 변압기에 대한 식이다.

그렇다면 변압기 2차측 전류는 아무리 커도 변압기에 이상이 없을까? 실제로는 과열되어 타버리거나 폭발한다. 그 이유는 coil을 감는데 사용한 구리선의 저항 때문에 열이 발생하기 때문이다. 그러므로 2차 측은 출력전압이 v_2이고 내부저항으로 coil저항을 가진 교류전원이며 실제로 2차측에 작은 부하저항을 연결하면 power supply와 마찬가지로 출력단자전압이 권선저항과 부하저항의 비에 따라 작아진다.

또한 실제의 변압기는 R, L, C와 마찬가지로 그 특성이 주파수의 함수이다. 그러므로 신호의 주파수에 따라 변압기를 잘 선정하여 사용해야 한다.

7.15 최대전력 전달(Maximum Power Transfer) 및 임피던스 정합(Impedance Matching)

7.15.1 목적

회로망에 있어서 부하에 최대의 전력을 전달하기 위한 조건인 임피던스정합을 이해하고 임피던스 정합에 많이 쓰이는 변압기의 역할을 이해한다.

7.15.1 이론

▌최대전력 전달(Maximum Power Transfer)

실제의 전자전기제품, 예를 들어 audio-amplifier의 경우에 회로의 마지막 끝에 있는 증폭기(Power Amplifier)의 출력단자는 스피커에 연결된다. 이들을 등가회로로 표현하면 교류전원 역할을 하는 증폭기에 부하저항으로서의 스피커가 연결된 것이라 할 수 있다. 모든 전원은 내부저항을 가지고 있으므로 증폭기의 내부저항을 R_{in}, 교류전압을 V_{in}, 부하저항을 R_L이라 하면 그 등가회로는 그림 7-46(b)와 같다.

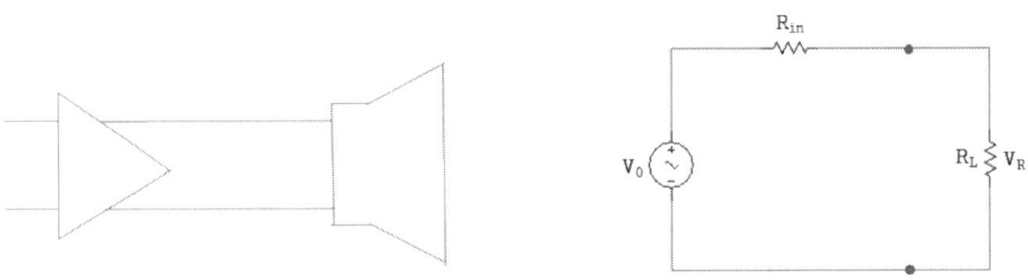

(a) 증폭기와 스피커의 연결　　(b) 등가회로

그림 7-46. 등가회로로 표현

회로를 설계할 때 효율을 높이기 위해서는 부하에 최대의 전달이 전달되게 해야 하므로 우선 부하에 전달되는 power를 계산해보면 다음과 같다.

$$\begin{aligned} \mathrm{P} &= V_R I \\ &= V_o \frac{R_L}{R_{in} + R_L} \cdot \frac{V_o}{R_{in} + R_L} \\ &= \frac{V_o^2 R_L}{(R_{in} + R_L)^2} \end{aligned} \qquad \text{(식 7-124)}$$

교류전원의 내부저항은 대부분 고정되어 있으므로 식 7-124에서 RL을 변수로 놓고 미분하여 미분값이 0이 되는 *RL*을 구하면 그 때 최대의 전력이 전달되게 된다. 그러므로 식 7-124을 미분하여 정리하면

$$\frac{R_L^{\,2} - R_{in}^{\,2}}{(R_{in} + R_L)^4} = 0$$

$$R_L = R_{in} \qquad \text{(식 7-125)}$$

이 되며 결과적으로 증폭기의 내부저항과 스피커의 저항이 같을 때 최대전력이 전달됨을 알 수 있다. 이런 상황을 임피던스 정합(Impedance Matching)이 되었다고 말한다.

그러나 대부분 실제의 증폭기의 출력저항(내부저항)은 50 Ω으로 설계되며 스피커의 저항은 수 Ω정도이므로 식 7-125를 만족할 수 없다. 스피커에 직렬로 저항을 달거나 증폭기의 출력단에 병렬로 저항을 달아 임피던스정합을 이룰 수 있으나 정합에 사용된 저항으로도 전류가 흘러 열로 전력이 소비되므로 효율이 낮아진다. 손실이 없이 임피던스를 변환시키는 데에 현실적으로 가장 많이 사용되는 소자가 이른 7.14절에서 설명한 변압기이다. 그림 7-47에 변압기를 사용한 임피던스 정합회로와 그 등가회로를 도시하였다.

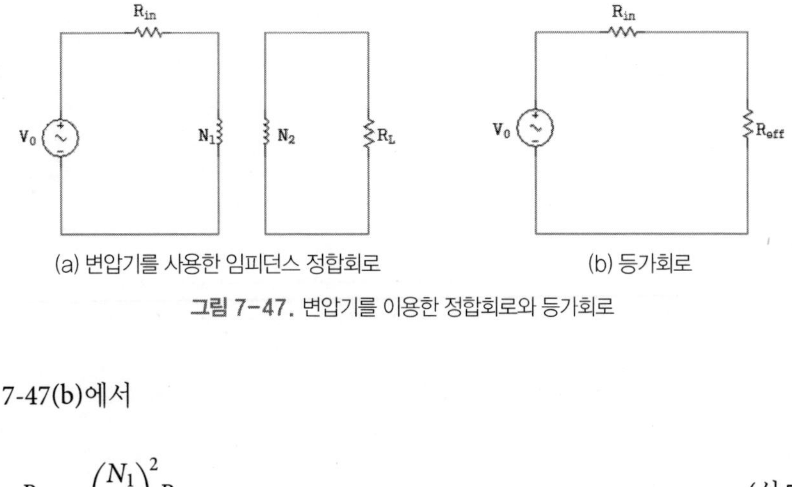

(a) 변압기를 사용한 임피던스 정합회로 (b) 등가회로

그림 7-47. 변압기를 이용한 정합회로와 등가회로

그림 7-47(b)에서

$$R_{\text{eff}} = \left(\frac{N_1}{N_2}\right)^2 R_L \qquad \text{(식 7-126)}$$

이므로 변압기의 turn수의 비를 조정하면 임의의 내부저항과 부하에 대해서도

$$R_{\text{eff}} = R_{in} \qquad \text{(식 7-127)}$$

을 만족시킬 수 있으며 이때 R_{in}과 R_{eff}에 걸리는 전압은 정확히 같다.

PART 03

설계 및 실습

All in One Platform, **Electronic Circuit Design to Test**

Chapter 08

All in One Platform, **Electronic Circuit Design to Test**

Multisim과 VirtualBench의 기초

8.1 목적

교수, 또는 실험조교가 Multisim과 VirtualBench의 사용법을 보여줌으로써 기초적 사용법을 이해한다.

8.2 준비물(/1 개 조)

- VirtualBench 1 대 (각종 악세서리 Box 포함)
- PC (Multisim과 VirtualBench가 탑재되어 있는 데스크 탑, 또는 노트북)
- 빔프로젝터
- BNC-to-집게 동축선: 1개
- 탄소저항: 47 Ω 1/8 W, 5 % 8개
- 탄소저항: 1 kΩ, 1/8 W, 5 % 3 개
- 탄소저항: 100 Ω 1/8 W, 5 % 1개
- Op amp: UA741CN 1개
- 커패시터: 1 μF 1개
- Breadboard(빵판): 1개
- 점퍼선: 10 cm 5개

8.3 시범교육 내용

교재의 “VirtualBench”의 ‘6.2. Digital Multimeter와 Function Generator’와 ‘함수발생기(FGen)와 복합신호오실로스코프(MSO)’의 내용을 따라가면서 Multisim으로 회로도를 그리고 시뮬레이션하는 방법과 VirtualBench의 사용법을 시범적으로 보여준다.

8.4 숙제

교재의 “VirtualBench”의 ‘6.2. Digital Multimeter와 Function Generator’와 ‘함수발생기(FGen)와 복합신호오실로스코프(MSO)’에 제시된 회로를 Multisim으로 그리고 시뮬레이션결과를 제출한다.

설계실습 1 저항, 전압, 전류의 측정방법 설계

1. 목적

DMM을 이용한 저항, 전압, 전류의 측정방법을 설계하고 실험적으로 확인한다.

2. 준비물(/1 개 조)

- VirtualBench 1 대 (각종 악세서리 Box 포함)
- PC (데스크 탑, 또는 노트북)
- 6 V 건전지 1 개
- 탄소저항: 10 kΩ, 1/8 W, 5 % 30 개
- 탄소저항: 5 kΩ, 1/8 W, 5 % 2 개
- 가변저항: 20 kΩ, 2 W 1 개
- 점퍼선: 10 cm 5개

3. 설계 및 실험계획서 (이론 7.1, 7.2, 7.3절 참조)

3.1 고정저항 측정

3.1.1 DMM을 사용하여 10 kΩ, 오차 5%의 저항을 측정하려한다. Multisim을 사용하여 하나의 저항을 측정하는 회로도를 ‘VirtualBench 사용법’의 그림 6-8과 같이 측정

값이 나오도록 시뮬레이션하여 제출한다. ‘Multisim-기초’와 ‘VirtualBench 사용법’의 내용을 참조하여 저항측정을 위한 DMM의 설정방법(측정대상 설정, 측정범위 설정, 전선의 연결 순서 등)을 번호를 붙여서 서술하여 제출한다.

3.1.2 10 kΩ, 오차 5%의 저항 수백 개를 측정했을 경우, 측정값의 예상 분포도를 제출하라 (x축과 y축의 단위를 무엇으로 할 것인가? - 고등학교 때 배운 확률분포에 대한 지식을 참고한다). 수백 개 중 몇 %의 저항이 오차(5 %)를 만족하는지 한 눈에 알 수 있도록 예상분포도를 그려서 제출한다.

3.1.3 두 개의 저항을 병렬로 연결하여 사용하면 편차가 작아질 것인가?(Y or N? 근거를 수식적으로 제시한다). 10 kΩ, 오차 5%의 저항 두 개가 병렬로 연결된 회로의 총 저항을 측정하는 회로도를 ‘VirtualBench 사용법’의 그림 6-8과 같이 측정값이 나오도록 시뮬레이션하여 제출한다.

3.2 전압 측정 및 직류전원

3.2.1 DMM을 사용하여 6 V 건전지의 전압을 측정하려고 한다. ‘VirtualBench 사용법’의 내용을 참조하여 저항측정을 위한 DMM의 설정방법(측정대상 설정, 측정범위 설정, 전선의 연결 순서 등)을 번호를 붙여서 서술하여 제출한다.

3.2.2 VirtualBench의 6 V DC Power Supply의 출력이 3 V로, 25 V DC Power Supply의 출력이 5 V로, −25 V DC Power Supply의 출력이 −3 V로 설정되어 있을 때,

(a) 6 V DC Power Supply의 + 단자와 25 V DC Power Supply의 + 단자 사이의 전압은 이론적으로 몇 V인가? 실제로 측정하면 DMM에 몇 V로 나타나겠는가?

(b) 25 V DC Power Supply의 + 단자와 −25 V DC Power Supply의 + 단자 사이의 전압은 이론적으로 몇 V인가? 실제로 측정하면 DMM에 몇 V로 나타나겠는가?

(c) 이 두 측정은 무엇을 의미하는가?

3.3 전류 측정

실험실에서 사용자의 조작 미숙으로 가장 많이 고장 나는 장비가 전류측정기 또는 DMM의 전류 측정부이다. 충분한 실험준비는 실험시간의 단축뿐만 아니라 장비의 고장을 줄이는 효과를 준다. 5 V직류전원에 10 kΩ저항이 연결된 회로에서 저항에 흐르는 전류를 측정하기 위한 조작방법을 번호를 붙여서 순서대로 작성하고 측정을 위한 장비 연결도를 이론 7.1, 7.2, 7.3절의 내용과 ‘VirtualBench 사용법’을 참조하여 설계하여 제출하라. 예상전류는 얼마인가?

3.4 5 kΩ, 10 kΩ저항이 병렬 연결된 저항에 5 kΩ 저항이 직렬 연결되어 있다. 이것의 양단에 5 V 전원이 연결되어 있는 회로를 그려서 제출하라. 각각의 저항에 걸리는 전압을 측정하는 회로도를 그리고 측정순서 및 DMM조작순서를 작성하여 제출하라. 각각의 저항에 흐르는 전류를 측정하는 회로도를 그리고 측정순서 및 DMM조작순서를 작성하여 제출하라. 각각의 전압과 전류를 계산하여 제출하라.

3.5 VirtualBench의 앞면에 있는 DMM의 ⏚단자와 뒷면 220 V입력단의 접지단자사이의 저항을 측정하면 얼마가 되겠는가? DMM의 ⏚단자와 뒷면 220 V입력단의 접지단자사이의 저항을 측정하면 얼마가 되겠는가? 이 측정이 무슨 의미가 있는가? DMM 두 대를 사용한 측정방법을 번호를 붙여서 순서대로 작성하고 측정을 위한 장비 연결도를 이론 7.1, 7.2, 7.3절의 내용과 'VirtualBench 사용법'을 참조하여 설계하여 제출하라.

4. 실험내용 및 절차

실습 전에 PC에 VirtualBench가 설치l되어 있어야 한다. (앞의 "VirtualBench 사용법"의 서론 참조)

4.1 VirtualBench를 220 V 전원에 연결한 후 전면 왼쪽 위의 전원 버튼을 누른다.

4.2 한 쪽에 USB커넥터가 있는 선을 VirtualBench의 뒷면에 연결하고 나사를 조인 후 USB커넥터를 PC나 노트북에 연결한다.

4.3 PC나 노트북 화면의 시작버튼을 누르고 오른쪽 메뉴에서 '컴퓨터'를 클릭한다. 잠시 기다리면 이동식미디어장치에 'CD 드라이브( ) NI VirtualBench'가 뜰 것이다.

4.4 'CD 드라이브( ) NI VirtualBench'를 클릭한 후 맨 아래 'VirtualBenchLauncher'를 더블 클릭하고 10초 이상 기다리면 그림 8-1의 화면이 뜬다.

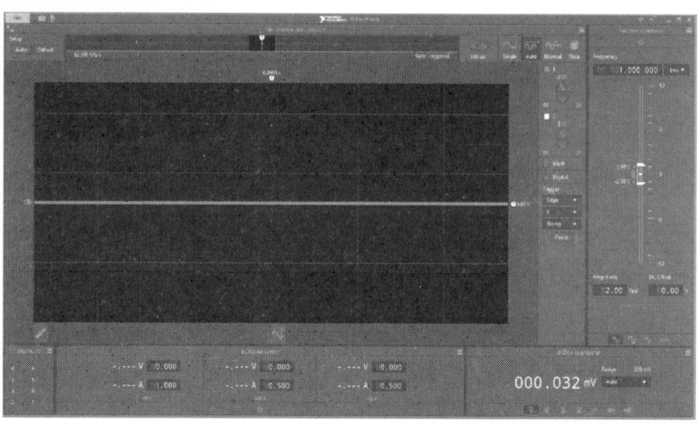

그림 8-1. 초기화면

4.5 위 그림에서 오른 쪽 아래가 DMM이며 그림 8-2와 같이 Ω을 선택한다.

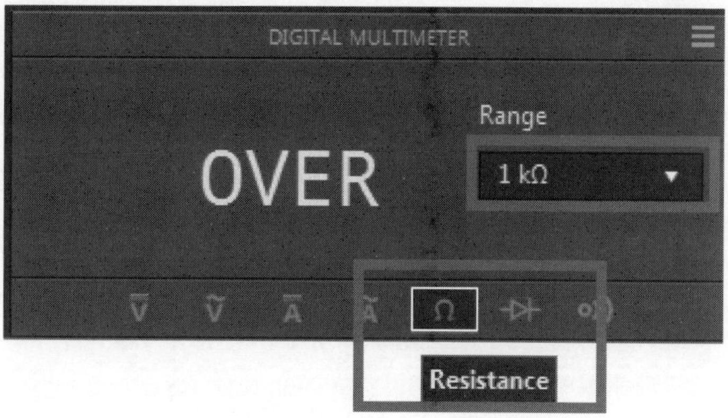

그림 8-2. DMM에서 저항측정 모드의 선택

4.5.1 3.1의 설계를 기반으로 하여 DMM을 저항측정 mode에 놓고 측정범위를 잘 조정한 후 DMM을 사용하여 저항(5 % 10 kΩ, 30 개)을 측정하여 기록하라. 몇 %의 저항이 오차(5 %)를 만족하는지 한 눈에 알 수 있도록 분포도를 제출하라 (x축과 y축의 단위를 무엇으로 할 것인가?). 예상 분포와 어떤 차이가 있는가? 저항에 표시된 오차를 벗어난 것이 있다면 전체 저항 중 몇 %인가? 표준편차는 얼마인가?

4.5.2 저항(5 % 10 kΩ, 30 개)을 2개씩 병렬 연결하여 각각 저항을 측정하여 기록하라. 표준편차는 얼마인가? 4.1의 표준편차와 비교하라. 비교결과를 이론적으로 분석하여 설명하라.

4.5.3 가변저항을 변화시키면서(적어도 3번) 각 단자사이의 저항을 측정하여 기록하라. A, B, C 각 단자사이의 저항값은 어떤 관계를 가지고 있는가?

4.5.4 DMM을 DC전압측정 mode에 놓고 측정범위를 잘 조정한 후 DMM을 사용하여 6 V 건전지의 전압을 측정하여 기록하라. 예상보다 높은가?

4.5.5 VirtualBench의 전압안정 직류전원(DC Power Supply)을 사용하여 6 V 채널의 출력이 직류 5 V가 되도록 전원의 전압표시기를 읽어 조정한 후 DMM으로 측정, 기록하라. 전원의 전압표시와 DMM으로 측정한 값의 오차(%)가 얼마인가? 이 오차를 계산할 때 기준은 어느 것인가?

4.5.6 DMM을 전류측정 mode에 놓고 전류측정범위를 최대로 조정하라. DC power supply(5 V), 10 kΩ, DMM을 직렬로 연결하여 전류를 측정하라. 측정범위를 낮추어 가면서 가능한 한 정확한 전류를 읽고 기록하라. 절대로 실제 전류가 측정범위를 넘어가지 않도록 주의하라. 3.3에서 계산한 전류 값과의 오차가 몇 %인가? 이 오차의 크기에서 무엇을 느꼈는가? (오차를 계산할 때 무엇을 분모로 할 것인가를 잘 결정하라.)

4.5.7 5 kΩ, 10 kΩ저항이 병렬 연결된 저항에 5 kΩ 저항이 직렬 연결되어 있다. 이것의 양단에 5 V 전원이 연결되어 있는 회로를 구성하라. 각각의 저항에 걸리는 전압, 각각의 전선에 흐르는 전류를 측정하여 기록하라. 전류와 전압은 Ohm의 법칙을 만족하는가? 각 저항의 전압과 전류의 계산치와 실험치, 그리고 오차(%)를 표로 작성하여 측정회로도와 제출하라. 오차의 원인은 무엇이라 생각하는가? 정확히 측정한다면 오차를 얼마나 줄일 수 있겠는가?

4.5.8 두 대의 VirtualBench를 사용하여 VirtualBench의 앞면에 있는 DMM의 ⏚단자와 뒷면 220 V입력단의 접지단자사이의 저항을 측정하라. ⏚단자와 뒷면 220 V입력단의 접지단자사이의 저항을 측정하라. ⏚단자와 ⏚단자 사이의 저항을 측정하라. 측정결과를 설명하라.

5. 검토 및 결론

전체적으로 설계실습이 잘 되었는가? 잘 되었다면 무슨 근거로 잘되었다고 생각하는가? 잘 안되었다면 그 이유는 무엇이라고 생각하는가? 설계실습 계획서는 잘 작성되었다고 생각하는가? 계획서에서 자신이 설계한 회로, 또는 방법이 틀렸다면 왜 틀렸다고 생각하는가? 무었을 배웠고 무었을 느꼈는가?

설계실습 2 전원과 DMM의 내부저항 측정방법 설계

1. 목적

건전지의 내부저항을 측정하는 장치와 DMM의 내부저항을 측정하는 방법을 설계, 제작하여 측정하고 DC power supply의 동작원리를 이해한다.

2. 실험준비물

- VirtualBench 1 대 (각종 악세서리 Box 포함)
- PC (데스크 탑, 또는 노트북)
- 건전지: (6 V) 1 개
- 탄소저항: (10 Ω, 2 W, 5 %) 1개,
- 탄소저항: (22 MΩ, 1/8 W, 5 %) 1개
- Pushbutton switch(normally off)
- 점퍼선: 10 cm 5개

3. 설계 및 실험계획서(이론, 7.1, 7.2, 7.3절 참조)

3.1 (a) 건전지의 내부저항이 어느 정도일 것 같은가? (b) 건전지(6 V)의 내부저항을 측정하는 회로와 절차를 설계하여 제출하라. 단, 가능한 한 측정에 의한 전력소비가 최소가 되도록 10 Ω 저항과 Pushbutton을 사용하라.

3.2 VirtualBench의 DC Power Supply의 6 V 채널, 25 V 채널의 최대 공급전류는 각각 몇 A인가? 예를 들어 6 V 채널의 출력전압이 1 V인 상태에서 0.5 Ω의 저항을 연결하면 어떤 현상이 일어나겠는가? DC Power Supply의 Thevenin 등가회로를 사용하여 설명하라.

3.3 DC power supply의 6 V 채널의 출력을 5 V, 25 V 채널의 출력을 10 V로 조정하고 DMM으로 +단자사이의 전압을 측정하면 몇 V로 측정되겠는가? 또 그 이론적 근거를 제시하라.

3.4 3.3과 같은 상황에서 25 V 채널의 +단자가 6 V 채널의 +단자보다 5 V 높게 하려면 어떻게 연결해야 하는지 연결도를 설계하여 그림을 제출하라.

3.5 DMM을 전압측정 mode에 놓았을 때 DMM의 내부저항을 측정하는 회로와 절차를 설계하여 제출하라.(저항이 필요하면 22 MΩ을 사용하라.)

3.6 DMM으로 교류전압(110 V, 220 V)을 측정하려 한다. DMM의 조작방법과 연결도를 설계하여 제출하라.

4. 실험내용 및 절차

4.1 실험계획 3.1에서 고안한 방법을 사용하여 6 V 건전지의 내부저항을 측정하고 기록하라. 반드시 DMM을 전압측정 mode에 놓은 후 DMM을 회로에 연결하라. DMM으로 측정에 사용되는 저항을 측정하여 기록하라.

(a) 실제 측정회로를 그려서 제출하라. 건전지의 내부저항은 얼마 정도인가? 생각보다 큰가, 작은가? 측정치로 미루어보아 현실적인 회로에서 내부저항을 고려해야할 정도인가?

(b) 본인의 실험계획 3.1이 잘 되었다고 생각하는가? 그렇지 않다면 본인이 무엇을 잘못 생각하였는지 기술하라.

(c) Pushbutton switch가 없다면 어떤 현상이 일어날 것인가?

4.2 DC power supply의 6 V 채널의 출력을 5 V, 25 V 채널의 출력을 10 V로 조

정하라. DMM을 전압측정 mode로 놓고 각 채널의 출력전압을 측정하고 기록하라. DMM으로 측정한 전압이 5 V, 10 V와 얼마나 차이가 있는가? DC power supply의 값과 측정된 값 중 어느 것이 더 정확한 값인가? 오차를 %로 구하라. 오차를 계산할 때 어느 것이 기준인가?

4.3 25 V 채널의 출력의 +단자가 6 V 채널의 출력의 +단자보다 5 V 높도록 실험계획 3.4에서 고안한 방법을 사용하여 연결하고 +단자사이의 전압을 측정하여 기록하라. 측정회로도를 제출하라. 측정결과가 예상과 일치하는가?

4.4

(a) DC power supply의 25 V 채널을 10 V로 조정하고 25 V 채널의 (+)단자에 22 MΩ 저항의 한 끝을 연결하라. DMM을 전압측정 mode에 놓은 후 22 MΩ 다른 한 끝과 ⏚ 단자사이의 전압을 측정하고 기록하라.

(b) DMM을 연결하지 않았을 때 22 MΩ 다른 한 끝과 ⏚ 단자사이의 이론적 전압은 얼마인가?

(c) (a)의 결과를 이용하여 전압측정 mode에서 DMM의 내부저항을 계산하라. 회로도를 그려서 설명하라.

(d) DMM으로 전압을 측정할 때 주의할 점은 무엇인가?

4.5 DMM으로 교류전압(110 V, 220 V)을 측정하기 위해 DMM의 측정모드를 AC, Volts에 놓고 측정범위를 300 V 이상으로 조정한 후 벽면 소켓의 단자(3 개)사이의 전압을 측정하여 기록하라. 실험실의 교류전원의 벽면내의 배선도를 그려서 제출하라.

5. 검토 및 결론

전체적으로 설계실습이 잘 되었는가? 잘 되었다면 무슨 근거로 잘되었다고 생각하는가? 잘 안되었다면 그 이유는 무엇이라고 생각하는가? 설계실습 계획서는 잘 작성되었다고 생각하는가? 계획서에서 자신이 설계한 회로, 또는 방법이 틀렸다면 왜 틀렸다고 생각하는가? 무엇을 배웠고 무엇을 느꼈는가?

설계실습 3 Voltage Divider 설계

1. 목적

실용적이고 저가의 분압기를 설계, 제작하고 설계치와 실험치를 비교, 분석한다.

2. 실험준비물

- VirtualBench 1 대 (각종 악세서리 Box 포함)
- PC (데스크 탑, 또는 노트북)
- 탄소저항: (3.3 kΩ, 1/4 W, 5 %) 2개,
- 탄소저항: (6.8 kΩ, 1/4 W, 5 %) 1개,
- 탄소저항: (1.8 kΩ, 1/4W, 5 %) 1개
- 탄소저항: (27 kΩ, 1/4W, 5 %) 1개
- 탄소저항: (3 kΩ, 1/4W, 5 %) 1개
- 점퍼선: 10 cm 5개

3. 설계 및 실험계획서 (이론, 7.1, 7.2, 7.3, 7.4절 참조)

3.1 분압기의 설계(부하를 고려하지 않은 잘못된 설계)

전압안정 DC power supply의 출력전압이 15 V로 고정되어 있을 때 3.3 kΩ 저항에 6 V의 전압(출력)이 걸리는 회로를 설계하여 제출하라.

3.2 부하의 영향

위의 3.3 kΩ 저항에 또 하나의 3.3 kΩ의 저항이 병렬로 연결될 때의 이 병렬저항에 걸리는 전압(출력)을 측정하는 회로를 설계하여 제출하라. 예상 출력전압을 명시하라.

3.3 분압기의 설계(부하를 고려한 현실적 설계)

(a) 출력전압이 15 V로 고정되어 있는 DC power supply를 이용하여 정격전압, 정격전류가 각각 9 V, 3 mA인 부하에 전력을 공급할 수 있는 분압기를 설계하여 제출하라.
(b) 설계대로 회로가 동작하는지(부하의 전압, 전류)를 측정하는 회로와 방법을 기술하여 제출하라.

4. 실험내용 및 절차

4.1

(a) 실험계획 3.1의 회로를 구성하여 출력전압을 측정하여 기록하라. 측정회로를 그리고 자신이 설계한 회로와 차이가 있다면 그 차이를 분석하라.

(b) 위의 회로에 3.3 kΩ의 부하를 병렬연결하고 출력전압을 측정하여 기록하라. 왜 이 회로가 비현실적이며 잘못된 회로인지 설명하라.

4.2

(a) 실험계획 3.3의 회로를 무부하 상태로 구성하고 출력전압을 측정하라. 측정회로를 그리고 자신이 설계한 회로와 차이가 있다면 그 차이를 분석하라.

(b) 부하로서 3 kΩ 저항을 연결하여 부하에 걸리는 전압을 측정하여 기록하라. 측정치와 설계치를 비교하고 오차를 %로 표시하라. 오차의 원인을 분석하라.

5. 검토 및 결과

이상적인 직류전원과 분압기에 의한 직류전원의 차이는 무엇인가? 전체적으로 설계실습이 잘 되었는가? 잘 되었다면 무슨 근거로 잘되었다고 생각하는가? 잘 안되었다면 그 이유는 무엇이라고 생각하는가? 설계실습 계획서는 잘 작성되었다고 생각하는가? 계획서에서 자신이 설계한 회로, 또는 방법이 틀렸다면 왜 틀렸다고 생각하는가? 무엇을 배웠고 무엇을 느꼈는가?

설계실습 4 Thevenin 등가회로 설계

1. 목적

Thevenin 등가회로를 설계, 제작, 측정하여 원본 회로 및 이론값과 비교한다.

2. 실험준비물

- VirtualBench 1 대 (각종 악세서리 Box 포함)
- PC (데스크 탑, 또는 노트북)
- 탄소저항: 5% 1/2 W
  330Ω, 390Ω, 470Ω, 1000Ω, 1200Ω, 3300Ω 각 1개
- 가변저항: 5kΩ , 2 W급 1개
- 점퍼선: 10 cm 5개

3. 설계 및 실험계획서

그림 8-3과 같이 RL이 부하인 브리지회로의 Thevenin 등가회로를 이론 및 실험으로 구하고 비교하려 한다.

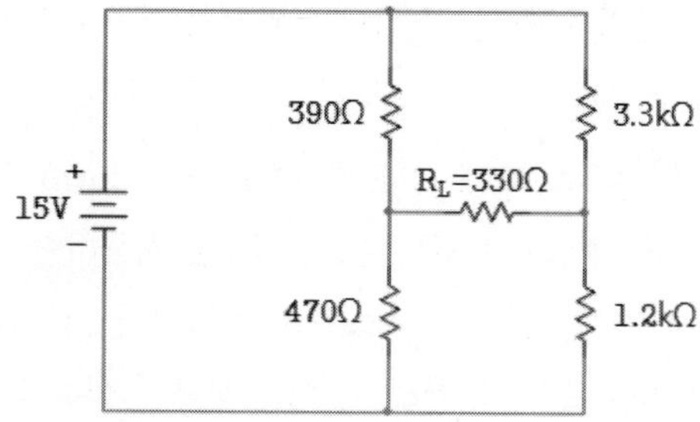

그림 8-3. 브리지회로(bridge circuit)

3.1 브리지회로에서 R_L에 걸리는 전압은 얼마인가?

3.2

(a) V_{Th}와 R_{Th}를 이론적으로 구하고 Thevenin 등가회로를 제출하라.

(b) Thevenin 등가회로에서 R_L에 걸리는 전압은 얼마인가?

3.3

(a) Thevenin 등가회로를 실험적으로 구하려고 한다. V_{Th}를 구하는 실험회로를 설계하고 실험절차를 설명하라. 전압측정기(DMM)의 위치를 명시하라.

(b) R_{Th}를 구하는 실험회로를 설계하고 실험절차를 설명하라. 저항측정기(DMM)의 위치를 명시하라.

3.4 (a) 부하가 포함된 Thevenin 등가회로를 그리고 R_L의 전압을 측정하는 회로를 그려라. 이 값은 3.1과 3.2 (b)에서 구한 값과 같아야 한다.

4. 실험내용 및 절차

4.1 그림 8-3과 같이 회로를 구성하고 R_L에 걸리는 전압을 측정하라. 3.1에서 계산한 값과의 오차는 얼마인가? 오차의 이유는 무엇인가?

4.2

(a) 실험계획 3.3의 방법으로 V_{Th}를 측정하여 기록하라. 즉 DMM을 DC전압을 측정할 수 있도록 조정한 후 그림 1에서 R_L을 제거하고 그 자리에 DMM을 연결하여 전압을 측정하여 기록하라.

(b) 실험계획 3.2의 방법으로 R_{Th}를 측정하여 기록하라. 즉 DMM을 저항을 측정할 수 있도록 조정한 후 그림 1에서 DC power supply를 제거하고 그 자리를 전선으로 연결하라. R_L을 제거하고 그 자리에 DMM을 연결하여 저항을 측정하여 기록하라. 3.2에서

계산한 값과의 오차는 얼마인가? 오차의 이유는 무엇인가?

4.3 DMM을 저항을 측정하는 mode로 setting한 후 5kΩ 가변저항을 측정하여 R_{Th}가 되도록 조정하라. DMM을 DC전압을 측정하는 mode로 setting한 후 DC power supply를 측정하여 V_{Th}가 되도록 조정하라. Thevenin 등가회로를 구성하라. R_L에 걸리는 전압을 측정, 기록하라. 다음 표를 완성하라.

	V_{Th}	R_{Th}	R_L에 걸리는 전압	오차(%)
원본회로			4.1결과 값 기록	
등가회로이론값	3.2 (a)	3.2 (a)	3.2 (b)	
등가회로 측정값	4.2 (a)	4.2 (b)	4.3	

5. 검토 및 결과

Thevenin의 정리가 성립하는가? 전체적으로 설계실습이 잘 되었는가? 잘 되었다면 무슨 근거로 잘되었다고 생각하는가? 잘 안되었다면 그 이유는 무엇이라고 생각하는가? 설계실습 계획서는 잘 작성되었다고 생각하는가? 계획서에서 자신이 설계한 회로, 또는 방법이 틀렸다면 왜 틀렸다고 생각하는가? 무엇을 배웠고 무엇을 느꼈는가? Norton 등가회로에 대해서는 왜 실습을 하지 않는다고 생각하는가?

설계실습 5 함수발생기와 오실로스코프

1. 목적

함수발생기와 오실로스코프의 사용방법을 익힌다.

2. 실험준비물

- VirtualBench 1 대 (각종 악세서리 Box 포함)
- PC (데스크 탑, 또는 노트북)
- BNC-to-BNC 동축선 40 cm 정도 1개

3. 설계 및 실험계획서 (이론 7.6절 참조)

함수발생기 (Function Generator)가 5 V (peak-to-peak), 1 kHz의 정현파 신호를 출력하도록 조정한 후 오실로스코프로 관측하려고 한다.

3.1

(a) 오실로스코프의 세로축은 8칸 (8 Division)이다. 한 가운데 가로선을 중심으로 아래 위 각각 세 칸 안에 전체 파형이 보이도록 하려면 다음 중 어느 것으로 설정하는 것이 좋은가? (10, 20, 50, 100, 200, 500 mV/ Div, 1, 2, 5 V/Div)

(b) 오실로스코프의 가로축은 10칸 (10 Division)이다. 오실로스코프의 화면에 5 개 정도의 +peak가 보이도록 하려면 다음 중 어느 것으로 설정하는 것이 좋은가? (5, 10, 20, 50, 100, 200, 500 ns/Div, 1, 2, 5, 10, 20, 50, 100, 200, 500, μs/Div, 1, 2, 5, 10, 20, 50, 100, 200, 500 ms/Div)

4. 실험 내용 및 절차

4.1 함수 발생기의 설정: 5 V_{pp} (peak-to-peak), 1 kHz의 정현파 신호

4.1.1 VirtualBench의 초기화면의 오른쪽에 있는 그림 8-4의 윗부분 "Frequency"의 아래 숫자부분에 커서를 위치시키고 숫자를 입력하거나 아래 위 화살표를 움직여 주파수를 1 kHz로 선택한다.

4.1.2 그 아래 수직선의 흰색 화살표를 움직여 0 V를 중심으로 2.5 V, −2.5 V로 설정한다. 그림 8-4의 맨 아래에 있는 "~"를 선택한다. 전원스위치를 클릭하지 않도록 한다.

그림 8-4. 함수발생기 설정화면

4.2 오실로스코프의 설정

4.2.1 시간축(수평축)과 트리거(시작점, Trigger)의 설정: 그림 8-5의 10 ms/를 500 μs/로 변경하고 "Normal"을 선택한다.

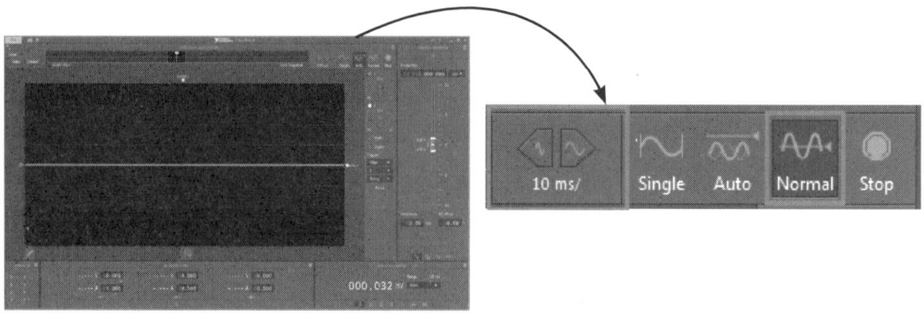

그림 8-5. Time/Div과 Trigger Mode의 선택

4.2.2 전압축(수직축)의 설정: 그림 8-6에서 채널 1의 수직축을 1 V/로 설정한다.

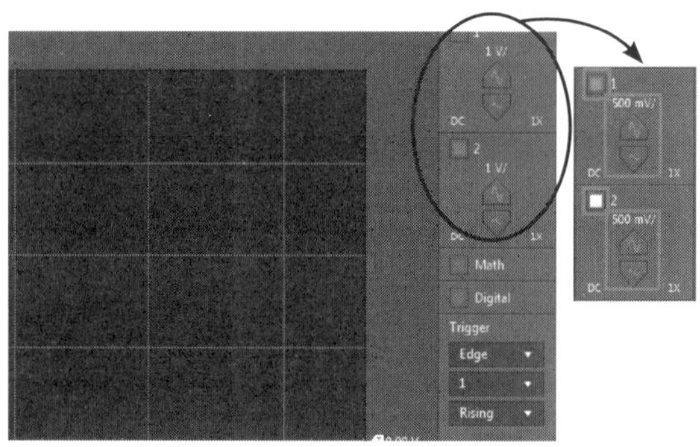

그림 8-6. 수직축의 설정

4.2.3 BNC-to-BNC 동축선으로 VirtualBench의 함수발생기의 출력단자와 MIXED SIGNAL OSCILLOSCOPE의 CH1을 연결한다.

4.2.4 그림 8-4의 위에 있는 함수발생기의 전원스위치를 클릭하면 그림 8-7이 화면에 나타난다.

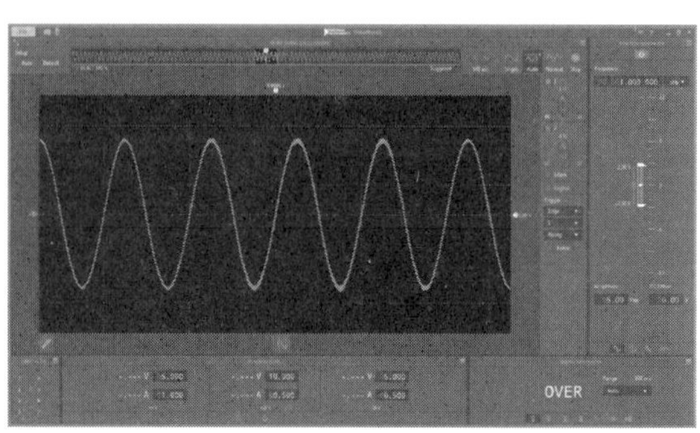

그림 8-7. 5 V (peak-to-peak), 1 kHz의 정현파 신호

4.2.5 트리거(Trigger, 시작)의 이해: 그림 8-8(a)의 원안에 있는 "T"는 Trigger위치, 즉 파형이 시작되는 전압을 의미하는데 현재 화면은 0 V에서 시작함을 의미한다. 이것을 확인하려면 그림 8-8(a)의 사각형에 커서를 위치시키고 클릭을 하면 그림 8-8(b)처럼 파형이 시작되는 부분을 볼 수 있다. 그림 8-5의 Single을 클릭하면 그 순간의 파형으로 정지된다. 이 상태에서 화면 맨 위 왼쪽의 "File" 오른 쪽에 있는 카메라를 클릭하여 파형을 저장한 후 보고서에 첨부하여 제출한다. 4.2.6으로 가기 전에 Normal 트리거를 선택한다.

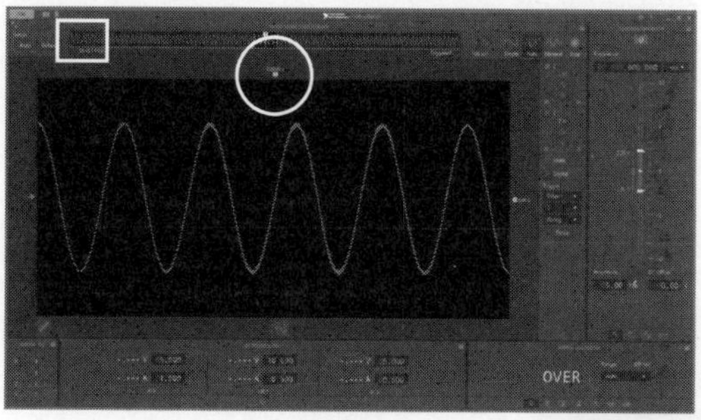

(a) 기본화면

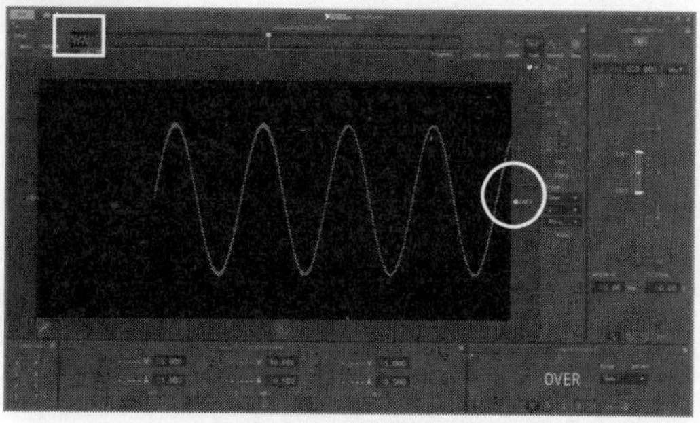

(b) 파형이 시작되는 부분

그림 8-8. 트리거의 이해

4.2.6 트리거 전압의 변경: 파형의 트리거 전압을 2 V로 설정하려면 그림 8-8(b)의 원안의 글자에 커서를 위치시키고 마우스의 왼쪽을 클릭한 상태에서 위로 두 칸 정도 올린다. 시작 위치가 2 V정도 올라갈 것이다. 같은 방법으로 트리거 전압을 3 V로 올리면 파형이 그 위치에서 완전히 정지된다. 즉, 신호를 시작할 수 없으므로 마지막 파형으로 고정되어 버린다. 이 상태에서 그림 8-5의 Auto를 클릭하면 좌우로 심하게 흔들리는 파형이 나타나는데 그 이유는 신호에서 3 V되는 위치가 없으므로 무작위 점에서 시작하기 때문이다. Auto트리거는 트리거설정과 관계없이 파형이 흔들리더라도 화면에 파형을 보여준다. 이 상태에서 Normal트리거를 선택하면 파형이 사라지는데 신호에서 3 V가 되는 점이 없으므로 시작할 수 없기 때문이다. 잠깐 동안 파형을 관측하려면 Force를 클릭한다. 계속 파형을 관측하려면 트리거전압을 낮추거나 Auto트리거를 선

택해야 한다. Auto트리거에서도 트리거전압을 2.5 V 이하로 낮추면 파형이 흔들리지 않게 된다. 정확한 신호를 관측하려면 보통 일반적으로 Normal트리거를 사용한다. 4.2.7로 가기 전에 안정된 파형이 보이도록 Normal트리거를 선택하고 트리거전압을 2 V로 조절한다.

4.2.7 트리거 전압 기울기의 변경: 파형의 시작위치가 2 V로 설정되어 있으나 파형에서 볼 수 있듯이 전압이 증가할 때의 2 V와 감소할 때의 2 V, 즉 두 개의 2 V가 있다. 감소할 때의 2 V에서 시작하도록 하려면 파형의 오른 쪽에 있는 그림 8-9에서 "Rising"이 아니라 "Falling"을 선택하면 한다. 파형을 저장한 후 보고서에 첨부하여 제출한다.

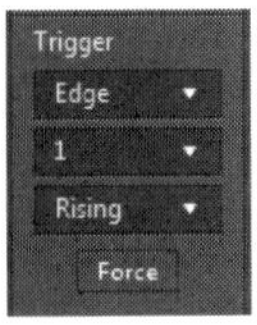

그림 8-9. 트리거 설정

4.2.8 그림 8-9에서 Edge는 1 V를 지나는 순간부터 시작하라는 의미이며 TV의 영상신호와 같이 일정한 패턴이 반복되는 신호를 관측할 때에만 Edge 글자 옆의 삼각형을 누르면 나타나는 "Pattern"을 선택한다.

4.2.9 그림 8-9에서 "1"은 CH1으로 들어오는 신호를 기준으로 트리거한다는 의미이다. 이것을 2로 변경하면 트리거전압을 CH2의 신호에서 잡는다는 의미인데 현재 CH2의 신호가 없으므로 파형이 좌우로 흔들리는 것을 볼 수 있다. 확인한 후 다시 1로 변경한다. 그림 8-9 커서를 갖다 대면 "Trigger"글자 옆에 "..."이 나타나며 이것을 클릭하면 트리거 위치가 중앙에서 얼마나 떨어져 있는지(Delay). 트리거전압은 얼마인지 설정하는 창이 나오며 파형이 순간, 순간 좌우로 흔들릴 경우 이것은 노이즈의 영향이므로 그 영향을 줄여주는 "Hysteresis"를 "Noise Rejection"으로 선택한다.

4.2.10 그림 8-8(a)의 기본화면으로 돌아오려면 그림 8-8(b)의 사각형에 커서를 위치시키고 마우스의 왼쪽을 클릭한 상태에서 가운데 "T"로 끌어온다.

4.2.11 파형의 상하 이동: 화면의 왼쪽 끝 중앙에 있는 "1"과 화살표에 커서를 위치시키면 상하표시가 나오는데 커서를 누른 상태에서 아래, 위로 끌면 파형이 상하로 움직인다.

4.2.12 CH2에서 파형 관찰: 그림 8-6에서 "2"를 선택한다. 가운데에 노란선이 나타날 것이다. CH2를 1 V/로 설정한다. CH1에 연결된 동축선을 빼어서 CH2에 연결한다. 파형이 완전히 정지될 것이다. 그 이유는 트리거기준이 아직 CH1으로 설정되어 있기 때문이다. 그림 8-9에서 트리거기준 "2"를 선택한다. 이제 노란색으로 CH2의 파형이

나타날 것이며 빨간선은 0 V가 될 것이다. 이렇게 하면 두 개의 파형을 동시에 관찰할 수 있다. CH1파형을 제거하려면 그림 8-6에서 "1"을 클릭하여 색깔을 없앤다. 파형을 저장한 후 보고서에 첨부하여 제출한다.

4.2.13 오실로스코프 화면 왼쪽 아래에 있는 자를 클릭하면 여러 가지 측정값이 나타나며 그 화면의 오른쪽 위를 클릭하여 나갈 수 있다.

4.2.14 자의 오른쪽 화면 중앙에 있는 표시를 클릭하면 팝업이 나타나며 "Disabled"를 클릭하면 원하는 양을 측정할 수 있는 수평, 수직선이 각각 두 개 나타나며 이를 움직여 두 선 사이의 값을 측정할 수 있다. 두 선을 제거하려면 다시 중앙에 있는 표시를 클릭하여 Disabled를 클릭한다.

4.2.15 "Math" 부분에 커서를 위치시키면 "Math" 오른쪽에 "..."이 나타나며 이것을 클릭하면 A+B, A-B, FFT를 선택할 수 있는 창이 뜬다. 이 중 하나를 선택하고 A, B를 CH1, CH2로 선택한 후 "Math" 왼쪽의 사각형을 클릭하면 연산결과가 화면에 파란 색선으로 나타난다. 창에서 결과파형의 한 칸 당 전압(V/)을 정할 수 있다.

4.3 함수발생기의 DC offset과 오실로스코프의 Coupling

4.3.1 그림 8-7과 같은 화면이 나오도록 함수발생기와 오실로스코프를 설정하라.

4.3.2 DC offset조정: 그림 8-4에서 아래에 있는 DC offset을 1 V로 설정하라. 파형에 어떤 변화가 있는가? 파형을 저장하고 출력하여 보고서에 첨부하여 제출한다. 수직선상의 가운데 화살표를 끌어서 DC offset을 조정할 이수도 있다.

4.3.3 오실로스코프의 Coupling: DC offset이 1 V인 상태에서 그림 3의 CH1 사각형에 커서를 위치시키면 "1"오른쪽에 "..."이 나타나며 이것을 클릭하면 Coupling, Probe Attenuation, Vertical offset을 설정하는 창이 뜬다. Coupling이 DC에서 AC로 변경하면 파형에 어떤 변화가 있는가? DC Coupling은 오실로스코프에 입력되는 신호의 직류(Direct Current)성분까지 포함한 파형을 그대로 보여준다. AC Coupling은 입력되는 신호의 직류(Direct Current)성분을 제거하고 평균값이 영인 순수한 교류신호만의 파형을 보여준다. Probe Attenuation은 측정에 사용된 프로브의 배율과 일치해야 하는데 프로브 몸체에 있는 빨간색 스위치로 프로브의 배율조절(1X, 10X)이 가능하다. Vertical offset은 화면에서 파형의 위치를 상하로 평행 이동하는 데에 사용된다. 즉 함수발생기의 DC offset을 조절하면 화면에서 중심선(0 V)의 위치는 변하지 않고 파형이 상하로 움직인다. 그러나 오실로스코프의 Vertical offset을 조절하면 중심선(0 V)과 파형이 동시에 움직인다. Vertical offset을 1 V로 설정한 후 나타나는 파형을 저장하고 출력하여 보고서에 첨부한다. 저장한 후 Vertical offset을 다시 0 V로 설정해 놓는다.

4.4 Oscilloscope 사용방법의 숙달

4.4.1 실험조원 중 1명이 oscilloscope의 모든 단자의 조정을 엉망으로 만들어 놓고 다른 1명이 파형을 3분 이내에 화면에 고정시키도록 연습한다.

4.4.2 숙달되었다고 자신하는 학생은 조교의 테스트를 거친 후 실험을 끝낸다.

5. 실험결과보고서로서 저장된 파형을 프린트하여 제출한다.

설계실습 6 계측장비 및 교류전원의 접지상태의 측정방법설계

1. 목적

DMM, 오실로스코프와 함수발생기의 접지의 연결 상태를 측정결과로부터 유추하는 방법을 설계하고 이를 이용하여 계측장비의 정확한 사용법을 익힌다.

2. 실험준비물

- VirtualBench 1 대 (각종 악세서리 Box 포함)
- PC (데스크 탑, 또는 노트북)
- 동축케이블: 51 Ω, 50 cm, 2개 (한쪽 끝은 BNC connector 다른 쪽은 2개의 집게)
- 51 Ω, 50 cm, 2개 (양쪽 BNC connector)
- 저항: 3.3 kΩ, 6.8 kΩ, 3.3 MΩ, 6.8 MΩ, 5 % 1/2 W
- 가변저항: 5 kΩ 2 W
- 점퍼선: 10 cm 5개

3. 설계 및 실험계획서 (이론 7.6, 7.7절 참조)

3.1

(a) DMM을 사용하여 실험실 교류전원(220 V, 110 V) 콘센트 두 개의 접지 사이의 저항을 측정하는 연결도를 그려서 제출하라.

(b) DMM을 사용하여 실험실 교류전원(220 V, 110 V) 콘센트의 세 단자간의 전압을 측정하는 연결도를 설계하여 제출하라.

3.2 함수발생기출력이 2 V_{pp}, 100 Hz, DC offset = 0 V인 정현파이다.

(a) 출력을 DMM과 오실로스코프로 동시에 측정하는 회로를 Multisim으로 시뮬레이션하여 그 결과를 제출하라.

(b) 주파수를 100 Hz, 500 Hz, 1 kHz, 10 kHz, 100 kHz, 1 MHz로 변화시키면서 DMM으로 측정한 전압과 scope로 측정한 최대전압사이에는 어떤 관계가 있을 것인가? 그래프로 그려서 제출하라. (힌트: DMM의 주파수 특성이 어떨 것 같은가? 그래프로 그릴 때에는 같은 양, 즉, 최대값은 최대값과, 실효값은 실효값과 비교해야 한다.)

3.3 함수발생기출력이 2 V_{pp}, DC offset = 0 V인 정현파인 상태에서 주파수를 100 Hz, 500 Hz, 1 kHz, 10 kHz, 100 kHz, 1 MHz로 변화시키면서 scope로 주기와 주파수를 측정하려 한다. 각각의 주기는 몇 초인가? 주기를 정확히 측정하려면 각 주파수에 대해 TIME/DIV, VOLTS/DIV를 각각 얼마로 조정해야 하는가? 표로 작성하여 제출하라.

3.4 2V_{pp}, 10 kHz, DC offset = 0 V를 출력하는 함수발생기의 부하로서 3.3 kΩ, 6.8kΩ이 직렬로 순서대로 연결된 회로에서 6.8 kΩ에 걸리는 전압파형과 FG의 출력파형을 scope로 관측할 수 있도록 Multisim을 이용하여 시뮬레이션하여 그 결과를 제출하라.

3.5 2V_{pp}, 10 kHz, offset이 0 V를 출력하는 함수발생기의 부하로서 3.3 kΩ, 6.8kΩ이 직렬로 순서대로 연결된 회로에서 3.3 kΩ 저항에 걸리는 전압파형과 FG의 출력파형을 오실로스코프로 관측할 수 있도록 Multisim을 이용하여 시뮬레이션하여 제출하라. 이것은 잘못된 측정방법이다. 그 이유를 설명하라. 3.3 kΩ 저항에 걸리는 전압을 측정하는 올바른 측정방법을 설계, 시뮬레이션하여 그 결과를 제출하라.

3.6 VirtualBench의 함수발생기와 오실로스코프의 접지(BNC connector의 외부금속)사이의 저항은 얼마가 되겠는가? (실험 2의 결과 참조)

3.7 두 개의 1 MΩ 저항이 직렬로 연결된 회로에 6 V_{pp}, 1 kHz, DC offset = 0 V인 sine파가 입력되게 연결하면 하나의 저항에 걸리는 전압의 최대값은 얼마인가? 하나의 저항에 걸리는 전압의 최대값을 측정하려고 입력저항이 1 MΩ인 오실로스코프를 연결한 회로의 등가회로를 그려서 제출하고 이론값을 구하라.

4. 실험내용 및 절차

함수발생기의 주파수와 scope로 측정한 주파수가 정확히 일치해야 한다. 차이가 5 % 이상이라면 둘 중 하나가 고장이므로 꼭 수리 후 실험해야한다.

4.1

(a) DMM을 저항측정 모드로 설정한 후 벽면 또는 실험대에 부착된 하나의 220 V 소켓(콘센트)의 접지단자와 다른 소켓의 접지단자 사이의 저항을 측정하여 기록하라.

(b) DMM을 교류전압 측정 모드로 설정한 후 하나의 소켓에서 접지를 포함한 단자 사이의 전압을 측정하여 기록하라. 이 값들로부터 실험실 벽면 속의 배선 상태를 유추하고 그려서 제출하라.

4.2 위의 3.2에서 설계한 방법으로 주파수를 100 Hz, 500 Hz, 1 kHz, 10 kHz, 100 kHz, 1 MHz로 변화시키면서 DMM으로 측정한 전압과 scope로 측정한 값을 기록하라.

(a) 최대전압사이에는 어떤 관계가 있는가?

(b) 주파수를 x축으로 하고 DMM으로 측정한 전압(y_1)과 scope로 측정한 전압(y_2)을 그래프로 그려서 제출하라.

(c) scope로 측정한 전압을 기준으로 하여 두 측정치 사이의 차이를 %로 표현하여 역시 그래프로 그려 제출하라.

(d) 오차의 원인은 무엇이라 생각하는가. 무엇이 더 정확한 값인가? 무슨 근거로 그렇게 생각하는가?
(힌트: DMM의 주파수 특성이 어떨 것 같은가? 그래프로 그릴 때에는 같은 양, 즉, 최대값은 최대값과, 실효값은 실효값과 비교해야 한다.)

4.3 DMM을 이용한 DC+AC 신호의 측정

(a) 함수발생기 출력이 2 V_{pp}, DC offset = 0 V인 정현파인 상태에서 DC offset을 1 V로 설정하라. CH2의 coupling을 AC, DC로 바꾸면서 파형의 변화를 관찰하여 평균전압(DC성분), AC성분 전압의 최대값을 읽고 기록하라. 또 DMM을 교류전압측정모드로 설정하여 이때의 함수발생기의 출력전압을 측정하여 기록한다. 또 직류전압측정모드로 설정하고 측정하여 기록한다. 이 결과를 다음 표로 작성하여 제출하라.

Scope			DMM DC mode (A)	DMM AC mode (B)	$\sqrt{(A)^2+(B)^2}$
DC성분	AC성분 최대값	실효값 (이론값)			

(b) 위 표로부터 DMM이 교류전압측정모드일 때와 직류전압측정모드일 때 측정된 값이 무엇을 의미하는지 설명하라.

4.4 함수발생기와 오실로스코프의 접지의 이해

함수발생기를 정현파(sinusoidal wave), 2 V_{pp}, 1 kHz, DC offset = 0 V인 상태로 조정하라. CH1, CH2의 Volts/Div를 같은 값으로 설정한 후 CH1, 2의 coupling은 DC로, 트리거 기준을 CH1으로, 트리거모드는 Normal로 설정하라. 오실로스코프의 두 channel의 0 (V)선을 일치시킨다. 오실로스코프의 CH1으로 함수발생기의 출력을 확인하라. 파형이 움직이지 않게 조정하라.

4.4.1 VirtualBench의 Function Generator와 오실로스코프의 접지(BNC connector의 외부금속)사이의 저항을 DMM으로 측정하라.

4.4.2 그림 1(a)와 같이 회로를 구성하고 FG의 출력을 CH1에, 6.8 kV에 걸리는 전압을 CH2에 그림 8-10(a)와 같이 연결하고 관측하라. 파형을 저장하고 출력하여 보고서에 첨부하여 제출하라.

4.4.3 3.3 kV에 걸리는 전압과 6.8 kV에 걸리는 전압을 측정하기 위해 scope를 그림 8-10(b)와 같이 연결했다면 이때의 CH1과 CH2의 파형을 제출하라(이것은 바른 측정법이 아니며 왜 이런 파형이 나오는지 설명하라).

4.4.4 그림 8-10(a)와 같은 연결 상태에서 오실로스코프의 "Math"의 A-B를 사용하여 화면의 파형을 제출하라(Math의 V/Div를 독립적으로 조절할 수 있다).

4.4.5 그림 8-10(a)에서 저항의 위치를 서로 바꾼 후 CH1의 프로브를 제거하고 CH2의 전압을 오실로스코프로 관측하라. 화면의 파형을 그려라. 4.4.4의 파형과 같아야 한다.

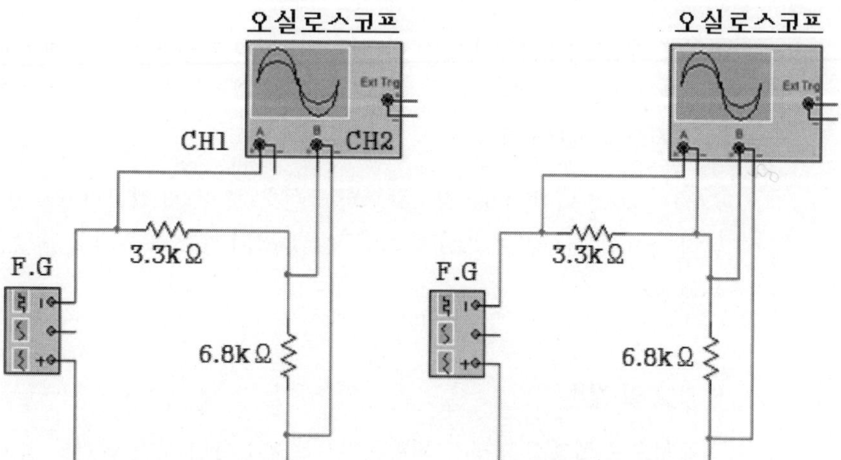

(a) 올바른 연결 (b) 잘못된 연결

그림 8-10. 오실로스코프의 연결

4.5 External Trigger의 이해

4.5.1 가변저항을 3.3 kV으로 조정한 후 그림 8-10(a)에서 6.8 kV대신에 가변저항을 연결하라. 가변저항에 걸리는 전압을 CH2에서 관찰하라(CH1은 연결하지 말 것). 트리거 기준를 CH2로 설정하고 트리거레벨을 조정하여 파형이 고정되는 순간에 맞추어 놓으라. 이 상태에서 가변저항을 저항이 작은 쪽으로 변화시키면서 화면의 상태를 관찰하라. 파형이 움직이면 역시 파형이 고정되는 순간에 맞추어 놓으라. 고정되면 다시 가변저항을 저항이 작은 쪽으로 변화시키면서 화면의 상태를 관찰하면서 4번 정도 반복하라. 관찰 결과를 설명하라.

4.5.2 가변저항을 다시 3.3 kV으로 조정하여 연결한 후 트리거레벨을 조정하여 파형이 고정되는 순간에 맞추어 놓으라. 동시에 함수발생기의 출력을 VirtualBench의 오른쪽 끝에 있는 "TRIG"에 연결하라. 화면의 트리거부분의 "2"옆의 화살표를 클릭하면 나타나는 창의 아래 부분에 있는 "TRIG BNC"를 선택하라. 이것은 VirtualBench의 오른쪽 끝에 있는 "TRIG"에 들어가는 신호를 트리거기준으로 선택하는 작업이다. 그 후 트리거레벨을 조정하여 파형이 고정되는 순간에 맞추어 놓으라. 가변저항을 저항이 작은 쪽으로 변화시키면서 파형을 관찰하고 4.5.1과의 차이점을 파악하고 그 이유를 설명하라.

4.6 오실로스코프 입력저항의 이해

4.6.1 두 개의 1 kΩ 저항이 직렬로 연결된 회로에 6 V_{pp}, 1 kHz, DC offset = 0 V인 sine파가 입력되게 연결한 후 하나의 저항에 걸리는 전압의 최대값을 측정하고 이론값과 측정값을 비교하라.

4.6.2 두 개의 1 MΩ 저항이 직렬로 연결된 회로에 6 V_{pp}, 1 kHz, DC offset = 0 V인 sine파가 입력되게 연결한 후 하나의 저항에 걸리는 전압의 최대값을 측정하고 이론값과 측정값을 비교하라.

4.6.3 4.6의 4.6.1, 4.6.2 결과로부터 오실로스코프의 입력저항을 계산하라. 이것은 대단히 중요한 결과이다. 오실로스코프나 DMM 등으로 전압을 측정할 때 주의할 점은 무엇인가?

5 검토 및 결론

전체적으로 설계실습이 잘 되었는가? 잘 되었다면 무슨 근거로 잘되었다고 생각하는가? 잘 안되었다면 그 이유는 무엇이라고 생각하는가? 설계실습 계획서는 잘 작성되었다고 생각하는가? 계획서에서 자신이 설계한 회로, 또는 방법이 틀렸다면 왜 틀렸다고 생각하는가? 무엇을 배웠고 무엇을 느꼈는가?

설계실습 7 RC회로설계 및 시정수 측정회로 설계

1. 목적

주어진 시정수를 갖는 RC회로를 설계하고 이를 측정하는 방법을 설계한다.

2. 실험준비물

- VirtualBench 1 대 (각종 악세서리 Box 포함)
- PC (데스크 탑, 또는 노트북)
- 탄소저항: 22 MΩ, 5 %, 1/2 W 1개
  1 kΩ, 5 %, 1/2 W 1개
- 커패시터: 2.2 μF 전해 1개
  10 nF ceramic disc 1개
- switch: SPST(single pole single throw) 2개
  또는 SPDT(single pole double throw) 2개
- 시계: Stop Watch (핸드폰 사용)

3. 설계 및 실험계획서 (이론 7.3, 7.8절 참조)

3.1 DMM으로 전압을 측정할 때 내부저항이 10MΩ정도로 매우 크다는 것을 앞에서 실험하였다. DMM의 내부저항을 측정하는 방법을 설계하여 제출하라.

3.2 DMM의 내부저항과 2.2 μF의 커패시터를 이용하여 RC time constant(시정수)를 측정하고자 한다. 시계를 이용하여 충전시간을 측정하거나 방전시간을 측정하는 방법을 설계하여 제출하라. (스위치를 사용하는 것이 바람직하며 한번만 측정하지 말고 여러 번 여러 시간에 대해 측정하여 평균을 내도록 한다.)

3.3 저항과 10 nF 커패시터가 직렬로 연결된 회로의 시정수가 10 μs가 되도록 회로를 설계하여 제출하라.

3.4 함수발생기의 출력이 1 V의 사각파(high = 1 V, low = 0 V, 10 kHz, duty cycle = 50 %)일 때, 전류파형(= 저항전압 파형), 커패시터전압 파형, RC 시정수를 오실로스코프로 측정하고자 한다. 함수발생기의 출력의 +단자 → 저항 → 커패시터 → 함수발생기의 접지단자의 순서로 연결하고 오실로스코프의 +단자를 함수발생기의

출력의 +단자에, 오실로스코프의 접지단자를 저항과 커패시터사이에 연결하여 저항에 걸리는 연결하였을 때 파형이 어떻게 될 것인지 Multisim으로 시뮬레이션하여 그 결과를 제출하라. 이렇게 측정하면 안 되는 이유를 설명하라.

3.5 함수발생기의 출력이 1 V의 사각파(high = 1 V, low = 0 V, 10 kHz,, duty cycle = 50 %)일 때, 전류파형(= 저항전압 파형), 커패시터전압 파형, RC 시정수를 오실로스코프로 측정하고자 한다.

(a) 함수발생기의 출력을 CH1으로, 저항전압을 CH2으로 동시에 관측할 수 있도록 Multisim으로 시뮬레이션하여 그 결과를 제출하라.

(b) 함수발생기의 출력을 CH1으로, 커패시터전압을 CH2로 동시에 관측할 수 있도록 Multisim으로 시뮬레이션하여 그 결과를 제출하라.

(c) 시뮬레이션 결과로부터 시정수를 측정하라.

3.6 위에서 얻은 시정수의 역수를 주파수로 하는 사각파신호를 RC회로에 인가했을 때 함수발생기의 출력을 CH1으로, 커패시터전압을 CH2로 동시에 관측할 수 있도록 Multisim으로 시뮬레이션하여 그 결과를 제출하라. 이러한 파형이 나오는 이유를 설명하라.

4. 실험내용 및 절차

실험조교는 실험에 사용되는 커패시터의 용량을 미리 R_LC meter로 정확히 측정하여 학생에게 제공한다. 이후 실험에서도 같은 조에서는 같은 커패시터를 사용한다.

4.1 출력전압이 5 V가 되도록 직류전원을 정확히 조정한 후 (+)단자에만 22 MΩ저항을 연결하고 DMM으로 22 MΩ 나머지 단자와 직류전원의 (−)단자 사이의 전압을 측정하라. 그 결과를 이용하여 DMM의 내부저항을 계산하여 제출하라. DMM의 내부저항의 크기가 이 정도라면 실제로 DMM을 사용하여 전압을 측정할 경우 무엇을 조심해야 하는가?

4.2 DMM의 내부저항과 2.2 μF의 커패시터를 이용하여 RC time constant를 측정하고자 한다. 시계를 이용하여 충전시간을 측정하거나 방전시간을 측정하는 방법으로 RC 시정수를 측정하여 제출하라. (스위치를 사용하는 것이 바람직하며 한번만 측정하지 말고 여러 번 여러 시간에 대해 측정하여 평균을 내도록 한다.) DMM과 시계를 사용

한 시정수의 측정에 있어서 본인이 계획한 측정방법과 실제 측정방법에 차이가 있는 경우 그 차이를 분석하라. 계산한 시정수와 실험한 시정수의 오차(%)는 얼마인가? 오차의 원인은 무엇이라 생각하는가?

4.3 3.4에서 시뮬레이션 한 회로로 저항에 걸리는 연결하였을 파형을 측정하고 이렇게 측정하면 안 되는 이유를 설명하라.

4.4

(a) 3.5(a)에서 설계하고 시뮬레이션 한 회로를 사용하여 함수발생기의 전압파형과 저항전압파형(= 전류파형)이 동시에 보이도록 오실로스코프로 측정하라. 측정된 파형을 저장하고 시뮬레이션 파형과 함께 보고서에 첨부, 제출하라.

(b) 두 파형을 비교 분석하라. 시정수를 측정하고 이론값 또는 시뮬레이션 결과에 대한 오차와 오차의 이유를 설명하라.

4.5

(a) 3.5(b)에서 설계하고 시뮬레이션 한 회로를 사용하여 함수발생기의 전압파형과 커패시터에 걸리는 전압파형이 동시에 보이도록 오실로스코프로 측정하라. 측정된 파형을 저장하고 시뮬레이션 파형과 함께 보고서에 첨부, 제출하라.

(b) 두 파형을 비교 분석하라. 시정수를 측정하고 이론값 또는 시뮬레이션 결과에 대한 오차와 오차의 이유를 설명하라.

4.6 3.6에서 시뮬레이션한 회로를 사용하여 함수발생기의 출력을 CH1으로, 커패시터 전압을 CH2로 동시에 관측할 수 있도록 Multisim으로 시뮬레이션하여 그 결과를 제출하라. 이러한 파형이 나오는 이유를 설명하라.

5. 검토 및 결론

전체적으로 설계실습이 잘 되었는가? 잘 되었다면 무슨 근거로 잘되었다고 생각하는가? 잘 안되었다면 그 이유는 무엇이라고 생각하는가? 설계실습 계획서는 잘 작성되었다고 생각하는가? 계획서에서 자신이 설계한 회로, 또는 방법이 틀렸다면 왜 틀렸다고 생각하는가? 무엇을 배웠고 무엇을 느꼈는가?

설계실습 8 RL회로 설계와 과도응답

1. 목적

주어진 시정수를 갖는 R_L회로를 설계하고 이를 측정하는 방법을 설계한다.

2. 실험준비물

- VirtualBench 1 대 (각종 악세서리 Box 포함)
- PC (데스크 탑, 또는 노트북)
- 탄소저항: 1 kΩ, 5 %, 1/2 W 1개
- 인덕터: 10 mH 5 % 1개
- 점퍼선: 10 cm 5개

3. 설계 및 실험계획서

3.1 저항과 10 mH 인덕터가 직렬로 연결된 회로의 시정수가 10 μs가 되도록 회로를 설계하여 제출하라.

3.2 함수발생기의 출력이 1 V의 사각파(high = 1 V, low = 0 V, 10 kHz, , duty cycle = 50 %)일 때, 전류파형(= 저항전압 파형), 인덕터전압 파형, RC 시정수를 오실로스코프로 측정하고자 한다.

(a) 함수발생기의 출력을 CH1으로, 저항전압을 CH2으로 동시에 관측할 수 있도록 Multisim으로 시뮬레이션하여 그 결과를 제출하라.

(b) 함수발생기의 출력을 CH1으로, 인덕터전압을 CH2로 동시에 관측할 수 있도록 Multisim으로 시뮬레이션하여 그 결과를 제출하라.

(c) 시뮬레이션 결과로부터 시정수를 측정하라.

3.3 위에서 얻은 시정수의 역수를 주파수로 하는 사각파신호를 RC회로에 인가했을 때 함수발생기의 출력을 CH1으로, 커패시터전압을 CH2로 동시에 관측할 수 있도록 Multisim으로 시뮬레이션하여 그 결과를 제출하라. 이러한 파형이 나오는 이유를 설명하라.

4. 실험내용 및 절차

- 실험조교는 실험에 사용되는 인덕터의 인덕턴스와 인덕터 자체의 저항을 미리 RLC meter로 정확히 측정하여 학생에게 제공하라. 실험이 끝나면 L을 버리지 말고 이후 실험에서 각 실험조가 같은 L을 사용하도록 하라.

4.1

(a) 3.2(a)에서 설계하고 시뮬레이션 한 회로를 사용하여 함수발생기의 전압파형과 저항전압파형(= 전류파형)이 동시에 보이도록 오실로스코프로 측정하라. 측정된 파형을 저장하고 시뮬레이션 파형과 함께 보고서에 첨부, 제출하라.

(b) 저항전압을 저항으로 나누면 전류이다. 측정 전류의 최대값과 시뮬레이션 전류의 최대값을 비교 분석하라. 시정수를 측정하고 이론값 또는 시뮬레이션 결과에 대한 오차와 오차의 이유를 설명하라.

(c) 실제의 인덕터의 등가회로는 순수한 인덕터에 자체의 저항이 직렬로 연결된 회로이다. 이 등가회로를 사용하여 Multisim으로 다시 시뮬레이션하여 (b)와 같이 분석하라.

4.2

(a) 3.2(b)에서 설계하고 시뮬레이션 한 회로를 사용하여 함수발생기의 전압파형과 인덕터에 걸리는 전압파형이 동시에 보이도록 오실로스코프로 측정하라. 측정된 파형을 저장하고 시뮬레이션 파형과 함께 보고서에 첨부, 제출하라.

(b) 측정된 인덕터전압의 최대값과 시뮬레이션 전압의 최대값을 비교 분석하라. 시정수를 측정하고 이론값 또는 시뮬레이션 결과에 대한 오차와 오차의 이유를 설명하라.

(c) 실제의 인덕터의 등가회로는 순수한 인덕터에 자체의 저항이 직렬로 연결된 회로이다. 이 등가회로를 사용하여 Multisim으로 다시 시뮬레이션하여 (b)와 같이 분석하라.

4.3 3.3에서 시뮬레이션한 회로를 사용하여 함수발생기의 출력을 CH1으로, 커패시터 전압을 CH2으로 동시에 관측할 수 있도록 Multisim으로 시뮬레이션하여 그 결과를 제출하라. 이러한 파형이 나오는 이유를 설명하라.

5. 검토 및 결론

전체적으로 설계실습이 잘 되었는가? 잘 되었다면 무슨 근거로 잘되었다고 생각하는가? 잘 안되었다면 그 이유는 무엇이라고 생각하는가? 설계실습 계획서는 잘 작성되었다고 생각하는가? 계획서에서 자신이 설계한 회로, 또는 방법이 틀렸다면 왜 틀렸다고 생각하는가? 무엇을 배웠고 무엇을 느꼈는가?

설계실습 9 저주파통과필터와 고주파통과필터 설계

1. 목적

Low-Pass Filter (LPF)와 High-Pass Filter (HPF)를 RC 및 RL회로로 설계, 구성하고 주파수응답, 즉 전달함수 (Transfer Function)를 실험으로 확인한다.

2. 실험준비물

- VirtualBench 1 대 (각종 악세서리 Box 포함)
- PC (데스크 탑, 또는 노트북)
- 탄소저항: 220 Ω, 5 %, 1/2 W 2개
  1 kΩ 5 % 1/2 W 1개
- 커패시터: 10 nF 1개
- 인덕터: 10 mH 5 % 1개
- 점퍼선: 10 cm 5개

3. 설계 및 실험계획서

3.1 C = 10 nF인 커패시터와 R을 직렬 연결하여 cutoff frequency가 15.92 kHz인 LPF를 설계하라. 출력단자를 표시한 회로도를 그리고 R의 크기를 구하라.

3.2 설계한 LPF에 주파수가 10 kHz이고 크기가 2 V_{pp}인 정현파를 인가하였다.

(a) Multisim을 사용하여 입력파형과 출력파형이 동시에 보이는 파형을 구하고 제출하라.

(b) 출력의 크기와 입력에 대한 위상(각도와 시간)을 구하라.

3.3

(a) 설계한 LPF의 전달함수의 크기와 위상을 Multisim의 수파수응답(AC Analysis) 기능을 사용하여 0 ~100 kHz까지 linear(H)-log(주파수) 그래프와 dB(H)-log(주파수) 그래프로 그려서 제출하라. 입력은 크기가 2 V_{pp}인 정현파로 설정한다.

(b) 설계한 LPF의 전달함수의 크기의 주파수 특성을 실험적으로 구할 때 측정주파수를 각각에 대해 결정하라.(3.2, 3.6 참조 예, 100, 200, 400, 600 Hz 등, 그러나 변화가 많

은 부분에서는 주파수간격을 작게 해야 한다.)

3.4 L = 10 mH인 인덕터와 R을 직렬 연결하여 cutoff frequency가 15.92 kHz인 HPF를 설계하려한다. R의 크기를 구하라. (인덕터 자체의 저항을 고려하여 설계하라.)

3.5 설계한 HPF에 주파수가 10 kHz이고 크기가 2 V_{pp}인 정현파를 인가하였다.

(a) Multisim을 사용하여 입력파형과 출력파형이 동시에 보이는 파형을 구하고 제출하라.

(b) 출력의 크기와 입력에 대한 위상(각도와 시간)을 구하라.

3.6

(a) 설계한 HPF의 전달함수의 크기와 위상을 Multisim의 수파수응답(AC Analysis) 기능을 사용하여 0 ~100 kHz까지 linear(H)-log(주파수) 그래프와 dB(H)-log(주파수) 그래프로 그려서 제출하라. 입력은 크기가 2 V_{pp}인 정현파로 설정한다.

(b) 설계한 HPF의 전달함수의 크기의 주파수 특성을 실험적으로 구할 때 측정주파수를 각각에 대해 결정하라.(3.2, 3.6 참조 예, 100, 200, 400, 600 Hz 등, 그러나 변화가 많은 부분에서는 주파수간격을 작게 해야 한다.)

4. 실험내용 및 절차

- 실험조교는 실험에 사용되는 L과 C의 값을 미리 RLC meter로 정확히 측정하여 학생에게 제공하라(앞 실험에서 사용한 C, L을 같은 조에서 사용하게 하라).

4.1 실습을 시작하기 전에 실험계획서에서 설계한 LPF, HPF를 조교에게 확인 받는다.

4.2 3.1에서 설계한 RC LPF회로를 구성하고 주파수가 10 kHz이고 크기가 2 V_{pp}인 정현파를 인가하라. 3.2의 시뮬레이션과 같이 입력과 출력의 전압의 파형을 측정, 저장하여 시뮬레이션 한 파형과 함께 제출하라. 가능한 한 정확하게 크기와 위상을 측정하여 시뮬레이션 결과와 측정값을 비교하고 오차(%)를 구하라? 오차의 이유는 무엇이라 생각하는가?

4.3 크기가 2 V_{pp}인 입력정현파의 주파수를 100 kHz까지 변화시키면서 3.3을 참고하여 LPF의 출력전압의 최대값을 측정하여 기록하라. 회로에 사용된 소자의 값으로 3.3의 시뮬레이션을 다시 실행하여 시뮬레이션에 의한 전달함수와 측정한 전달함수를 하나의 그래프에 같이 그려서 제출하라 (EXCEL사용, linear-liner 그래프와 dB(H)-log(주파수) 그래프). 두 결과가 잘 맞는가? 오차가 있으면 어느 주파수에서 어느 정도인가? 그 이유는 무엇이라 생각하는가?

4.4 3.4에서 설계한 R_L HPF를 구성하고 주파수가 10 kHz이고 크기가 2 V_{pp}인 정현파를 인가하라. 3.5의 시뮬레이션과 같이 입력과 출력의 전압의 파형을 측정, 저장하여 시뮬레이션 한 파형과 함께 제출하라. 가능한 한 정확하게 크기와 위상을 측정하여 시뮬레이션 결과와 측정값을 비교하고 오차(%)를 구하라? 오차의 이유는 무엇이라 생각하는가?

4.5 크기가 2 V_{pp}인 입력정현파의 주파수를 100 kHz까지 변화시키면서 3.6을 참고하여 HPF의 출력전압의 최대값을 측정하여 기록하라. 회로에 사용된 소자의 값으로 3.6의 시뮬레이션을 다시 실행하여 시뮬레이션에 의한 전달함수와 측정한 전달함수를 하나의 그래프에 같이 그려서 제출하라 (EXCEL사용, linear-liner 그래프와 dB(H)-log(주파수) 그래프). 두 결과가 잘 맞는가? 오차가 있으면 어느 주파수에서 어느 정도인가? 그 이유는 무엇이라 생각하는가? 오차가 있으면 어느 주파수에서 어느 정도인가? 그 이유는 무엇이라 생각하는가? L의 저항성분을 무시한다면 설계와 실험사이에 어느 정도의 오차가 날 것인가?

5. 검토 및 결론

전체적으로 설계실습이 잘 되었는가? 잘 되었다면 무슨 근거로 잘되었다고 생각하는가? 잘 안되었다면 그 이유는 무엇이라고 생각하는가? 설계실습 계획서는 잘 작성되었다고 생각하는가? 계획서에서 자신이 설계한 회로, 또는 방법이 틀렸다면 왜 틀렸다고 생각하는가? 무엇을 배웠고 무엇을 느꼈는가?

설계실습 10 RLC 회로의 과도응답 및 정상상태응답

1. 목적

저항, 인덕터, 커패시터로 구성된 회로의 과도응답 및 정상상태응답을 측정할 수 있는 회로를 설계하고 실험으로 확인한다.

2. 실험준비물

- VirtualBench 1 대 (각종 악세서리 Box 포함)
- PC (데스크 탑, 또는 노트북)
- 탄소저항: 220 Ω, 5 %, 1/2 W 2개
  1 kΩ 5 % 1/2 W 1개
- 커패시터: 10 nF 1개
- 인덕터: 10 mH 5 % 1개
- 점퍼선: 10 cm 5개
- 인덕터: 10 mH
- 탄소저항: 10 Ω(1/2 W, 5 %), 500 Ω(1/2 W, 5 %)
- 가변저항: 5 kΩ 2 W single turn
- 점퍼선: 10 cm 5개

3. 설계 및 실험계획서

3.1

(a) R = 500 Ω, L = 10 mH, C = 0.01 μF인 RLC 직렬회로에서 공진주파수 ω_o와 감쇠고유진동수 ω_d를 계산하라.

(b) R = 4 kΩ , L = 10 mH, C = 0.01 μF인 RLC 직렬회로에서 ω_o와 ω_d를 계산하라.

3.2 R = 500 Ω, L = 10 mH, C = 0.01 μF인 RLC직렬 회로에 사각파(2 V_{pp}, 1 kHz, duty cycle = 50 %)를 인가하였다.

(a) 입력파형과 저항에 걸리는 전압파형이 동시에 보이도록 Multisim으로 시뮬레이션하여 제출하라. 저항에 걸리는 전압의 최대값은 얼마인가?

(b) 입력파형과 커패시터에 걸리는 전압파형이 동시에 보이도록 Multisim으로 시뮬레이션하여 제출하라. 커패시터에 걸리는 전압의 최대값은 얼마인가?

(c) 입력파형과 인덕터에 걸리는 전압파형이 동시에 보이도록 Multisim으로 시뮬레이션하여 제출하라. 인덕터에 걸리는 전압의 최대값은 얼마인가?

(d) 시뮬레이션 결과를 이용하여 감쇠고유진동수 ω_d를 계산하라.

3.3

(a) RLC 직렬회로에서 L = 10 mH, C = 0.01 μF인 경우 임계감쇠가 되는 저항값을 계산하라.

(b) RLC 직렬회로에서 가변저항을 사용하여 입력이 사각파(2 V_{pp}, 1 kHz, duty cycle = 0.5)인 경우 임계감쇠가 되는 저항값을 측정하는 방법을 설계하라.

3.4 저항이 3.3에서 계산한 크기이고 L = 10 mH, C = 0.01 μF인 RLC 직렬회로에 사각파(2 V_{pp}, 1 kHz, duty cycle = 50 %)를 입력할 때

(a) 입력파형과 저항에 걸리는 전압파형이 동시에 보이도록 Multisim으로 시뮬레이션하여 제출하라. 저항에 걸리는 전압의 최대값은 얼마인가?

(b) 입력파형과 커패시터에 걸리는 전압파형이 동시에 보이도록 Multisim으로 시뮬레이션하여 제출하라. 커패시터에 걸리는 전압의 최대값은 얼마인가?

(c) 입력파형과 인덕터에 걸리는 전압파형이 동시에 보이도록 Multisim으로 시뮬레이션하여 제출하라. 인덕터에 걸리는 전압의 최대값은 얼마인가?

3.5 R = 4 kV, L = 10 mH, C = 0.01 μF인 RLC 직렬회로에 사각파(2 V_{pp}, 1 kHz, duty cycle = 0.5)가 입력되고 있다.

(a) 입력파형과 저항에 걸리는 전압파형이 동시에 보이도록 Multisim으로 시뮬레이션하여 제출하라. 저항에 걸리는 전압의 최대값은 얼마인가?

(b) 입력파형과 커패시터에 걸리는 전압파형이 동시에 보이도록 Multisim으로 시뮬레이션하여 제출하라. 커패시터에 걸리는 전압의 최대값은 얼마인가?

(c) 입력파형과 인덕터에 걸리는 전압파형이 동시에 보이도록 Multisim으로 시뮬레이션하여 제출하라.

3.6 R = 4 kV, L = 10 mH, C = 0.01 μF인 RLC 직렬회로에 정현파 (2 V_{pp}, 1 kHz)가 입력되고 있다.

(a) 입력파형과 저항에 걸리는 전압파형이 동시에 보이도록 Multisim으로 시뮬레이션하여 제출하라. 저항에 걸리는 전압의 최대값과 입력에 대한 위상차는 얼마인가?

(b) 입력파형과 커패시터에 걸리는 전압파형이 동시에 보이도록 Multisim으로 시뮬레이션하여 제출하라. 커패시터에 걸리는 전압의 최대값과 입력에 대한 위상차는 얼마인가?

(c) 입력파형과 인덕터에 걸리는 전압파형이 동시에 보이도록 Multisim으로 시뮬레이션하여 제출하라. 인덕터에 걸리는 전압의 최대값과 입력에 대한 위상차는 얼마인가?

3.7 R = 0, L = 10 mH, C = 0.01 μF인 LC 직렬회로에 사각파(2 V_{pp}, 1 kHz, duty cycle = 50 %)를 입력할 때

(a) 입력파형과 커패시터에 걸리는 전압파형이 동시에 보이도록 Multisim으로 시뮬레이션하여 제출하라.

(b) 입력파형과 인덕터에 걸리는 전압파형이 동시에 보이도록 Multisim으로 시뮬레이션하여 제출하라.

3.8 R = 0, L = 10 mH, C = 0.01 μF인 RLC 직렬회로에 정현파 (2 V_{pp}, 1 kHz)가 입력되고 있다.

(a) 입력파형과 커패시터에 걸리는 전압파형이 동시에 보이도록 Multisim으로 시뮬레이션하여 제출하라.

(b) 입력파형과 인덕터에 걸리는 전압파형이 동시에 보이도록 Multisim으로 시뮬레이션하여 제출하라. 입력전압에 대한 각 소자에 걸리는 전압의 크기의 비와 위상차를 구하라.

4. 실험내용 및 절차

실험조교는 실험에 사용되는 L과 C의 값을 미리 RLC meter로 정확히 측정하여 학생에게 제공하라.(앞 실험에서 사용한 C, L을 같은 조에서 사용하게 하라.)

4.1 R = 500 Ω, L = 10 mH, C = 0.01 μF인 RLC직렬 회로에 사각파(2 V_{pp}, 1 kHz, duty cycle = 50 %)를 인가하라.

(a) 입력파형과 저항에 걸리는 전압파형이 동시에 보이도록 측정하여 제출하라. 저항에 걸리는 전압의 최대값은 얼마인가? 3.2의 결과와 비교하라.

(b) 입력파형과 커패시터에 걸리는 전압파형이 동시에 보이도록 측정하여 제출하라. 커패시터에 걸리는 전압의 최대값은 얼마인가? 3.2의 결과와 비교하라.

(c) 입력파형과 인덕터에 걸리는 전압파형이 동시에 보이도록 측정하여 제출하라. 인덕터에 걸리는 전압의 최대값은 얼마인가? 3.2의 결과와 비교하라.

(d) 측정결과를 이용하여 감쇠고유진동수 ω_d를 계산하라.

4.2

(a) 그림 8-11과 같이 회로를 구성하라. 입력을 사각파(2 V_{pp}, 1 kHz, duty cycle = 50 %)로 하고 가변저항을 변화시키면서 저항(가변저항 +10 Ω)에 걸리는 전압의 파형이 저항값에 따라 어떻게 변하는지 설명하라.

(b) 저항(가변저항 +10 Ω)에 걸리는 전압이 임계감쇠의 특성을 보이도록 가변저항을 조절하라. 이때의 저항(가변저항 +10 Ω)과 인덕터의 저항성분을 측정하여 기록하고 3.3의 결과와 비교하라. 이때의 입력파형과 저항(가변저항 +10 Ω)에 걸리는 전압파형이 동시에 보이도록 측정하여 제출하라. 이때의 저항(가변저항 +10 Ω)과 인덕터의 저항성분을 측정하여 기록하고 3.4의 결과와 비교하라.

(c) 입력파형과 커패시터에 걸리는 전압파형이 동시에 보이도록 측정하여 제출하라. 커패시터에 걸리는 전압의 최대값은 얼마인가? 3.4의 결과와 비교하라.

(d) 입력파형과 인덕터에 걸리는 전압파형이 동시에 보이도록 측정하여 제출하라. 인덕터에 걸리는 전압의 최대값은 얼마인가? 3.4의 결과와 비교하라.

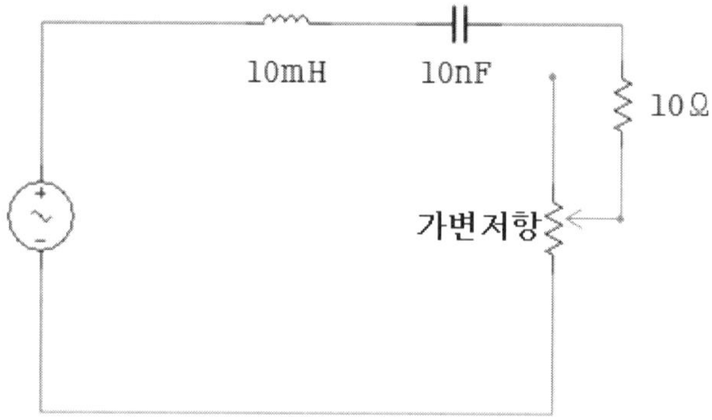

그림 8-11. 실험회로

4.3 R = 4 kV, L = 10 mH, C = 0.01 μF인 RLC직렬 회로에 사각파(2 V_{pp}, 1 kHz, duty cycle = 50 %)를 인가하라.

(a) 입력파형과 저항에 걸리는 전압파형이 동시에 보이도록 측정하여 제출하라. 저항에 걸리는 전압의 최대값은 얼마인가? 3.5의 결과와 비교하라.

(b) 입력파형과 커패시터에 걸리는 전압파형이 동시에 보이도록 측정하여 제출하라. 커패시터에 걸리는 전압의 최대값은 얼마인가? 3.5의 결과와 비교하라.

(c) 입력파형과 인덕터에 걸리는 전압파형이 동시에 보이도록 측정하여 제출하라. 인덕터에 걸리는 전압의 최대값은 얼마인가? 3.5의 결과와 비교하라.

4.4 R = 4 kV, L = 10 mH, C = 0.01 μF인 RLC 직렬회로에 정현파 (2 V_{pp}, 1 kHz)가 입력되고 있다.

(a) 입력파형과 저항에 걸리는 전압파형이 동시에 보이도록 측정하여 제출하라. 저항에 걸리는 전압의 최대값과 입력에 대한 위상차는 얼마인가? 3.6의 결과와 비교하라.

(b) 입력파형과 커패시터에 걸리는 전압파형이 동시에 보이도록 측정하여 제출하라. 커패시터에 걸리는 전압의 최대값과 입력에 대한 위상차는 얼마인가? 3.6의 결과와 비교하라.

(c) 입력파형과 인덕터에 걸리는 전압파형이 동시에 보이도록 측정하여 제출하라. 인덕터에 걸리는 전압의 최대값과 입력에 대한 위상차는 얼마인가? 3.6의 결과와 비교하라.

4.5 그림 8-11의 회로에서 모든 저항을 제거한 LC회로를 구성하고 입력을 사각파(2 V_{pp}, 1 kHz, duty cycle = 50 %)로 하라.

(a) 입력파형과 커패시터에 걸리는 전압파형이 동시에 보이도록 측정하여 제출하라. 커패시터에 걸리는 전압의 최대값은 얼마인가? 3.7의 결과와 비교하라.

(b) 입력파형과 인덕터에 걸리는 전압파형이 동시에 보이도록 측정하여 제출하라. 인덕터에 걸리는 전압의 최대값은 얼마인가? 3.7의 결과와 비교하라.

(c) 감쇠공진주파수를 측정하라.

(d) 주파수를 50 kHz까지 증가시키면서 커패시터의 전압이 최대가 될 때의 파형을 측정하여 제출하라. 그때의 주파수를 기록하라.

4.6 4.5의 회로에 대해 입력을 정현파(2 V_{pp}, 1 kHz)로 하라.

(a) 입력파형과 커패시터에 걸리는 전압파형이 동시에 보이도록 측정하여 제출하라. 커패시터에 걸리는 전압의 최대값과 위상차는 얼마인가? 3.8의 결과와 비교하라.

(b) 입력파형과 인덕터에 걸리는 전압파형이 동시에 보이도록 측정하여 제출하라. 인덕터에 걸리는 전압의 최대값과 위상차는 얼마인가? 3.7의 결과와 비교하라.

(c) 감쇠공진주파수를 측정하라.

(d) 주파수를 높이면서 커패시터의 전압이 최대가 될 때의 파형을 측정하여 제출하라. 그때의 주파수를 기록하라. 이 주파수의 의미는 무엇이며 왜 이 주파수에서 커패시터 전압이 최대로 되는가?

(e) 커패시터와 인덕터에 걸리는 전압이 입력전압보다 큰 이유를 설명하라.

5. 검토 및 결론

전체적으로 설계실습이 잘 되었는가? 잘 되었다면 무슨 근거로 잘되었다고 생각하는가? 잘 안되었다면 그 이유는 무엇이라고 생각하는가? 설계실습 계획서는 잘 작성되었다고 생각하는가? 계획서에서 자신이 설계한 회로, 또는 방법이 틀렸다면 왜 틀렸다고 생각하는가? 무엇을 배웠고 무엇을 느꼈는가?

설계실습 11 대역통과필터와 대역저지필터 설계

1. 목적

RLC 공진 회로를 이용한 Band-pass (대역통과), Band-stop(대역저지) filter를 설계, 제작, 측정하고 설계목표와 측정결과를 비교, 분석한다.

2. 실험준비물

- VirtualBench 1 대 (각종 악세서리 Box 포함)
- PC(데스크 탑, 또는 노트북)
- 커패시터: 10 nF 1개
- 인덕터: 10 mH 5 % 1개
- 점퍼선: 10 cm 5개
- 인덕터: 10 mH
- 저항: 탄소저항 1 kΩ, 5 %, 1/2 W
- 가변저항: 5 kΩ 2 W single turn
- 점퍼선: 10 cm 5개

3. 설계 및 실험계획서

3.1 공진주파수가 15.92 kHz, Q-factor가 1이며 저항에 걸리는 전압이 출력인 RLC 직렬 band-pass (대역통과) filter를 C = 0.01 μF를 사용하여 설계하라. 크기가 2 V_{pp}인 sine wave를 입력으로 하고 Multisim의 AC Analysis를 사용하여 전달함수 H를 linear(H)-linear(freq.) 그래프와 dB(H)- log(freq.) 그래프로 그려서 제출하라(0 ~ 100 KHz). 반전력주파수, 대역폭을 구하라. 가능한 한 설계실습 10

에서 사용한 커패시터, 인덕터의 측정값을 사용하여 계산하라. 이 결과에 근거하여 측정할 주파수를 결정하여 표로 제출하라.

3.2 공진주파수가 15.92 kHz, Q-factor가 10이며 저항에 걸리는 전압이 출력인 RLC 직렬 band-pass (대역통과) filter를 C = 0.01 μF를 사용하여 설계하라. 크기가 2 V_{pp}인 sine wave를 입력으로 하고 Multisim의 AC Analysis를 사용하여 전달함수 H를 linear(H)-linear(freq.) 그래프와 dB(H)- log(freq.) 그래프로 그려서 제출하라(0 ~ 100 KHz). 반전력주파수, 대역폭을 구하라. 가능한 한 설계실습 10에서 사용한 커패시터, 인덕터의 측정값을 사용하여 계산하라. 이 결과에 근거하여 측정할 주파수를 결정하여 표로 제출하라.

3.3 공진주파수가 15.92 kHz, Q-factor가 1이며 저항에 걸리는 전압이 출력인 RLC 병렬 band-stop (대역저지) filter를 C = 0.01 μF를 사용하여 설계하라. 크기가 2 V_{pp}인 sine wave를 입력으로 하고 Multisim의 AC Analysis를 사용하여 전달함수 H를 linear(H)-linear(freq.) 그래프와 dB(H)- log(freq.) 그래프로 그려서 제출하라(0 ~ 100 KHz). 반전력주파수, 대역폭을 구하라. 가능한 한 설계실습 10에서 사용한 커패시터, 인덕터의 측정값을 사용하여 계산하라. 이 결과에 근거하여 측정할 주파수를 결정하여 표로 제출하라.

4. 실험내용 및 절차

- 실험조교는 실험에 사용되는 L과 C의 값을 미리 RLC meter로 정확히 측정하여 제공하라. 가능한 한 설계실습 10에서 사용한 커패시터, 인덕터의 특성(L, C, L의 저항)을 같은 조에서 사용하라.
- 함수발생기의 출력을 크기가 2 V_{pp}이고 DC offset이 0 V이며 주파수가 실험계획서 3.1에서 설정한 최소 주파수인 sine wave로 설정하라.

4.1

(a) 가변저항을 사용하여 실험계획서 3.1에서 설계한 RLC직렬 band-pass filter (Q = 1)를 구성하고 설계실습계획서에서 결정한 각 주파수에서 저항에 걸리는 전압을 출력으로 하여 그 크기(전달함수의 크기)를 측정하라. 저항과 인덕터의 저항성분을 DMM으로 측정하여 기록하라. 전달함수 H를 linear(H)-linear(freq.) 그래프와 dB(H)-log(freq.) 그래프로 그려서 제출하라(0 ~ 100 KHz). 공진주파수, 반전력주파수, 대역

폭, Q-factor를 그래프에 표시하고 각각의 값을 명시하라.

(b) 실험에 사용된 소자의 측정값을 사용한 Multisim의 AC Analysis 결과(실선)와 실험으로 구한 전달함수(원, 또는 사각형)의 dB(H)-log(freq.) 그래프를 EXCEL을 이용하여 하나의 그래프에 그려서 제출하라.

(c) 공진주파수, 반전력주파수, 대역폭, Q-factor의 시뮬레이션과 실험값을 비교하라. 각각의 오차는 몇 %인가 오차의 원인은 무엇이라 생각하는가?

4.2

(a) 가변저항을 사용하여 실험계획서 3.2에서 설계한 RLC직렬 band-pass filter (Q = 10)를 구성하고 설계실습계획서에서 결정한 각 주파수에서 저항에 걸리는 전압을 출력으로 하여 그 크기 (전달함수의 크기)를 측정하라. 저항과 인덕터의 저항성분을 DMM으로 측정하여 기록하라. 전달함수 H를 linear(H)-linear(freq.) 그래프와 dB(H)- log(freq.) 그래프로 그려서 제출하라 (0 ~ 100 KHz). 공진주파수, 반전력주파수, 대역폭, Q-factor를 그래프에 표시하고 각각의 값을 명시하라.

(b) 실험에 사용된 소자의 측정값을 사용한 Multisim의 AC Analysis 결과(실선)와 실험으로 구한 전달함수(원, 또는 사각형)의 dB(H)-log(freq.) 그래프를 EXCEL을 이용하여 하나의 그래프에 그려서 제출하라.

(c) 공진주파수, 반전력주파수, 대역폭, Q-factor의 시뮬레이션과 실험값을 비교하라. 각각의 오차는 몇 %인가 오차의 원인은 무엇이라 생각하는가?

4.3

(a) 가변저항을 사용하여 실험계획서 3.3에서 설계한 RLC병렬 band-stop filter (Q = 1)를 구성하고 설계실습계획서에서 결정한 각 주파수에서 저항에 걸리는 전압을 출력으로 하여 그 크기 (전달함수의 크기)를 측정하라. 저항과 인덕터의 저항성분을 DMM으로 측정하여 기록하라. 전달함수 H를 linear(H)-linear(freq.) 그래프와 dB(H)-log(freq.) 그래프로 그려서 제출하라 (0 ~ 100 KHz). 공진주파수, 반전력주파수, 대역폭, Q-factor를 그래프에 표시하고 각각의 값을 명시하라.

(b) 실험에 사용된 소자의 측정값을 사용한 Multisim의 AC Analysis 결과(실선)와 실험으로 구한 전달함수(원, 또는 사각형)의 dB(H)-log(freq.) 그래프를 EXCEL을 이용하여 하나의 그래프에 그려서 제출하라.

(c) 공진주파수, 반전력주파수, 대역폭, Q-factor의 시뮬레이션과 실험값을 비교하라. 각각의 오차는 몇 %인가 오차의 원인은 무엇이라 생각하는가?

5. 검토 및 결론

전체적으로 설계실습이 잘 되었는가? 잘 되었다면 무슨 근거로 잘되었다고 생각하는가? 잘 안되었다면 그 이유는 무엇이라고 생각하는가? 설계실습 계획서는 잘 작성되었다고 생각하는가? 계획서에서 자신이 설계한 회로, 또는 방법이 틀렸다면 왜 틀렸다고 생각하는가? 무엇을 배웠고 무엇을 느꼈는가?

설계실습 12 수동소자의 고주파 특성측정방법 설계

1. 목적

저항, 커패시터, 인덕터의 고주파 특성을 측정하는 회로를 설계하고 실험을 통하여 등가회로를 이해하며 이들 소자들이 높은 주파수영역에서 어떻게 동작하는지 실험적으로 이해한다.

2. 실험준비물

- VirtualBench 1 대 (각종 악세서리 Box 포함)
- PC (데스크 탑, 또는 노트북)
- 커패시터: 0.1 μF 또는 10 nF
- 인덕터: 10 mH
- 저항: 탄소저항 10 kΩ, 5 %, 1/2 W
- 점퍼선: 10 cm 5개

3. 설계 및 실험 계획서 (이론부의 "수동소자의 등가회로와 주파수응답"참조)

3.1

(a) R = 10 kΩ, C = 0.01 μF가 직렬로 연결된 회로에서 커패시터에 걸리는 전압이 출력인 경우에 대하여 전달함수 그래프(1 kHz ~ 20 MHz)를 Multisim의 AC Analysis를 사용하여 dB-log 축으로 구하고 제출하라.

(b) 실제의 세라믹 커패시터는 내부 전선의 영향 때문에 직렬 인덕터 성분을 가지고 있다. 그 인덕턴스가 10 μH일 때 실제 세라믹커패시터에 걸리는 전압의 전달함수 그래프(1 kHz ~ 20 MHz)를 Multisim의 AC Analysis를 사용하여 dB-log 축으로 구하고 제출하라.

3.2

(a) R = 10 kΩ, L = 10 mH가 직렬로 연결된 회로에서 인덕터에 걸리는 전압이 출력인 경우에 대하여 전달함수 그래프(100 Hz에서 20 MHz)를 Multisim의 AC Analysis를 사용하여 dB-log 축으로 구하고 제출하라.

(b) 실제의 인덕터는 내부 전선의 영향 때문에 직렬 저항과 병렬 커패시터 성분을 가지고 있다. 그 저항성분이 35 Ω, 커패시턴스가 5 pF 일 때 실제 인덕터에 걸리는 전압의 전달함수 그래프(100 Hz에서 20 MHz)를 Multisim의 AC Analysis를 사용하여 dB-log 축으로 구하고 제출하라.

3.3 위의 결과를 고려할 때 커패시터와 인덕터 중 어느 것이 주파수에 덜 민감한가?

4. 실험내용 및 절차

- 실험조교는 실험에 사용되는 L과 C의 값을 미리 RLC meter로 정확히 측정하여 제공하라. 가능한 한 설계실습 10에서 사용한 커패시터, 인덕터의 특성(L, C, L의 저항)을 같은 조에서 사용하라.
- 함수발생기의 출력을 크기가 2 V_{pp}이고 DC offset이 0 V이며 주파수가 1 kHz인 sine wave로 설정하라.

4.1 R = 10 kΩ, C = 0.01 μF가 직렬로 연결된 회로의 전달함수를 측정한다. 주파수를 1 kHz에서 함수발생기의 최대주파수까지 높이면서 커패시터의 전압을 출력으로 하여 입력에 대한 출력의 비를 관찰하라. 3.1의 결과를 참고하여 측정할 주파수를 미리 설정한 후 측정, 기록하라. 측정결과를 사용하여 전달함수 그래프(1 kHz ~ 20 MHz)를 dB-log 축으로 그려서 제출하라. 어느 주파수에서부터 이상적인 커패시터 전압과 달라지는가? 확실히 인덕터라고 할 수 있는 주파수는 얼마이며 그 근거는 무엇인가? 등가회로와 잘 맞는다고 생각하는가?

4.2 R = 10 kV, L = 10 mH가 직렬로 연결된 회로의 전달함수를 측정한다. 주파수를 1 kHz에서 함수발생기의 최대주파수까지 높이면서 인덕터의 전압을 출력으로 하여 입력에 대한 출력의 비를 관찰한다. 3.2의 결과를 참고하여 측정할 주파수를 미리 설정한 후 측정, 기록하라. 측정결과를 사용하여 전달함수 그래프(1 kHz ~ 20 MHz)를 dB-log 축으로 그려서 제출하라. 어느 주파수에서부터 이상적인 인덕터 전압과 달라지는가? 확실히 커패시터라고 할 수 있는 주파수는 얼마이며 그 근거는 무엇인가? 등가회로와 잘 맞는다고 생각하는가?

5. 검토 및 결론

전체적으로 설계실습이 잘 되었는가? 잘 되었다면 무슨 근거로 잘되었다고 생각하는가? 잘 안되었다면 그 이유는 무엇이라고 생각하는가? 설계실습 계획서는 잘 작성되었다고 생각하는가? 계획서에서 자신이 설계한 회로, 또는 방법이 틀렸다면 왜 틀렸다고 생각하는가? 무엇을 배웠고 무엇을 느꼈는가?

설계실습 13 발전기와 변압기의 특성측정방법 설계

1. 목적

인덕터, 발전기, 변압기의 동작원리인 Faraday's Law를 실험적으로 확인하고 이를 통하여 인덕터, 발전기, 변압기를 실험적으로 이해한다. 발전기와 변압기의 코일저항의 효과를 실험적으로 확인하고 변압기의 주파수응답을 실험하여 이해한다.

2. 실험준비물

- VirtualBench 1 대 (각종 악세서리 Box 포함)
- PC (데스크 탑, 또는 노트북)
- 공심 인덕터 코일: 10, 20, 30 turns 각각 1개
- 막대자석: 공심 인덕터 코일을 관통할 수 있는 크기
- 점퍼선: 10 cm 5개
- 저항: 탄소저항 3.3 Ω, 1/2 W, 5 %
탄소저항 10 kΩ, 1/2 W, 5 %
탄소저항 100 Ω, 1/2 W, 5 %
- 가변저항: 50 kΩ 2W
- 변압기: From 100 V, 200 V to 3, 6, 9, 12 V, 300 mA(HT-501, 대성 elec. co.)

3. 설계 및 실험계획서(이론 7.14, 7.15절 참조)

3.1 10, 20, 30 turns 공심코일을 수직으로 세워놓고 내부로 자석을 떨어뜨릴 때 코일에서 유기되는 전압파형을 오실로스코프로 측정하고자한다. 자석이 코일을 통과하는 순간, 잠깐 동안 출력이 나올 것이다. 오실로스코프의 트리거 모드를 Auto, Normal, Single 중 어느 것으로 설정해야 하는가? 트리거 레벨은 얼마가 좋은가? V/, Time/는 얼마로 설정하는 것이 좋은가?

3.2

(a) 자석을 넣을 때와 뺄 때 발생전압의 극성은 같을 것인가, 다를 것인가?

(b) 자석을 케이스 속으로 넣었다 빼는 동작을 일정한 속도로 반복할 때 10 turn과 20 turn, 30 turn 코일에서 유기되는 최대전압(peak voltage)의 비는 얼마가 될 것인가?

3.3 위에서 측정한 30 turn 코일에서 유기된 최대전압을 V_{open}이라 하고 30 turn 코일의 저항이 R_C일 때 부하저항으로 R_L을 연결했을 경우 R_L에 걸리는 최대전압을 수식으로 표현하라.

3.4 변압기의 turn수의 비를 어떻게 측정할 수 있는가? 측정방법을 설계하라.

3.5 변압기 1차측, 2차측 권선의 인덕턴스를 측정하는 방법을 설계하라.

(a) 어떤 입력파형을 사용할 것인가?

(b) 회로의 연결은 어떻게 할 것인가?

(c) 무엇을 측정하여 어떤 공식을 사용할 것인가?

(d) 권선의 인덕턴스가 수십 H라 가정했을 때 10 kΩ저항을 사용한다면 입력 주파수는 얼마 정도가 되어야 하는가?

(e) 정확한 측정을 위해서는 무엇을 고려해야 하는가?

4. 실험내용 및 절차

4.1

(a) 다음 그림 8-12와 같이 코일을 세워 놓고 자석을 떨어뜨릴 때, 또는 손으로 자석을 갑자기 넣거나 뺄 때, 10, 20, 30 turns 코일의 단자 사이에서 유기되는 전압의 최대치와 파형을 측정한다. 또 자석의 극성을 바꾸어서 실험한다. 트리거모드를 Single 또는 Norm로 조정하고 실험한다. (Time/Div: 50 ms/Div 또는 0.1 s/Div, Volts/Div: 20 mV/Div) 좋은 파형이 얻어지면 저장하고 보고서에 파형을 첨부하여 제출한다.

(b) 코일의 turn 수와 출력전압과의 관계를 도출하라.

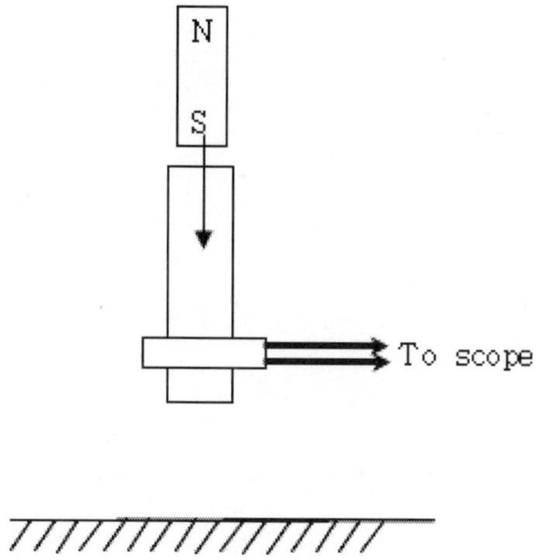

그림 8-12. 4-1의 실험 방법. 떨어뜨리는 위치를 항상 일정하게 유지한다.

4.2 30 turns 코일 단자 사이의 저항을 측정하고 기록하라. 30 turn의 양단에 3.3 Ω을 연결하고 4.1의 방법 그대로 자석을 통과시키면서 저항에 걸리는 전압의 최대값을 측정하라. 왜 이런 측정값이 나오는지 회로를 그려서 분석하라.

4.3 변압기의 1차 측 0 V와 100 V 단자 사이에 함수발생기의 sine출력을 5 V_{pp}로 하여 연결한다. 변압기의 1차 측 주파수를 60 Hz에서 2 MHz까지 변화시키면서 2차 측의 0 V와 12 V 단자를 scope에 연결하여 출력의 최대값을 기록한다. 결과를 그래프로 그리고 이론적으로 설명하라.

4.4 변압기의 2차 측 3, 6, 9, 12 V 단자와 2차 측의 접지 단자 사이의 저항을 측정하여 기록하고 3, 6, 9, 12의 비율인지 확인하라.

4.5 변압기의 2차 측 코일에 아무 것도 연결하지 않으면 (open) 변압기의 1차 코일은 인덕터가 된다. 이 인덕터를 사용하여 R_L 직렬회로 (R = 10 kΩ)를 구성하고 3.5에서 설계한 방법으로 사각파를 입력하여 인덕턴스를 측정, 기록하라.

5. 검토 및 결론

실험결과를 종합적으로 기술하라. 전체적으로 설계실습이 잘 되었는가? 잘 되었다면 무슨 근거로 잘되었다고 생각하는가? 잘 안되었다면 그 이유는 무엇이라고 생각하는가? 설계실습 계획서는 잘 작성되었다고 생각하는가? 계획서에서 자신이 설계한 회로, 또는 방법이 틀렸다면 왜 틀렸다고 생각하는가? 무엇을 배웠고 무엇을 느꼈는가?

All in One Platform, **Electronic Circuit Design to Test**

찾아보기

LabVIEW 무료 체험방법

ni.com/trylabview를 방문하십시오

- LabVIEW의 새로운 기능 온라인 교육
- 모든 기능을 경험할 수 있는 평가판 다운로드
- 어플리케이션 별 모듈과 툴킷 평가판 제공
- DVD로 신청시 우편 발송

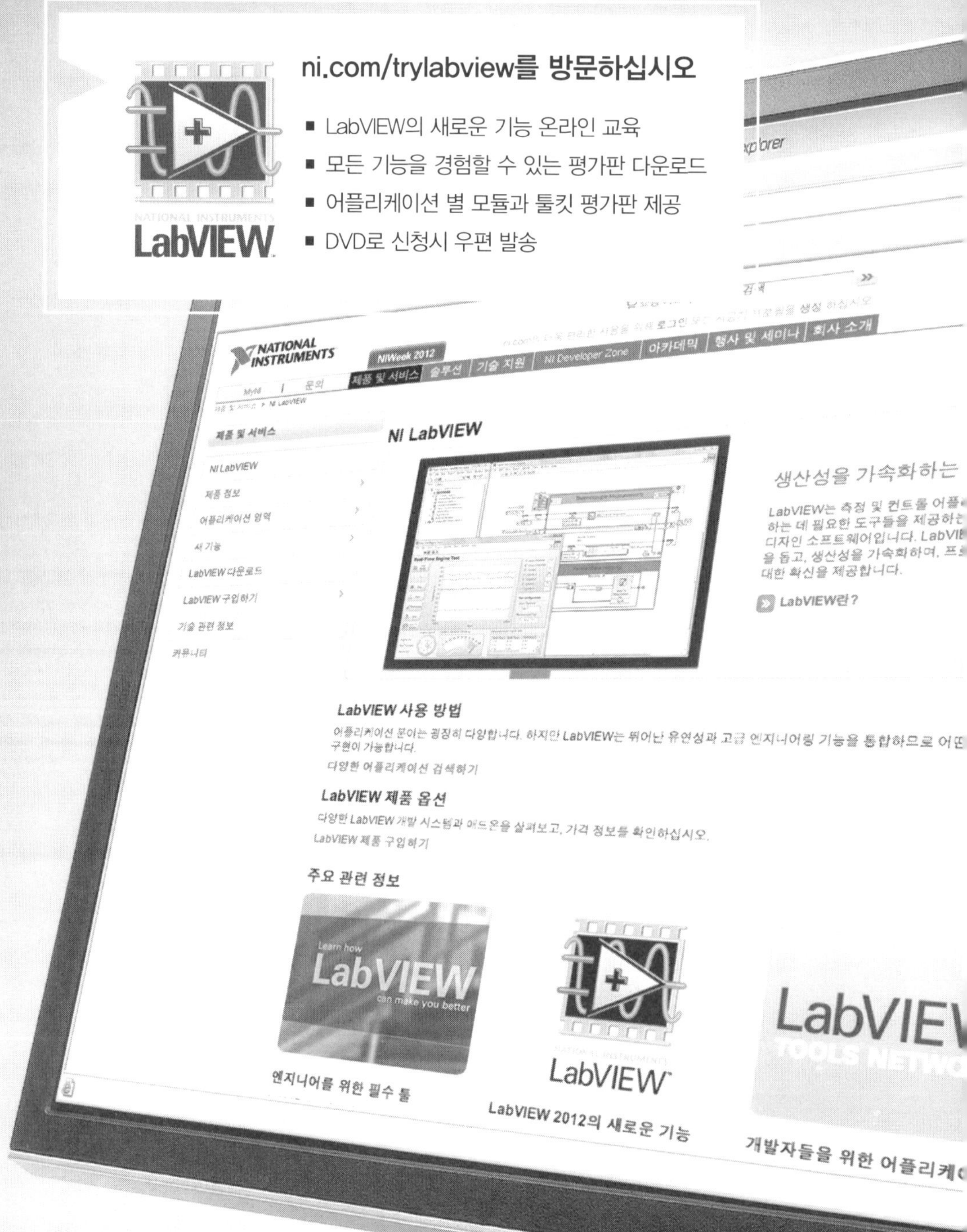

올인원 계측기로 배우는

기초회로 설계 및 실험

All in One Platform
Electrionic Circuit Design to Test

인　　쇄　2015년 5월 20일 초판 1쇄
발　　행　2015년 5월 28일 초판 1쇄

저　　자　김호성
발 행 인　채희만
출판기획　안성일
영　　업　김우연
관　　리　최은정
북디자인　가인커뮤니케이션
발 행 처　INFINITYBOOKS
주　　소　경기도 고양시 일산동구 하늘마을로 158
대방트리플라온 C동 209호

대표전화　02)302-8441
팩　　스　02)6085-0777

도서 문의 및 A/S 지원
홈페이지　www.infinitybooks.co.kr
이 메 일　helloworld@infinitybooks.co.kr

I S B N　979-11-85578-18-7
등록번호　제25100-2013-152호
판매정가　**20,000원**